U0731318

# 地方环境信息化发展探索与实践

## Local environmental informatization development exploration and practice

邱建国　刘　锐　姚　新　主编

科学出版社

北京

## 内 容 简 介

本书是集张家口市环境保护局、中科宇图天下科技有限公司、中科宇图资源环境科学研究院多年在地方环境信息化领域的探索与实践成果，是国内出版的首本系统介绍地方环境信息化建设的专著。本书系统阐述了地方环境信息化建设的现状、发展历程及实践成果，涵盖了我国地方环境信息化建设的多方面内容，并以张家口市环境保护局环境信息化建设与应用为案例，系统分析与总结了地方环境信息化建设的经验，结合信息化技术的发展趋势，提出了地方环境信息化发展展望。

本书可供环保机构环境信息化业务人员、技术工作人员及高等院校相关专业师生参考。

**图书在版编目(CIP)数据**

地方环境信息化发展探索与实践／邱建国，刘锐，姚新主编 . —北京：科学出版社，2012

ISBN 978-7-03-035681-9

Ⅰ. 地…　Ⅱ. ①邱…②刘…③姚…　Ⅲ. 区域环境管理–信息化–研究–中国　Ⅳ. X321.2-39

中国版本图书馆 CIP 数据核字（2012）第 231798 号

责任编辑：张　震／责任校对：林青梅
责任印制：钱玉芬／封面设计：无极书装

科学出版社 出版
北京东黄城根北街 16 号
邮政编码：100717
http://www.sciencep.com

源海印刷有限责任公司 印刷

科学出版社发行　各地新华书店经销

\*

2012 年 10 月第 一 版　开本：B5（720×1000）
2014 年 2 月第三次印刷　印张：20 3/4
字数：420 000

**定价：88.00 元**
（如有印装质量问题，我社负责调换）

# 编 委 会

# 序

当前，我国环境状况总体恶化的趋势尚未得到根本遏制，环境矛盾凸显，压力继续加大。一些重点流域、海域水污染严重，部分区域和城市大气灰霾现象突出，许多地区主要污染物排放量超过环境容量。农村环境污染加剧，重金属、化学品、持久性有机污染物以及土壤、地下水污染等显现。部分地区生态损害严重，生态系统功能退化，生态环境比较脆弱。核与辐射安全风险增加。人民群众环境诉求不断提高，突发环境事件的数量居高不下，环境问题已成为威胁人体健康、公共安全和社会稳定的重要因素之一。随着人口总量持续增长，工业化、城镇化快速推进，能源消费总量不断上升，污染物产生量将继续增加，经济增长的环境约束日趋强化。

信息化正日益成为全球竞争的战略重点，在全球信息化进程中，我国正处于从被动应对向自主发展转变的关键时期，加紧实施国家信息化发展战略，强化信息技术创新，已成为支撑我国现代化建设、增强国家综合实力的必然选择，信息化正在成为促进科学发展的重要手段。信息化的全面渗透和深入应用，不断推动社会生产力迈向新高度，显著提升了经济发展质量和科学发展水平。

信息资源日益成为重要的战略资源和生产要素，信息化的根本目的就是要提高信息资源开发与利用水平。切实做好新时期环境保护工作是各级环保部门当前和今后一个时期面临的重要任务，其有效途径是加强环境管理与决策，切实提高环境管理工作效率和科学决策水平；通过广泛应用环境信息技术，实现环境管理业务信息化和环境综合决策科学化，探索实践"代价小、效益好、排放低、可持续的环境保护新道路"。

为推动和促进环境信息化工作，环境保护部提出了"信息强环保"环境信息化发展战略，强化对环境信息化工作的统一领导、统一规划、统一管理。在国家、省、重点城市三级管理组织体系的基础上，基本形成了以环境保护部信息中心为中枢、省级环境信息中心为骨干、地市级环境信息中心为基础的环境信息管理和技术支撑体系。

张家口市环境保护局是我国开展环境信息化建设与实践的先行单位之一，环境信息化工作基础好，领导重视，应用广泛，在全国地方环境信息化建设和实践方面起到了引领示范作用。《地方环境信息化发展探索与实践》一书在国内首次阐述了地方环境信息化建设与探索，契合了我国当前加强地方环境保护工作的需要。该书系统阐述了地方环境信息化建设的现状、发展历程及实践成果，涵盖了我国地方环境信息化建设与应用的多个方面，对指导我国地方环境信息化建设有着重要的现实意义。

当前，我国环境信息化工作还任重道远，需要不断加强环境信息化理论研究与创新实践，强化行业应用，促进环境保护工作与环境信息化深度融合。只有在理论研究与创新实践中不断探索，环境信息化工作才能在探索和实践中不断发展，在我国环境保护工作中发挥出更大的基础支撑和信息服务作用，促进环境保护工作又好又快地发展。

环境保护部信息中心副主任

2012 年 8 月

# 前　言

进入新世纪以来，信息技术的巨大渗透力和影响力无处不在，成为推动经济社会发展和改革的重要力量，信息化正在深刻影响和改变着我们的生产、生活。各级环境主管部门充分认识到加快环境信息化建设在加强环保、建设生态文明、促进科学发展中的重要作用，为深化地方环保信息化建设，落实"信息强环保"战略将具有十分重要的意义。

当前，互联网、移动通信技术的飞速发展，为我国环境信息化应用提供了良好的外部条件，各级环保部门对环境信息化工作重要性的认识逐渐提高，建设资金投入逐年增加，建设进程逐步加快，特别是随着一系列重大建设项目的实施，环境信息化建设取得了显著成效。环境信息化作为环境保护的新兴领域，代表着环境保护事业未来发展的方向。通过环境信息化，建立环境监测、污染源控制、生态保护、核与辐射环境安全、环境应急管理等信息系统，有利于实时收集大量准确数据，进行定量和定性分析，为环境管理工作提供科学决策支持。通过环境信息化，可以突破环境管理实践和地域限制，最大程度保障环境信息的客观性、真实性，有利于打破地方保护主义，增强环保执法能力。通过环境信息化，建立环境实时监测和环境突发事件应急指挥系统，有利于对环境突发事件做出快速反应，对事件的影响程度和危害性做出正确估计，有效地进行指挥处置，保障环境安全。

利用网络平台可以更快地收集和公开环保信息，有利于开展政府与公众互动，保障公众在环境保护方面的知情权、监督权和参与权，调动和发挥公众参与环境保护公共事业的积极性。环境信息化作为地方环境管理的重要技术保障和支撑，对今后创新环境管理方式，提升环境管理水平，推进环保工作的历史性转变将起到至关重要的支撑和驱动作用。因此，我们必须充分运用先进的高科技、信息化手段，建立先进的环境监测预警体系和完备的环境监督执法体系，提高环境管理科学决策水平，切实发挥社会、公众环境监督主体作用，提高环境管理效能，探索地方生态环保新道路。地方环境信息化建设受到地域环境、经济发展水平、组织协调能力、领导重视程度等方面的影响，全国各地建设水平参差不齐，因此作者以张家口市环境保护局环境信息化建设为例，阐述地方环境信息化相关理论与实践。全书共八章，分别介绍了环境信息化理论基础、地方环境信息化现状与需求、环境信息化基础能力建设、环境监控与预警体系建设、环境应急处置调度体系建设、环境信息应用系统研发、张家口环境信息化应用案例、地方环境信息化发展展望。

本书由张家口市环境保护局、中科宇图天下科技有限公司、中科宇图（北京）资源环境科学研究院、北京师范大学、中国科学院地理科学与资源研究所等单位的专家共同编著。本书在编著过程中还得到了环境保护部、河北省环境保护厅以及张家口市市委、市政府相关领导的大力支持。在此，对编著和出版本书作出贡献以及表示关心的所有人员致以衷心感谢。

由于地方环境信息化建设涉及的专业领域广泛，更兼编著工作匆促，所以本书可能有很多不足之处，欢迎批评指正。

作　者

2012 年 8 月

# 目　　录

# 第一章  环境信息化理论基础

## 第一节  环境信息化的基本概念

### 一、环境信息化的含义

#### （一）信息化的含义

最早的关于信息的定义是信息论的创始人申农提出的，他认为"信息是用以消除不确定性的东西"。由此引申出的定义还有：信息是系统有序程度的度量；信息是人们对外界事物的某种了解和某方面知识，它能减少人们决策时的不确定性等等。在日常生活中，人们常把信息理解成携带新的内容、新的知识、新的机会的消息。

中国学者陈禹教授从微观信息经济分析出发，提出了一个更具数理分析色彩的定义，即"信息就是传递中的知识差（degree of knowledge）"，并以此为基础构建了微观信息经济学体系。在这一体系中，信息本质上是一种市场参加者的市场知识与经济环境中的事件状态之间的用概率表现的知识差。中国学者钟义信也从经济学角度定义了信息，他的定义是："信息是事物的存在方式或运动状态，以及这种方式或状态的直接或间接的表述。"

信息化的概念起源于 20 世纪 60 年代的日本，首先由一位日本学者提出，而后被译成英文传播到西方，西方社会普遍使用"信息社会"和"信息化"的概念是从 70 年代后期才开始的。

1997 年召开的我国首届全国信息化工作会议对信息化和国家信息化定义为："信息化是指培育、发展以智能化工具为代表的新的生产力并使之造福于社会的历史过程。国家信息化就是在国家统一规划和组织下，在农业、工业、科学技术、国防及社会生活各个方面应用现代信息技术，深入开发广泛利用信息资源，加速实现国家现代化进程。"实现信息化就要构筑和完善 6 个要素（开发利用信息资源，建设国家信息网络，推进信息技术应用，发展信息技术和产业，培育信息化人才，制定和完善信息化政策）的国家信息化体系。

## （二）环境信息化内涵

环境信息化如同信息化一样，是一个广泛的概念，但其核心内容就是通过网络平台，利用计算机软件和硬件获取、传输、加工、利用环境信息。环境信息化具体应用的范围很广，包括我们所熟知的电子政务、办公自动化、视频会议、数据传输、在线监测、在线监控，以及环境质量数据系统、流域污染管理地理信息系统、排污收费系统、机动车尾气管理系统等众多管理业务系统。有些设备或软件在其单独使用时并不是信息化的内容，如环境监测设备等，一旦通过数据库处理，并进入信息网络，就成为信息化的一个组成部分。

环境信息化具有由环境保护特殊性所赋予的某些特点。首先是其强烈的地理和时间属性。环境质量、环境监测、环境管理中的各种环境要素无一不具备地理和时间属性。像城市空气质量、城市噪声、河流水质、固体废弃物排放、水和空气污染物的排放、各种污染源等等，都是在特定的地点、特定的周边环境、特定的时间产生并变化。因此，最具地理和时间属性的地理信息系统（GIS）在环境信息化中必然占有重要的地位。其次是环境信息的实时性。环境信息随时间变化的特性必然要求信息的实时性，但目前主要体现在空气、地表水、污染源等在线监测方面。第三是信息种类多且数量大。信息种类主要分为环境管理、环境监测两大方面，每一方面又都包括水、气、声、固体废弃物、放射性、生态等类别，每一类别之下又都包含细分的子项。

# 二、环境信息化的理论基础

## （一）地理信息系统理论

### 1. 地理信息系统定义

地理信息系统（geographic information systems，GIS）是一种采集、存储、分析、显示与应用地理信息的计算机系统，是分析和处理海量地理数据通用技术。1963 年，加拿大测量学家 Roger F. Tomlinson 首先提出了"地理信息系统"这一术语，并建立了世界上第一个 GIS——加拿大地理信息系统（CGIS），用于自然资源的管理和规划，这标志着 GIS 的诞生。同时美国的 Duane F. Marble 在不同的地方从不同角度提出了地理信息系统。随着计算机软硬件和通信技术的不断进步，地理信息系统的理论和技术方法已得到了飞速的发展，并且逐步形成了自己特有的结构和概念体系。地理信息系统是一种决策支持系统，具有信息系统的各种特点。它与其他信息系统的主要区别在于其存储和处理的信息是经过地理编码的，地理位置以及与该位置有关的地物属性信息成为信息检索的重要部分。在地理信息系统中，现实世界被表达成一系列的地理要素和地理现象，这些地理特征至少由空间位置参考信息和非位置信息两个组成部分。

地理信息系统的定义是由两部分组成的。一方面，地理信息系统是一门学科，是描述、存储、分析及输出空间信息的理论和方法的一门新兴的交叉学科；另一方面，地理信息系统是一个技术系统，是以地理空间数据库（geospatial data base）为基础，采用地理分析方法，适时提供多种空间的和动态的地理信息，为地理研究和地理决策模型服务的计算机技术系统。

**2. 地理信息系统特征**

一般而言，地理信息系统具有以下三方面的特征：

第一，具有采集、管理、分析和输出多种地理信息的能力，具有空间性和动态性；

第二，由计算机系统支持进行空间地理数据管理，并由计算机程序模拟常规的或专门的地理分析方法，作用于空间数据，产生有用信息，完成人类难以完成的任务；

第三，计算机系统的支持是地理信息系统的重要特征，因而使得地理信息系统能快速、精确、综合地对复杂的地理系统进行空间定位和过程动态分析。

地理信息系统的外观，表现为计算机软硬件系统，其内涵却是计算机程序和地理数据组织而成的地理空间信息模型。

## （二）环境信息系统理论

**1. 环境信息系统定义**

环境信息系统是系统化和科学化地对各种各样的环境信息及其相关信息加以处理的信息体系。

环境信息系统（environmental information system，EIS）是以地理空间数据库为基础，在计算机软硬件的支持下，对空间相关数据进行采集、管理、操作、分析、模拟和显示，并采用地理模型分析方法，适时提供多种空间和动态的地理信息，为环境问题研究和环境决策服务而建立起来的计算机技术系统。环境信息系统就是地理信息系统在环境中的应用，环境信息系统是地理信息系统的一个分支，其作为地理信息系统的一个专题研究领域有其独特性。

环境信息系统的基本作用是为信息使用者提供环境信息的输入、修改、添加、删除、处理、传输、维护等数据管理功能，并提供查询、公布等多途径的信息访问功能。

**2. 环境信息系统的特征**

环境信息系统是一般信息系统在环境领域中的应用，因此与一般信息系统相比，它还具有开放性和集成性两大特征。

（1）开放性

环境信息系统的开放性要求系统建设者在建成开放系统的基础上集成各个部分，形成功能更加完整的系统。首先，根据环境机构设置的不同，环境信息系统一般是按不同的级别建立的，即不同环境管理部门都有适合于自身工作需要的环境信息系统。其次，从环境信息系统的功能来看，它涉及各种各样的领域和专业。因此，相应的环境信息系统也应当是有领域和专业的区别。最后，环境信息的获取途径广泛、涉及面大、内容丰富，这也决定了环境信息系统是一个开放性的系统。

环境信息系统的开放性特点也具有其不利的一面，即由于应用需求的差异，各级环境信息系统从功能设置、人机界面、软硬件配置等方面都不尽相同，因此就存在各级系统之间的沟通障碍。

（2）集成性

系统集成就是把一个应用部门或行业的计算机应用软件，在该行业计算机总体设计的指导下，围绕基础数据库，依靠网络支撑，结合硬件平台、操作系统、开发工具等，通过计算机接口技术把这些计算机应用软件连接成为一个有机的整体，各应用软件间互相支持、互相调用、可以发挥出单项软件应用系统所达不到的整体效益。

要建设一个具有良好集成性的环境信息系统，需要从功能模块互相支持、共享数据库、分布式计算三个方面来完成。决定系统集成成败的关键因素则包括总体设计、软件结构、软硬件平台的开放性等多个方面。此外，系统集成质量的高低也与环境信息规范化编码和环境信息系统的规范化设计密切相关。

# 第二节　环境信息化在环境保护工作中的重要性

## 一、环境信息技术的不断发展

环境信息技术是以环境信息为研究对象，以实现环境管理信息化、网络化和智能化为目的，并以特定形式存在的环境知识进行采集、处理、存储、加工、管理、检索和传输的技术。环境信息技术主要包括如下几方面。

### （一）信息获取技术

**1. 地面监测**

目前主要以大量的环境监测站为工作基础，采用物理、化学或生物学的方法对生态系统各个组分提取属性信息。根据监测需求的不同，地面监测可以分为实验室监测、在线自动连续监测以及调查统计等方法。

（1）实验室监测包括现场采样、样品运输、样品储存、样品分析等过程，具有监测结果准确、监测方法标准化水平高等特点，适合具体点位环境质量的准确监测，如污水排放口、烟气排放口等。但存在周期长、监测范围小、监测数据有限等局限性。

（2）在线自动连续监测系统由传感器、中间变换设备、传输设备、数据处理设备、显示记录设备等几个部分组成。弥补了实验室监测周期长等缺陷，实现了环境的实时动态监测，但也只适用于点上的环境监测，大尺度的面状监测比较困难。

地面监测可以详细提供生态系统的状况，但其布点采样必须满足：采样点所采集的样品要对整个环境系统的某项指标或多项指标有较好的代表性；在保证达到必要的精度和满足统计学样品数的前提下，布设的点位应尽量少，以减少投资。由于环境动态监测的长期性、实时性、综合性和周期性等特点，要求调查成果必须具有较高的精度和准确度。但由于环境监测点往往都位于气候恶劣、人烟稀少、条件艰苦的农村地区，地面监测等常规的监测方法和手段存在诸多局限，环境信息的获取主要依靠手工或半自动化方法，人力、物力耗资巨大，效率低并且往往因耗时过长而达不到及时、准确和快速监测的目的。

**2. 空间遥感监测**

遥感技术利用传感器从空中对地球环境进行整体的、连续的、同步的、协调的观测，将获得的数据通过一定的技术处理，生成可视化产品——遥感图像或可供计算机识别的数字产品。无论是数字图像还是光学影像，根据地物的波谱特征和成像规律，应用计算机自动识别技术或人工判读方法，可获取资源与环境的有关信息；然而遥感监测也存在一定的局限性，例如由于太阳照射角度的原因，在山体阴坡部位形成了光照阴影而造成遥感解译的盲区，那些在阴影区域内的采矿活动在遥感解译过程中被遗漏；高分辨率的遥感影像收费相对偏高，低分辨率的遥感影像存在一定的误差等。

## （二）数据库管理技术

环境数据库是环境信息技术的重要组成部分，它类似于传统概念下的资料库，其数据量通常是巨大的，这种巨大的信息容量是空间信息数据库的一个显著特点。随着计算机处理数据能力的增强、信息量的增加和信息共享的需求，信息的标准化和规范化问题以及如何有效、快速地进行信息查询，成为数据库管理技术的关键。环境数据库除了数据量大的特点以外，另一个突出的问题是它必须容纳图像、图形与属性这三类在表达结构上完全不同的数据；将这些数据在一个数据库管理系统下管理，是当前环境信息技术面临的一个前沿课题。

## （三）时空分析技术

环境信息更深一个层面是时空数据，即常带有时间维的三维坐标数据。分析一个地区随时间变化的土地利用历史沿革、地质演变过程、环境污染扩散过程等都要求环境信息表达一种属性的时空变化规律。更多的是需要分析一个地区不同属性分布数据之间的关系，比如对于土地的农作物适宜性评价就需要将研究地区的土壤类型分布数据、土壤肥力状况分布数据、气候条件数据、地形分布等要素"叠置"起来综合分析，这就是空间分析。资源环境管理中需要进行类似的空间分析。

## （四）信息传输技术

环境监测信息传输技术包括：①实现数据采集无线传感器网络；②完成监测数据和控制命令的传输。该部分的构建有多种形式，包括 Internet、WIFI、WIMAX 和卫星网络等。

## （五）虚拟现实技术

虚拟现实技术是信息技术的前沿技术之一，它通过建立相应的数学模型，使用计算机多媒体技术，让用户进入一个三维虚拟世界中，并具有真实的视觉、听觉、触觉以及运动感觉，再现已经消失的自然现象，展现自然界瞬间或漫长的变化过程。当我们把一种资源开发利用模式或工程技术付诸实践时，可对未来可能产生的影响与结果进行预测，传统的方法是以文字、图表或数字形式表示，没有直观感觉，而利用虚拟现实技术是对特定条件下的社会行为或人类活动在未来世界中可能发生的变化进行模拟，给人一种身临其境的感觉。

## （六）仿真与控制技术

仿真与控制是计算机在环保领域中应用的两个重要方面，也是环境工程专业发展的两个重要方向。仿真是在对研究对象建立模型的基础上，利用计算机速度快、容量大、精确度高等特点，通过输入已知信息，求得未知信息的过程，包括物理仿真和数字仿真。环保领域里的控制一般是指自动控制，是指在没有人直接参与的情况下，利用外加的设备或装置，使机器、设备或生产过程的某个工作状态或参数自动地按照预定的规律运行。环保领域中仿真与控制的目的是为了研究反应原理、了解污染物处理过程的机理、提高污染物的处理效率、降低污染物的处理费用，也可用于复杂的环境问题研究、环境工程设备的工艺开发、工程设计和运行管理。

（七）"3S" 技术

"3S" 技术是地理信息系统（GIS）、全球定位系统（GPS）和遥感技术（RS）的合称，它们是地理信息产业不可缺少的支柱产品和技术。GIS 是 GPS 与 RS 的基础平台且能够促进空间数据获取能力的提高，而 GPS 与 RS 为 GIS 提供海量的高质量的空间数据，这三者形成一个有机的整体。研究人员目前正着力于三者集成的研究开发，这将有助于扬长避短，使 "3S" 技术更好地为环境保护服务。"3S" 技术，特别是集成的 "3S" 技术，在环保领域有着广泛的应用，如在对环境进行有效的分析管理、污染源和污染状况的动态监测、环境问题的辅助决策和全球环境变化的跟踪分析等方面都显示了无法替代的作用。

（八）多媒体与可视化技术

多媒体与可视化技术是一种新型的具有很大市场潜力的计算机技术，它集文字、声音、图形、图像、动画、视频为一体，以最直观的方式表达和感知信息，以形象化的、可触式的甚至语音方式的人机界面来进行信息加工和处理，为决策者和用户提供帮助和支持。多媒体与可视化技术在环保领域的应用范围正在加大，特别是与其他环境信息技术相结合。如单纯的地理信息系统以前只能传输和处理文字、图片、数字等，方式单一，大大降低了 GIS 的效果。多媒体与可视化技术和 GIS 相结合就成为必然，这将极大地增强 GIS 的可视化与形象化，有效地推动 GIS 的应用向更深、更广的程度发展，同时也将有力地推动数字地球与虚拟现实技术的发展。

## 二、环境保护工作的迫切需求

我国经济的快速发展，带来许多盲目的开发和建设。环境污染日益严重，同时环境问题也成为制约我国经济快速、持续、健康发展的一个瓶颈。因此，合理利用资源，在开发建设的同时保护生态环境，走 "可持续发展" 道路成为环境保护的最佳选择。环境管理具有复杂性和动态性，涉及多部门、多地区和多领域，需要处理大量的信息，而环境信息 85% 以上与空间位置有关。随着环境问题的日益突出，传统手工式的管理模式已不能满足环境管理工作对信息处理的需要，因而环保工作者越来越认识到科学技术特别是信息技术对环境保护管理工作的重要性，所以，环境信息化便成为环境管理的有力工具。

（一）环境监测信息需求

环境监测是环境保护工作的重要组成部分，随着经济的发展以及公众环保意识的增强，对于环境监测的要求也越来越高。环境监测业务目前已涉及环境质量天地一体化监测、污染源监测、生态监测、核与辐射监测等多个领域。为实现对环境状况的整体把握，需要有足够的监测数据支持，数据采集依靠单纯的环境监测站采样分析已经不能满足当前环境保护业务发展的需求。依靠先进的物联网技术能够做到更密集的监测点位布置、更快捷的数据传输，并且能够实现环境监测业务的智能化。以往人工空气质量监测只能监测 $SO_2$、$NO_2$、可吸入颗粒物三种污染物指标，监测的频次仅仅是每天一次室内实验室分析，现在空气质量自动监测站可以实现对 $SO_2$、$NO_2$、氟化物、CO、臭氧、铅、总悬浮颗粒物、苯并芘、可吸入颗粒物等指标的监测，频次由原来的一天一次转变成在线监测，节约了人力成本，提高了工作效率，增加了监测的准确性和时效性。

### （二）环境监察信息需求

环境监察信息数量庞大、来源复杂，因此，数据的采集管理以及统计分析成为制约环境监察工作高效进行的瓶颈。环境监察工作中的污染源在线监控、环境执法检查、污染事故应急处理、排污费的征收和财务管理、环境举报和来信来访的处理等，都面临着如何高效、快速、定量化管理的问题。要依靠计算机和物联网的信息技术，实现环境监察信息化，从而健全环境监察工作内部机制，提高环境监察工作效能。以河北省环境监察省级监控的 33 家 30 万千瓦以上电厂的核查中，按照常规的监察方法需要 30 天才能巡查一遍，目前运用"环保执法通"只需要 10 天就可以完成，现场执法人员的工作效率提高了，增强了环境监管力度，提高了监管的频率。

### （三）环境安全管理需求

要从源头上强化环境风险控制，制定环境风险评估，加强环境安全管理。危险废物相对于其他普通污染物，其产生、储存、转移、处理处置各个环节均具有显著的环境潜在风险，因此危险废物监管是当前环境监管工作的一项重要内容。由于危险废物具有种类繁多、特性各异、数量分散的特点，当前监管工作中尚缺乏有效的管理手段，尤其对于控制危险废物的违法转移，突发性危险废物污染事故的及时跟踪、预警、应急处理，均面临各种监管难题。依靠现代化的空间定位技术、基于物联网的追踪识别技术、基于信息化的海量数据分析技术，可以对危险废物实现全生命周期的追踪监管，将极大地提高危险废物监管的力度和有效性。

### （四）环境突发事件管理需求

我国现阶段经济发展不平衡，环境突发事件频发，2005 年 11 月 13 日松花江水污染事件发生到 2006 年 2 月两个半月时间，国家环保总局已接到各类突发环境事件报告45起，其中较为重大的典型事件为广东北江镉污染事件、辽宁浑河抚顺段水质酚浓度超标事件、广西红水河天峨段水质污染事件、湖南湘江株洲和长沙段镉污染事件、河南巩义二电厂柴油泄漏污染黄河事件和江西赣江水域油轮起火事故污染事件。以上多起环境事件进一步说明，由于布局性的环境隐患和结构性的环境风险，我国在今后一段时期内，突发性环境事件的高发态势仍将继续存在，所以，加强环境监管，建设应对环境突发事件管理体系势在必行。

（五）环境宣教和公众参与需求

环境宣教作为与人民群众紧密联系的一项环境监管工作，主要任务是宣传环保科学知识，宣传可持续发展和消费的理念，努力形成保护环境的良好社会风尚。目前的环境宣教工作的发布制度不完善，宣传力度小，影响了宣教效果。利用三网融合技术，建立系统的新闻发布与快速反应协调机制，加强对环保社会热点问题的舆论监督和舆论引导，在互联网、电信网以及广播电视网等多个媒介对环境保护进行宣传教育，拓宽宣教影响范围，提高全民环保意识。同时，环境宣教另一项重要任务是对环境执法人员进行相关技术与法律法规的培训。利用三网融合技术可以有效提高培训效率，减少资源浪费。

环境保护工作离不开公众的参与，目前公众组建节能减排志愿者先锋服务队、市民检查团、专家服务团、环保公众评审团等各种民间环保团体，各行各业自觉身体力行，自觉践行低碳生活的环保人士更是不计其数，公众中的"环保法官"、"环保医生"都在力挺环保事业。公众参与环保的平台也日益广阔，要集民众之所能，施行环保多方位的监控与管理，提高民众在日常生活中保护环境的积极性和主动性。

（六）环境信息化建设推动环境保护科技发展

随着现代计算机技术的发展和互联网技术的应用，信息化建设逐步加强，信息集成已经是一个不可逆转的发展方向。环境监测部门的主要职责之一是为各级政府及时、准确地掌握环境质量状况提供基础信息，为政府决策提供依据。先进信息技术的应用，对环境信息化建设具有特殊意义，也进一步推动了科技环境保护工作。

# 第三节　国内外环境信息化发展概况

## 一、国外环境信息化发展概况

国外在 EMIS（environmental management information system）方面有代表性的工作是：美国环保局的一系列工作、欧洲共同体的 ECDIN（environmental chemical data and information network）和联合国环境规划署全球环境监测系统的 GRID。

## （一）美国环保局的 CIS 及其他

美国环保局在 EMIS 方面开展了大量的工作，CIS（chemical information system）是环保局与 NIH（National Institute of Health）联合资助的系统，该系统设计的最低目标是辅助化学分析、鉴定，最高目标是研究化学物质结构与物理、化学性质的关系。该系统由如下四个逻辑子系统组成：①数据库；②数据分析软件；③结构和名称检索系统；④功能划分系统。

美国环保局在 CIS 的开发中采取了灵活变通的方法：有的数据库是自建的；有的数据库是从别的团体租借的；有的数据库是与别的团体联合而由后者在 CIS 中运行的，比如与粉末衍射联合委员会合作，由该委员会在 CIS 中运行它们自己的数据库。

CIS 的开发通常是：将准备好的表格输入 NIH 的 IBM-168 中，而后转入 PDP-10 分时系统内，最后编制程序产生可检索数据文件，当这些工作完成后，就产生了一个"初版"的 CIS 数据库。"初版"的数据库首先在一定范围内免费提供使用以便检查错误，依据数据库的规模和复杂性，这种验收阶段可以长达 18 个月。经过验收后的数据库便可并入 CIS，转移到商用 PDP-10 上向科技界和政府机构提供服务，从此政府不再向它提供经济上的资助。

除 CIS 外，美国环保局还开发了如下几个系统：

（1）EADS（environmental assessment data systems），该系统的设计目标是辅助环境评价、污染源表征及控制技术的发展，它分为 GEDS（gaseous effluents data system）和 LEDS（liquid effluents data system）等；

（2）EFDB（environmental fate data base），该系统主要研究化学物进入环境后的归宿，即迁移和转化；

（3）HEEDA（health and environmental effects data analysis system），这个系统的设计目标是提供结构与毒性关系研究的基础，并最终以化学结构预测毒性。

此外，还有 AIRS（aerometric information reporting system）、PHYTOTOX 等。

## （二）欧洲共同体与 ECDIN

作为欧洲共同体环境政策制定的基础，共同体开展了一个环境研究计划，该计划主要由四个部分组成，其中之一便是环境信息的管理。因此，1973 年共同体便开始了 EMIS 方面的实验研究工作，实验阶段有如下八个目标：

（1）确定数据的有效性；

（2）依据数据有效性，简化数据结构；

（3）评价数据收集费用；

（4）建立输入格式；

（5）确定数据源及替代数据源；

（6）验证计算机系统；

（7）测试用户反应；

（8）为 ECDIN（environmental chemicals data and information network）设计计算机软件系统。

在 ECDIN 的开发中，遵循了以下六项基本原则：

（1）ECDIN 收集一切相当大量生产的化学物质的有关信息，而无论其毒性或是有害性大小；

（2）ECDIN 所涉及的数据仅限于"硬"数据；

（3）ECDIN 主要面向化学数据；

（4）系统的基础语言是英语；

（5）ECDIN 将从一个分时系统上向用户服务；

（6）ECDIN 将联成从其中心意大利的伊斯普拉（Ispra）到其各成员国中至少一个地方的网络。

ECDIN 的数据分十类：

（1）化学物质特征数据（化学名、俗名、编号等）；

（2）结构编码信息；

（3）物理化学性质；

（4）化学分析方法及有关数据；

（5）产量及贸易；

（6）运输、包装、装卸、存储和危险性；

（7）使用和排放；

（8）在环境中的迁移和转化；

（9）对环境的影响；

（10）法规数据。

ECDIN 最初是由数据库管理系统 SIMAS 支持的，随着 ECDIN 的发展和 ECDIN 功能的完善，SIMAS 逐渐无法满足 ECDIN 的要求，为此 ECDIN 的研制者们只得选择别的数据库管理系统。市场上通行的数据管理系统有好几十个，要做出一个恰当的选择绝非易事，为此他们列举了一些指标作为选择的依据和标准。这些指标分为两类：一类是要求系统必备的特性；另一类是希望系统具有的功能。用这两类考核指标对初选合格的几个数据库管理系统打分，最后他们决定选用 ADABAS 代替 SIMAS。

### (三) 联合国环境规划署的 GRID

GRID (global resource information database) 是"全球资源信息数据库"一词的英文缩写，它的设计目标是：为那些重大决策的制定者们提供信息。这里所谓"重大决策"是那些有可能影响全球的决策。GRID 是由 GEMS (global environmental monitoring system) 中的一个工作小组设计的，GEMS 的任务之一是协调全球环境的监测，人们很快就认识到建立一个收集全球数据的信息系统是十分必要的，其结果就产生了 GRID。GEMS 试图把 GRID 建成联合国的环境数据管理系统。

GRID 的目标是：首先，为更广泛地用户提供使用 GEMS 监测网络中数据库的机会；其次，将建成一个分时系统，它最终能够接收或发送数据到世界各地；最后，描绘一套全球环境的图像，从而帮助决策者有效地管理环境资源。

在 GRID 的发展阶段有三项任务：①收集现有的数据集；②分析现有数据并指出重要的环境区；③为发展中国家及发达国家培训使用 GRID 技术的人才。

GRID 的数据采集分三种方法：航天、航空和实地。这三种方法的主要差别不在于立足点而在于分辨率。人们站在地面上可观测自然环境的细小变化，然而离地球 1000 公里以外的地球资源卫星就只能分辨那些大于 30 米的物体，从飞机上观测地球则介于上述二者之间。这三种方法互相补充，便可逐渐描绘出一个地面的图像。

GRID 有许多特点，这些特点不仅使它在构造上区别于别的信息系统，而且某些特点是它优越于其他信息系统的原因所在，其中最主要的便是其数据的区域性。GRID 收集每个数据都必须先弄清它在地面上的位置。这不仅便于进行一些区域性的分析，而且实际上这样才完好地保存了数据，因为许多数据一旦失去了位置参数也就失去了意义。下面列出了 GRID 的主要功能，很显然没有位置数据其中的许多功能是无法设想的（表 1-1）。

**表 1-1　GRID 的基本功能**

| 功能 | 任务 | 示例 |
|------|------|------|
| 评价功能 | 数据提供 | 提供肯尼亚北部大象数据信息 |
| | 资源管理 | 全球土壤改良数据 |
| | 现状报告 | 定期环境污染现状评价 |
| | 动态监测 | 森林覆盖率变化报告 |
| 分析功能 | 研究支持 | 沙漠化原因分析 |
| | 预测 | 蝗虫群或天气预报 |
| | 改良管理 | 用 GRID 数据分析在干旱区进行放牧的最佳时间 |
| | 法律制定 | 试验可供选择的环境法 |
| | 紧急区的确定 | 确定急需发展支持的地区 |
| | 项目评价 | 在干旱区引入灌溉项目的环境影响评价 |

## 二、我国环境信息化发展历程

我国基于 GIS 技术环境信息系统的发展经历了四个阶段：探索阶段、技术成熟阶段、两极分化阶段、市场化阶段。这四个阶段记载了我国环境信息系统从技术不成熟走向成熟、从系统不完善走向完善的过程。每个阶段都有自身的特色，都有其典型的环境信息系统。而每个阶段的环境信息系统有着不同的资金来源、技术水平、系统完善程度等，见表 1-2。

表1-2　基于 GIS 技术的中国环境信息系统各个阶段对比

| 阶段 | 典型代表 | 资金来源 | 软硬件价格 | 系统完善程度 | 技术水平 |
|---|---|---|---|---|---|
| 探索阶段<br>（1993 年以前） | 上海市环境信息系统<br>江苏省环境信息系统 | 国家资金 | 软硬件价格昂贵 | 不够完善 | 技术处于摸索阶段 |
| 技术成熟阶段<br>（1994～1995 年） | 中国升级环境信息系统（PEIS） | 世界银行贷款 | 软硬件价格较高 | 完善 | 技术已经成熟 |
| | 天津市环境信息系统 | 地方资金 | 软硬件价格较低 | 完善，且有地方特色 | 技术更进一步 |
| 两极分化阶段<br>（1996～1999 年） | 汕头市环境信息系统 | 地方资金 | 软硬件价格较低 | 不够完善，但有地方特色 | 技术水平较低 |
| 市场阶段<br>（2000 年至今） | 国家监理信息系统 | 市场 | 软硬件价格低 | 完善，且具有开放性 | 采用高新技术 |

### （一）探索阶段（1993 年以前）

1993 年以前，为了改善环境管理和环境决策，我国在环境信息系统的研究上做了大量工作，设立了国家科技攻关课题，投入了不少人力、财力，开发了一些实验和研究性质的环境信息系统。1988 年，上海市环境保护局进行环境信息库及信息系统总体方案的研究，计划用 10 年左右的时间基本完成一个由环境基础信息库、计划管理系统和环境决策支持系统三大部分组成的环境信息系统，并于 1993 年基本实现了第一阶段的目标。而在江苏省，1991～1994 年，江苏省环境保护局和清华大学环境工程系合作开发了我国第一个省级环境管理信息系统——江苏环境信息系统（JSEIS）。该系统在环境信息系统开发的理论技术、实际操作等各方面都做了有益的尝试，并尽量采用 20 世纪 90 年代的国际先进技术。

上述两个环境信息系统都有共同的特点，就是在技术和实际操作上进行探索。GIS 技术在我国起步较晚，在环境领域的应用就更晚。这两个环境信息系统在开发过程中，没有任何国内成功的例子可以参照，因此只有根据所知道的理论知识通过探讨和实验的方式来发展自身的技术。虽然这两个系统还不够完善，但这毕竟是中国环境信息系统的开端，也为以后省级信息系统的开发打下了坚实的技术基础。

## （二）技术成熟阶段（1994～1995年）

为了提高我国环境信息技术的整体实力，从1994年下半年起，在国家环保局的统一领导下，利用世界银行贷款，进行了覆盖27个省（自治区、直辖市）的中国省级环境信息系统（PEIS）的建设。目标是建设我国27个省（自治区、直辖市）的结构基础完善、功能比较齐全、传输较为简便的省级环境信息系统，强化省级环保机构，提高为各省环境管理和决策直接服务的工作能力，为最终建成国家环境信息网络打好基础。

经过几年的发展，特别是以前环境信息系统所积累的技术，中国省级环境信息系统在技术上趋于成熟。PEIS采用先进的客户/服务器体系结构，通过以太网连接其他计算机。服务器上安装Sy2base数据库管理系统，客户PC机上安装以Pow2erBuilder为主要开发工具的应用模块，工作站上安装地理信息系统（GIS）和决策支持系统。用集线器（HUB）进行连接，服务器、工作站和开发用客户机放在信息中心，各业务处室都设置客户机，以便实现信息共享。整个系统功能相当完善，考虑也很周全，技术水平相当高。中国省级环境信息系统，是我国环境信息系统建设的一个里程碑，它使GIS在我国环境领域应用进入正规发展新阶段。它为以后的系统开发提供了成功的范例，提供了成熟的技术和可行的方案。

但是，该系统也存在一些不足之处。该系统所需的设备价格较高，只适合省级。而一般的地方环保局无法拿出这么多资金去进行开发，也没有如此雄厚的技术力量。

## （三）两极分化阶段（1996～1999年）

随着省级环境信息系统的建成，全国掀起了环境信息系统建设的热潮。各种各样的环境信息系统如雨后春笋，层出不穷，如深圳市环境信息系统、汕头市环境信息系统、天津市环境信息系统等。但由于资金、人员、技术的差异，环境信息系统逐渐出现了两极分化：一极是大城市的环境信息系统，另一极则是地县级的环境信息系统。

大城市环境信息系统，拥有强大的资金后盾，有各大学、科研单位等专业人才的支持，在省级环境信息系统基础上进行二次开发，开发出满足自身需要的环境信息系统。如：天津市环境信息中心等单位在学习和应用该省级环境信息系统的基础上，结合天津市的具体情况，进行了二次开发研究。大城市环境信息系统在技术上更进一步，且具有自身特色。

地县级环境信息系统，资金有限，且缺乏专业人才的支持，在开发上不能照搬省级环境信息系统的建设模式。而且，我国的地方环境管理信息系统仍处于发展阶段，尚未形成一套完整的标准体系和技术规范，也没有成熟的方法可供借鉴。因此，只有与高校的专业人员合作，建立有地方特色的环境信息系统。如：汕头市环境管理信息系统是建立在地方环境管理部门的实际需要和可能的基础上，经过专业人员反复与地方环境管理部门协商，最后确定的系统设计方案。这类系统由于建设资金有限，造成一些先进的技术得不到使用；由于开发人员非本地人员，因此在一定程度上对该地区的环境情况考虑欠缺，造成系统的不完善。但这也标志着我国环境信息系统开始普及化，从国家到地区一体化的环境信息系统有了初步的轮廓。

（四）市场化阶段（2000 年至今）

为了适应对污染物实行总量控制的工作形势和跨世纪工业污染源达标排放监督管理工作的要求，提高环境监理现代化管理水平，增强环境保护现场监督能力，加大执法力度，从 2000 年起，国家环保总局监督管理司组织开发国家环境监理信息系统。国家环境监理信息系统（NES2MIS）是国家环保总局组织研制的一套在网络环境中运行的、以污染源实时监测为基础的环境管理信息系统。该系统采用国家环保总局、省环保局、地市县环保局、企业四级层次模型作为总体结构。它的目标是建成覆盖全国的环境监理信息网，并以此为基础，建设面向各级环保部门应用的环境监理信息系统以及面向排污企业的现场监测监控系统。

国家环境监理信息系统在整个建设过程中，没有花政府一分钱。它是在国家环保总局的部署、指导下，由长天国际投资公司投资、西安交大长天软件开发基地具体负责研制完成的，整个过程按照政府干预与市场机制相结合的方式运作，建成后国家、投资者、开发者和用户各方都受益。它的建成，标志着我国环境信息系统的建设将走向市场化。环境信息系统应该与环保产业相结合，在实现环境管理、环境监测、环境影响评价等同时，不断为环境治理提供服务。环境信息系统为环保产业提供信息和可行性方案，而环保产业在产生经济效益以后，又可以为环境信息系统的开发提供资金和技术支持。同样，环境信息系统为企业提供环境影响评价、环境治理措施等，企业会为环境信息系统的建设提供资金，两者相辅相成。只有如此，环境信息系统的建设才能从被动走向主动，才能从国家普及到地市县，甚至是小区。走向市场，是我国环境信息系统建设全面普及和发展的趋势。

# 第二章 地方环境信息化现状与需求

## 第一节 我国地方环境信息化发展现状

现阶段数字环保是在环境信息化和环境管理决策中的具体应用，它是以环保为核心，由基础应用、延伸应用、高级应用和战略应用多层环保监控管理平台集成的系统，具体包括环境监测系统、环境管理系统、环境预测预报系统、污染源管理系统、污染源监控报警系统、排污收费系统、环境 GIS 系统、污染事故预警系统、环保业务工作流管理系统、环保动态仿真系统、环保决策支持系统等，其基本实施过程就是将信息、网络、自动控制、通信等技术手段运用到环保领域，实现环保的数字化、信息化和自动化。

我国环境保护事业发展较快，但环境信息化工作却起步较晚，总体处于加速阶段，政府近几年出台统一的信息化工作标准或指南，如《环境信息术语》（HJ/T 416—2007）、《环境信息分类与代码》（HJ/T 417—2007）、《环境信息系统集成技术规范》（HJ/T 418—2007）、《环境数据库设计与运行管理规范》（HJ/T 419—2007），部分地方开展信息化建设也各有侧重，各有特色。且上下级部门之间及同级部门之间的信息传递、共享与联动能力也越来越密切。总的来说，我国环保信息化水平起步晚、底子薄、提高快，提升空间较大，需要完善的工作也很多。

## 一、地方环境信息化基础设施发展迅猛

### （一）网络建设初具规模

基础网络作为国家环境信息化建设的信息传输和信息应用的基础，可为各类环境保护业务的数据传输、信息交换、应用集成和信息服务提供基础网络环境。

2000 年国家环保总局卫星通信专用网络系统建成，网络覆盖国家环保总局、省级环保局、重点城市环保局及国控水质监测站，实现了电子公文远程传输和水质监测数据网络传输，成为"十五"期间环保系统重要的基础网络。

2004 年国家环保总局对局机关大楼进行了智能化综合布线，构建了千兆局域网平台，实行内外网物理隔离，从根本上改善了机关的基础网络条件。同年完成了电子政务综合平台项目建设，建立了基于机关内网平台，集办公自动化、环

境业务管理、数据交换与共享、信息发布和服务于一体的电子政务平台，极大地提高了机关办公效率和质量。该平台被评为电子政务典型应用系统。

2005年建成了国家环保总局电子政务外网和视频会议系统，覆盖环境保护部、全国31个省（区、市）环保厅局、新疆生产建设兵团环保局和5个计划单列市环保局，初步实现了环境保护部与省级环保厅局之间快速、安全的IP广域网络互联和视频会议。全国31个省（区、市）环保厅局以及大部分地市环保局已建成局域网。

目前国家环保总局电子政务外网网络采用的是带宽为2M的SDH数字电路方式组网，无论在覆盖范围、网络带宽还是安全性上都难以满足建立和完善污染减排"三大体系"建设的客观要求，特别是随着环境监测管理业务应用需求的不断增加，如视频监控、自动监控等新业务的发展，环境数据传输网络的带宽与速度都需要进一步扩充与提高。仅以需要通过该网络进行传输的"污染减排"数据流量估算，全国各类污染源自动监控数据、污染源监督性监测数据、视频监控及会议数据等就有将近4M的宽带需求量。

在省级以下广域网络建设中，仍有10个省份未建设"省—市"网络；绝大部分省（市）广域网络还没有连接到县。即使是在已有"省—市"网络的21个省中，还有10个省目前利用的是各省政务网络。因此，从总体而言，省级以下的广域网络建设急需加强。

目前环境保护部内部局域网和各省环保局内部局域网已经建成，但随着原国家环保总局升格为环境保护部，部门机构和工作职能进行了调整和进一步加强，同时目前各省局域网现状能力参差不齐，有的基础十分薄弱，无法满足环保业务的信息化需求。因此需对现有环境保护部和各省局域网进行扩充完善；全国地市级和县级环保部门的局域网网络建设相对落后，其中绝大部分县级环境保护部门无局域网络，需要全面建设、完善地市级环保局局域网，搭建全国县级环境保护部门局域网。

## （二）基础软硬件配备得到加强

除基础网络外，目前环境保护部在其他基础设施能力上也有不足，现有软硬件设备多用于原有分散系统的运行，且"十一五"期间，环保业务信息化出现拟新增以减排为主的业务应用支撑平台、原环保总局升格各业务司局职能调整后业务构成发生变化、各类综合数据库不断出现等新特点，现有基础设施已无法完全适应工作要求，尤其是无法满足统一、标准的信息基础服务需求，因此需要在现有能力上予以加强。

目前全国31个省（区、市）环境信息中心，基础设施条件较好，相应的软硬件系统齐全，运行良好的不到30%；其余省市无论服务器及其操作系统、数据库及其管理系统还是数据存储备份系统等方面都没有真正形成能力。全国绝大多数县环保机构的环境信息网络尚未搭建，基础设施能力相当于一片空白。

基础设施建设的主要需求包括：现有服务器系统的升级改造和高性能服务器的购置，实现服务器应用类型的重组，提高服务器群集的应用支撑能力；加强数据存储和备份能力建设，提高系统的存储扩展能力与数据处理能力，实现数据的异地备份，保证系统和数据的安全；根据业务应用需求购置操作系统、数据库系统、地理信息系统等基础系统软件，扩展和提高系统软件的运算和支撑能力。

"十五"期间环保部门通过多种途径，完善基础设施建设，提高信息化软硬件水平。例如，2002年完成了日本政府无偿援助100个城市环境信息网络建设项目，建立了100个城市环保局信息中心，配置了计算机、网络设备和环境管理基础应用软件，为加强城市环保局信息基础能力奠定了基础。

### （三）环境信息化队伍从无到有

为适应环境信息化发展需要，环保部门在人员紧张的情况下安排开展信息化工作，通过环境信息中心信息化项目培养锻炼人才，初步建立了一支思想水平高、业务能力强、富有活力与创造性的环境信息化人才队伍，为环境信息化工作的开展提供了必备的人员支撑。

## 二、地方环保服务业务信息化发展迅速

地方环保业务具有涉及面广、动态性强、不同业务之间存在交叉或联系等特点，而且业务范围内绝大部分的信息化工作模式都是数据采集、分类、管理、统计汇总、展示等。因此，地方环保业务交叉性和信息模式相似性的特点使得地方环保信息化建设需要建立在一个业务应用支撑平台之上，通过组件集成服务实现各个环保业务应用之间的整合和复用。

### 1. 通过办公自动化提升业务信息化基础能力

环境保护部办公自动化系统已经运行多年，机关的公文流转、政务信息、政务督办等主要办公业务实现了信息化；25个省级环保局建立了办公自动化系统，实现了主要办公业务的计算机网络处理；120个环境保护重点城市建设了基于局域网络的办公自动化系统。

### 2. 通过信息化转向提高业务信息化水平

"十五"期间，国家通过多种渠道加大环境信息化项目资金投入，不断提高环境业务信息化水平。2001年完成了省级环境信息网络系统改造建设项目，覆

盖天津、河北等 25 个省（区、市）环保局，建成了集环境管理 OA、MIS、GIS、多媒体等环境信息应用和辅助决策功能于一体的综合环境信息系统，满足了省级环保局环境管理和决策的基本需求。2001 年完成了城市级环境信息系统建设项目，项目建设覆盖南京、赤峰等 23 个城市环保局，项目以城市环境管理 OA 和 MIS 为核心，通过 Web 应用、GIS 应用、多媒体应用和信息资源共享等，为城市环保局环境管理与决策提供多方位的环境信息技术支持与服务。

**3. 通过三级联动项目推动业务信息化能力建设**

随着环境保护工作的深入开展，国家、省、市三级正在逐步建立各类环保业务应用系统。环境监察信息系统覆盖了国家、省、市三级相关的环境监察部门；环境保护建设项目管理系统将由国家级系统逐步扩展到省、市、县三级环保管理部门；排污费征收管理系统在全国联网，将应用于排污申报登记、排污量核定、排污费征收等日常环监监管业务中；生物安全信息系统初步建成。部分省市的环保部门根据工作需要，建设了一批覆盖本地区的环保业务应用系统。

## 三、地方环境信息能力存在较大差异

环境信息化基础设施缺乏，现有环境信息基础网络覆盖面不够，基础应用平台数据中心建设滞后，并且环境信息化管理机构能力不健全，基层环保部门环境信息执行能力严重不足。目前，全国仍有 5 个省级环保局尚未设置独立的信息化管理机构，全国 347 个地级市中仅有 30% 设有独立的信息化管理机构。

# 第二节 地方环境信息化发展思路

## 一、地方环境信息机构职能与定位

"十一五"初期，地方环境信息机构多数只负责本单位网络的维护与管理。随着国家对环境保护工作的重视和环境问题复杂性的增加，地方环保部门的任务越来越重、环境监管难度越来越大，环境保护对信息化技术的要求越来越迫切，"十一五"期间信息化在环境保护方面的应用技术发展日新月异。面对环境保护的新形势、新任务、新要求，为满足地方社会经济发展和环境管理工作的需求，地方环境信息机构的职能与定位有了明显变化。地方环境信息机构定位逐步从单纯的网络管理向环境业务应用技术研发及应用上转变。到"十一五"末，信息化在环境自动监测监控、环境应急管理及处置方面的应用成熟，环境信息机构的职能也由信息管理向信息、应急、监控全方位管理上转变，地方环境信息中心成为了集"环境信息、环境监控、环境应急"为一体的管理中心，环境信息中心也从环保边缘部门发展成为参与环境保护各部门工作的环保核心技术业务部门，成为了环保的中枢神经。

## 二、地方信息化建设总体思路

地方环保部门承担着落实国家、省、市环境法律、法规、政策、制度，负责辖区内环保工作的监管和污染防控，搞好环境服务，指导和监督县级环保部门各项工作的开展等工作职责，而最重要的一项工作就是做好辖区内重点企业、重点部位的监管和防控。面对越来越复杂的环境问题、越来越重的环境任务、越来越大的环境监管难度，为了使地方环保行政更高效、环境执法更快捷、应急处置更科学，让有限的人力、物力发挥出最大效果，许多地方环保部门把提高环保工作效能的切入点选在了加强环境信息化建设上。如何加快地方环保信息化发展和建设，完成与本单位工作的实际接轨、与更高层的管理平台接轨，已成为当前地方环保部门必须考虑的问题。对此，地方环保部门要认真研究分析并总结环境信息化建设存在的问题，包括地方领导对环境信息化重视不够、投入不足，工作机制不顺、信息资源分散、不能统一共享，基础能力薄弱，软硬件设备配置较为落后，不能满足现代化办公的要求，机构队伍不够健全等问题，这些都直接影响着地方环境信息化的发展和建设，影响着地方环保工作监管能力的提高。

面对地方环境信息化建设存在的这些问题，地方环保部门按照国家"十一五"环境保护规划基本思路——"提升环境信息网络化水平，继续建设和不断完善环境信息网络平台、环境管理业务应用平台和环境信息资源服务平台，建立服务于社会和大众的环境信息政府网站"，结合地方环保部门的工作职责和环境信息化建设的现状，理清了"十一五"地方环境信息化发展和建设思路：为满足地方社会、经济发展和环境管理工作的需要，按照"规划统一、建设统一、管理统一、数据统一"的原则，将现有的、部门所有的资源进行整合，重点放在网络整合、应用整合、数据资源整合和信息服务整合等方面，寻求最佳的合理配置，发挥整体的综合最大效益，用信息化技术整合、改造、推动、提升地方环保部门的环境管理能力和综合管理水平；基本形成地方环保系统统一的环境信息资源共享体系、环境自动监控与预警体系、环境应急处置调度体系，实现建设一网、一库、一平台（即统一一个局域网，统一一个数据库，统一一个指挥调度平台）的目标。从而实现地方环境信息化的五个转变：从单纯的网络建设向环境业务应用系统建设转变，从中心平台建设向平台、前端监控系统、应用终端建设相结合转变，从固定信息平台向固定与移动信息平台相结合转变，从常规信息服务向常规与应急信息服务相结合转变，从注重信息化形式到注重信息化实际应用转变。

### （一）环境信息资源共享体系

信息化的首要任务是信息资源共享，因此，为实现数据的统一收集，地方环保信息化建设首先要建设上下纵横贯通的环境信息网络传输体系和地方统一的环境数据库。

首先，建设地方环保部门到上级环保部门、基层环保部门、重点监控企业、重点流域、重点部位等的网络传输系统，全部实现光纤或 VPN 加密专网建设，为数据采集、传输和信息发布提供传输通道。区县基层环保部门及企业不再自行建设系统软件，不需要配置服务器，通过光纤或 VPN 加密专网，根据权限从市级环境信息中心数据库查寻与下载相关信息资源，形成市县环保系统一数多用、数据统一的环境数据信息共享体系。

其次，在打通网络通道后，整合信息资源。将环保部门所有环境数据及信息资源，如监测部门的地表水自动监测与环境空气自动监测等系统及监察部门的污染源自动监测系统、放射源自动监控系统、视频监控系统等全部整合到环境信息中心统一管理，并与局综合办公平台相连接，根据权限查寻与下载。建立环境要素齐全、覆盖范围广、时间序列长、多源、多类型、多尺度的海量环境信息数据库。数据库不仅包括环境保护政务、业务数据库，同时也应包括与环保相关的水文、气象、农林、相关规划、经济统计等方面的数据内容，以提供环保业务统一调用。环保系统数据通过专网及应用系统自动存入数据库，与环保相关的其他部门数据由地方信息机构每年一次统一集中收集入库。

再次，大量整合后的环境信息，由地方环境信息机构实施信息的统一发布。如在局域网上发布空气环境质量、水环境质量、项目审批情况、排污费征收情况、环境执法情况、12369 群众举报、自动监控数据异常或超标等内容，在地方政府网站、地方环境信息网等媒体公开环境保护相关内容。

最后，地方环境信息机构结合监管工作实际需求，研究开发各类环境管理信息系统软件，综合利用物联网技术、地理信息系统技术、全球定位系统技术、感知技术，推进环境质量自动化监测网络建设、污染源自动监控体系建设、放射源跟踪监控建设等，对企业污染源实行全方位的实时监控。

（二）环境自动监控与预警体系

为提高环境监管工作效能，实现对污染源实时监控、动态管理，预防环境污染事件的发生，地方环境信息机构要将环境监控与预警体系建设列入信息化建设统一规划内容。对流域监控断面逐步实施自动监控，重点排污企业全部实施自动监控，对企业特征污染物有针对性地实施特征污染因子的自动监控，使辖区内流域断面自动监测及污染源自动监控的若干监测站构成辖区内水环境自动监控网络，成为水环境预警充足的数据源，在地方形成点面结合、相互响应、区域"网格化"的环境管理新格局。

在建设自动监控网络的基础上，地方环保部门还应研究开发环境自动监控预警系统，各类自动监控数据作为环境自动监控预警的数据源。所有自动监控数据实时显示，其数据变化曲线显示出污染源及环境质量的变化趋势，对环境起到预警的作用，对超标情况及时报警，启动应急响应进行处置，将事故隐患消灭在萌芽状态。

### （三）环境应急处置调度体系

为实现在最短时间内对危机事件做出最快反应，提高预警和应急指挥水平，地方环保部门还研究建设集突发事件相关的数据采集、危机判定、决策分析、命令部署、实时沟通、联动指挥、现场支持于一体的精确迅速、灵活高效、上下联动的突发环境污染事件预警和应急指挥平台。

一是由市级环保部门统一建设市、县两级环境应急视频调度指挥中心，形成省、市、县、事故现场从上到下四个层次的环境应急联动和应急调度指挥体系。该体系在实现事故应急联动指挥调度的基础上，还可用于召开从省到市、县的环保系统视频会议，同时还可提供环保系统办公专网。

二是建设环境应急决策支持平台。将环境自动监控系统及 12369 环境污染举报作为其报警源，同时还要针对当地环境污染物排放特点建立重点污染监控企业信息数据库、有毒有害危险化学品信息库、环境监测能力信息库、咨询专家库、法律法规及环境标准库、应急处置方法库等知识库，备应急时查寻使用。另外决策平台还应建设有事故仿真软件，应用 GIS 技术建立水污染扩散模型和空气污染扩散模型，根据事故参数进行事故分析，锁定事故范围，决定事故等级，对环境污染事故进行污染扩散预测，快速形成事故处置最佳方案，为现场处理处置提供决策依据。

三是建设环境应急移动处置车队。应急车队最少应包括应急指挥车、移动化验室和物资保障车。一旦有环境污染事件发生，几部车同时到达事故现场，并在现场组建虚拟网，可以通过网络互传数据、互相通话。应急指挥车与环境监控中心通过卫星或 3G 通信实现语音及视频的互联互通，实现环境监控指挥中心与事故现场的实时互通指挥，同时将环境监控中心的软件平台通过网络调到应急指挥车使用。

## 三、地方环境信息化资金筹措

要搞好环境信息化建设，资金投入是保障。怎样使地方有限的资金发挥较好的信息化效果是地方环保部门信息化发展的关键。地方环境信息化建设的资金应采取自筹、向外部争取及部门间协调等多种途径解决。一是在地方环保部门范围内优化配置人、财、物资源，集中力量投入信息化建设，减少重复开发和建设，打破部门界限，实现信息资源在较大范围内的共享；二是积极争取上级环保部门和同级财政的资金支持；三是努力争取外部资金。以张家口市环保局为例，为重点保证信息化建设资金，全局每年拿出部分环保专项资金保障信息化建设，同时将局其他部门用于信息化建设的资金进行集中使用，而且通过项目争取市政府信息化建设专项资金，通过与北京市合作争取北京市政府的资金支持。"十一五"期间，该局共争取市信息化专项资金48万元，争取北京市政府资金1284万元，累计投入信息化建设资金近2000万元。

# 第三节 地方环境信息化目标与总体框架

## 一、地方环境信息化建设目标

地方环境信息化建设的目标是以环保工作为主线，完善基础设施和解决突出的环境问题，配合国家及地方环境保护规划和环境质量强市建设规划要求，地方环保系统要基本建成先进的环境信息资源网络平台、环境管理业务应用平台、环境信息资源共享平台、环境信息资源服务平台，基本实现环境业务信息化、环境管理信息资源化、环境管理决策科学化和环境信息服务规范化。通过环境信息化建设完美环境管理和服务体系，实现环境管理和服务的科学化、规范化与现代化，最终实现地方环境信息化现代化、信息化的建设目标。

**1. 基础设施和管理机制日趋完善，增强信息化支撑保障能力**

通过完善基础设施，实现信息资源的交换、整合与共享；通过规范标准，创新建设和运维模式，建立和完善信息化项目立项、建设、管理、应用和维护机制，完善信息化发展模式；通过建设信息安全应急机制，建立完善的环境信息安全保障体系和建设运营保障体系。

**2. 综合管理能力稳步提高，全面实现电子政务和阳光办公**

通过信息化建设的推动，应用网络化协同办公，促进部门内部职能由封闭式业务处理向多元、开放业务模式转变。通过提升内部综合管理能力，打造制度化、规范化、程序化管理平台，努力使地方环境保护机构管理和工作人员充分认识到信息化对提升监管效能、提高服务水平所能起到的作用，从而进一步增加信息化在行业应用中的深度和广度。

**3. 公众信息服务能力大幅提升，基本建成完善的信息服务体系**

面向政府、企业、媒体和社会公众等服务对象，建设统一的信息服务平台和畅通的数字化管理通道，建立完善的环境信息披露和交流互动机制，实现服务内容多样化、服务途径便捷化、服务群体多层化。通过信息化建设提高公众服务和社会服务的服务质量和服务效率，有利于政府职能向主动服务转变，有利于"阳光政府"的建设。

**4. 新兴技术充分利用，极大提高环境监测监控能力**

依靠物联网、3G 移动通信、数据库、软件工程、遥感、云计算等先进信息技术的应用创新，积极探索解决环境保护矛盾和问题的有效方法。完善环境质量在线监测系统和重点污染源在线监控系统，新建饮用水源地、危险固废自动监控系统和环境噪声自动监测系统，形成遍布"水、陆、空"、覆盖"水、气、声、渣"的监测监控网络。

**5. 核心业务全面覆盖，提升环境管理、服务和决策能力**

实现环境管理、监测、监察、执法、公共服务、应急管理、决策指挥等信息化体系的全覆盖。通过建设数据中心，提升环境数据支撑能力；通过建设核心业务管理平台，提升环境行政管理能力；通过建设环境监控预警平台，建设完成核事故场外应急、辐射环境管理信息系统，提升环境风险防范能力；通过建设环境应急管理平台，提升环境应急保障能力。

## 二、地方环境信息化建设总体框架

通过对地方环境信息化建设情况的调查、研究，结合信息化建设的现状和需求，促使信息化工作产生结构性的有效变革，在信息化应用深度和广度上有明显进步。同时依据地方环保局信息化现状，结合未来发展目标及需求，以环境信息标准规范为基础，以环境信息安全体系和环境信息运行管理体系为保障，把环境信息化建设的总体框架规划设计为"一个中心、两门户、三平台、四大应用"，如图 2-1 所示。该技术架构以"基础设施"为基础，依托统一的"信息安全"、"运维管控"两个保障体系，通过"应用服务"统一提供业务支持。在全市各环境保护单位通过"信息集成"实现数据交换，并把所有的基础数据和业务数据统一存储在"数据中心"；在横向，通过"系统支撑"提供一体化的软、硬件运

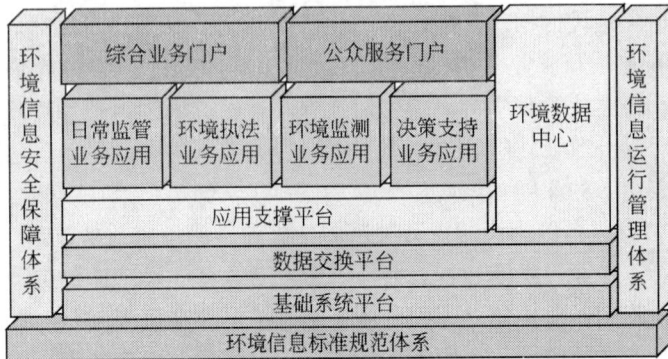

图 2-1 总体框架图

行环境和服务，通过"数据中心"统一提供数据支持，通过"信息集成"实现集成，通过"门户"实现统一展现。

　　总体框架上构筑的信息系统，实现信息纵向贯通、横向集成，支持全市统一管理与运作；各部门间建立能够实现共享的数据资源，促进集约化发展，优化业务，强化管理。同时，地方环境信息化建设总体框架体系向上要满足逐级地管理需要，横向要满足同级地方政府各事业单位的信息需要，向下要实现下级环境机构业务应用。

# 第三章　环境信息化基础能力建设

## 第一节　环境信息网络建设

### 一、网络搭建方式

环保局内部网络目前在核心层设备配置采用双核心方式，即在市环保局办公楼中心机房放置两套核心交换设备，互为备份，提高系统的可靠性。两台核心交换机之间，根据流量采用 Gigabit Ether Channel（GEC）技术将多条千兆链路绑定成一条高速的逻辑链路，从而在双核心交换机之间构成全双工交换带宽。

每台核心交换机配置双电源系统，这样的网络核心将提供足够的安全性和可靠性。核心交换机提供足够的千兆接口，楼层交换机采用千兆链路分别连接到两台核心交换机上，形成双千兆上联链路。通过这些千兆光纤链路，在核心交换机与楼层交换机之间构成了市环保局局域网的千兆主干。

楼层交换机群同时与两台核心交换机进行连接，当任何一条千兆链路、任何一台核心交换机发生故障时，接入交换机都可以通过自己的另外一条上联千兆链路或通过另外一台核心交换机来保持与其他楼层交换机群的连接，从而实现终端用户无间断的实时访问。除此之外，在系统互为备份的基础上，利用多种技术（如动态路由协议、HSRP 等），实现网络核心上联主干链路的负载均衡，从而达到充分利用网络资源的目的，提供最好的网络访问性能。

用户网络建设主要分 5 部分：

**1. 光纤租赁**

环保系统专用网络租用当地互联网服务提供商的物理光纤线缆，确定在市级环保部门、区县环保部门、重点乡镇和企业之间有至少 2M 的带宽，以便同时传输数据和监控视频、召开视频会议三级联动。按月向互联网服务提供商支付网络服务租赁费用。所传输数据通过互联网服务提供商的机房中转，监控指挥中心的数据传输保密性由互联网服务提供商的相关部门来保证，此为首选方案。

**2. 自组网**

企业端监控采用自组网、CDMA/GPRS 及 2M 光纤专网结合的方式，来实现各自动监控点的通信传输，组建环保系统在线监控数据传输网（图 3-1）。

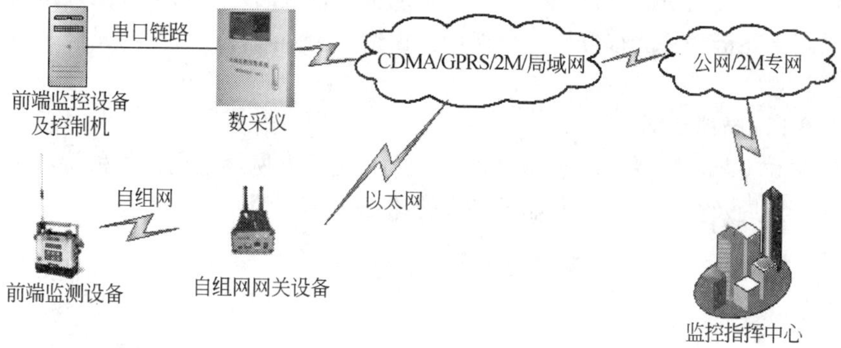

图 3-1　组网方式示意图

### 3. 自组网/3G/GPRS/卫星结合

现场移动执法、移动应急、移动监测的监控模式采用自组网/3G/GPRS/卫星结合，来实现现场各监控监测点的实时数据通信传输，组建环境保护在线监控数据传输网（图 3-2）。

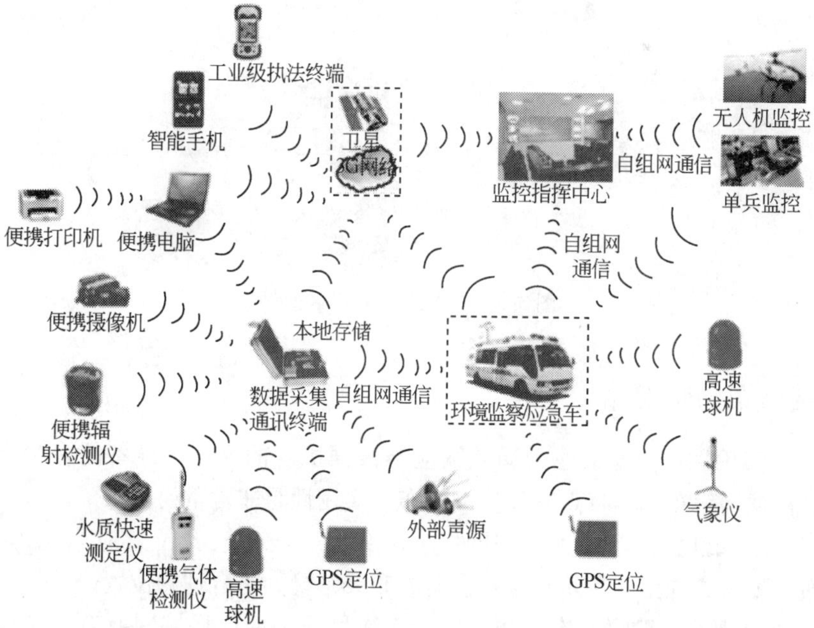

图 3-2　组网方式示意图

### 4. 内外网

市局骨干网络建立或扩展，采用两套核心交换设备作为冗余备份，并配备千兆链路的楼层交换机建立楼层的骨干网络或扩展，应用终端采用百兆链路或根据情况采用千兆链路；能很好地与环保局监控指挥中心融合；内外网完全采用物理隔离。

### 5. VPN 虚拟专网

环保局 VPN 虚拟专网如图 3-3 所示。物理光纤专网不适用或某种特定条件不具备的区县局及企业，可以考虑 VPN 数据加密传输，此为备选方案。

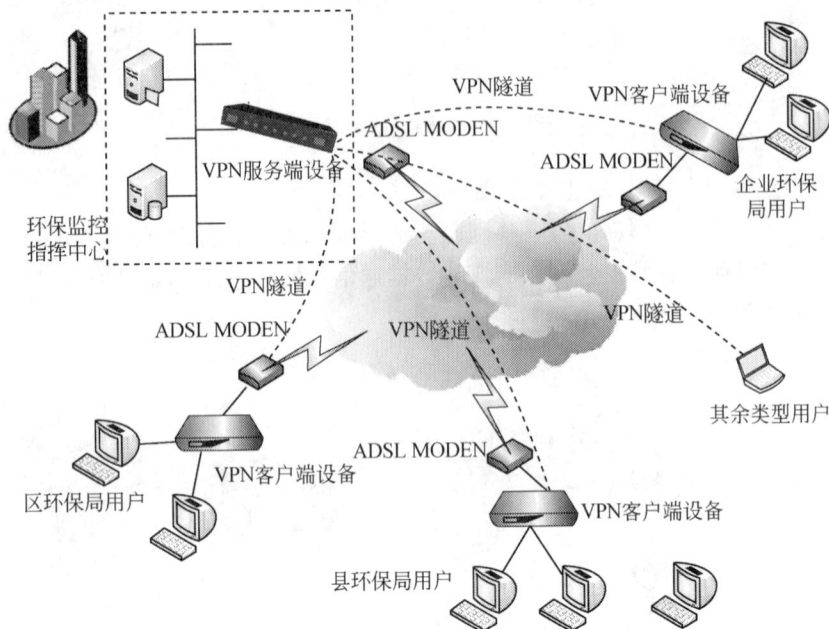

图 3-3　VPN 组网方式示意图

## 二、网络布局原则

（1）实用性：企业组建的局域网应当根据机房的大小、设备的多少来具体实施，根据网络布线的特点来发挥网络布局实用性是非常重要的。

（2）全面性：组网过程中，网络、服务器等设备放置位置应当统筹兼顾，网络布局要考虑周全，尽量让各种设备和布线系统处于合理的位置。

（3）可靠性：组网无论怎样布局，最终目的是保证局域网所有设备能可靠稳定地运行，使得网络能正常运转。

（4）扩展性：网络的组网不是一成不变的，随着业务的不断发展，原先组建的局域网就需要不断地完善和扩充；在日常的网络运行维护中，规划网络布局时就应该考虑到便于以后网络的维护与升级操作。

# 三、网络规划

## （一）IP 地址规划

### 1. 规划意义

IP 地址的合理规划是网络设计中的重要一环，计算机网络必须对 IP 地址进行统一规划并得到实施。IP 地址规划的好坏，影响到网络路由协议算法的效率，影响到网络的性能，影响到网络的扩展，影响到网络的管理，也必将直接影响到网络应用的进一步发展。

### 2. IP 地址空间分配

IP 地址空间分配，要与网络拓扑层次结构相适应，既要有效地利用地址空间，又要体现出网络的可扩展性和灵活性，同时能满足路由协议的要求，以便于网络中的路由聚类，减少路由器中路由表的长度，减少对路由器 CPU、内存的消耗，提高路由算法的效率，加快路由变化的收敛速度，同时还要考虑到网络地址的可管理性。

### 3. 分配原则

具体分配时要遵循以下原则：唯一性，一个 IP 网络中不能有两个主机采用相同的 IP 地址；简单性，地址分配应简单，易于管理，降低网络扩展的复杂性，简化路由表项；连续性，连续地址在层次结构网络中易于进行路径叠合，大大缩减路由表，提高路由算法的效率；可扩展性，地址分配在每一层次上都要留有余量，在网络规模扩展时能保证地址的连续性；灵活性，地址分配应具有灵活性，以满足多种路由策略的优化，充分利用地址空间。

### 4. IP 地址分类

主流的 IP 地址规划方案分为公网地址、私网地址和混合网络地址三种，当网络以私网地址分配或采用混合网络地址接入时，网络应提供地址变换功能，过滤掉私网地址。

### 5. 地址规划规范

IP 地址的具体规划需参照信息主管部门的规范，若规范尚未制定，可灵活选择 IP 地址。建议选用 A 类私网（10.0.0.0—10.255.255.254）地址，为未来提供足够的 IP 地址空间。具体的 IP 地址规划内容可在与环保局监控中心负责人协商后确定，但应遵循上述的原则。

## （二）VLAN 设计

### 1. 物理网络上面的主机分组及网络分段

VLAN 可以实现将连接在同一个物理网络上面的主机分组，使它们看起来就如连接在不同的网络上一样。可以通过 VLAN 为网络分段，各个网段可以共用同一套网络设备，节约了网络硬件的开销，同时在迁移中所需的工作量也大幅度降低了，从而降低了联网成本。在大型局域网络组建中，VLAN 是不可缺少的关键技术，科学的 VLAN 设计可以为局域网络带来一系列的优点。

**2. 实现第二层工作组划分**

在同一个物理网络实现第二层工作组划分，实现不同工作组之间第二层的完全隔离，同时，组员可以处在物理网络中的任何位置，不受同一台设备限制。

**3. 隔离广播**

提高效率，避免不相关的广播帧在全网扩散，浪费有效带宽资源。

**4. 在局域网系统中 VLAN 技术达到两个目的**

建议基于 IEEE 802.1Q 标准实现 VLAN，在分行 VLAN 设计中，使用 VLAN 技术达到两个目的：第一，不同业务部门之间的隔离和通信控制；第二，广播范围抑制。

**5. 内外网 VLAN 的划分**

VLAN 的划分可以依据内外网用户和不同的业务部门以及用户所处网络的物理结构进行，后者主要是从网络性能角度出发，而前者还同时兼顾了网络安全性、可控性的需要。

**6. 广播域内主机数量与 VLAN 规划的关系**

从广播控制角度出发，为了保障网络的高可用和高性能，按照惯例原则，我们在进行具体 VLAN 规划时，同一个广播域内（一个 VLAN）的通信主机一般不超过 50 台，最好控制在 30 台以内。对于主机数量超过 50 台的业务部门，我们通过二层隔离、三层交换的方式来解决。

**7. 网络的 VLAN 规划**

网络的 VLAN 规划，在明确其网络资源访问权限分配的具体要求后，我们可对网络具体划分不同的权限、VLAN 等其他的安全策略。

## （三）路由策略

**1. 路由的产生**

在不同的 VLAN 间要实现互通必须提供路由，路由的产生可以由管理员指定，或者由路由器运行动态路由协议而产生。

**2. 静态路由**

由管理员指定的路由称为静态路由，它是由管理员手工设置每一个路由器。它的优点是不占用网络的资源，没有路由更新信息所占用的网络开销，缺点是网络中的管理员要对每一条路由都非常清晰地了解，当一个网络变得规模很大时，系统设置很困难。

**3. 动态路由**

由路由器动态产生的路由叫动态路由，它是由路由器执行一定的动态路由协议，彼此通告路由信息，然后在此信息的基础上产生各个路由器的路由表，常见的动态路由协议有 RIP v1/v2、IGRP、EIGRP、OSPF、IS-IS、BGP4 等协议。

**4. 最短路径计算**

OSPF 用链路状态算法来计算在每个区域中到所有目的最短路径，当一个路由器首先开始工作，或者任一个路由变化发生，这个配备给 OSPF 的路由器将 LSA 扩散到同一级区域内所有路由器，这些 LSA 包含这个路由器的链接状态和它与邻居路由器联系的信息，从这些 LSA 的收集中形成了链路状态数据库，在这个区域中的所有路由器都有一个特定的数据库来描述这个区域的拓扑结构。这个路由器于是就运行 Diskjtra 算法，这个算法利用链路状态数据库在该区域中形成到所有目的的最短路径树，从这个最短路径树中形成了 IP 路由表。在网络中发生的任何改变将会被链路状态包扩散出去，同时使路由器利用这些新信息，重新计算最短路径树。

对于路由策略，我们建议：

第一步采用静态路由，因为此时环保局监控中心网络的三层数据交换均在核心交换机完成。

第二步当环保局监控中心网络的网络规模扩大以后再采用 OSPF 动态路由协议，这个协议的优点是路由的开销小、收敛速度快、协议是开放的标准，能保证以后升级的兼容性。

方案中所用的路由器、交换机均要求支持以上两种路由协议，可满足目前及未来需求。

# 四、网络安全

网络的安全是指采用各种技术和管理措施，使网络系统正常运行，从而确保网络数据的可用性、完整性和保密性。网络安全的具体含义会随着"角度"的变化而变化，比如从用户（个人、企业等）的角度来说，他们希望涉及个人隐私或商业利益的信息在网络上传输时受到机密性、完整性和真实性的保护。

**1. 网络安全的特征**

（1）保密性：信息不泄露给非授权用户、实体或过程，或供其利用的特性。

（2）完整性：数据未经授权不能进行改变的特性。即信息在存储或传输过程中保持不被修改、不被破坏和丢失的特性。

（3）可用性：可被授权实体访问并按需求使用的特性。即当需要时能否存取所需的信息，例如网络环境下拒绝服务、破坏网络和有关系统的正常运行等都属于对可用性的攻击。

（4）可控性：对信息的传播及内容具有控制能力。

（5）可审查性：出现安全问题时提供依据与手段。

**2. 网络安全措施**

1）安全技术手段

物理措施：例如，保护网络关键设备（如交换机、大型计算机等），制定严格的网络安全规章制度，采取防辐射、防火以及安装不间断电源（UPS）等措施。

访问控制：对用户访问网络资源的权限进行严格的认证和控制。例如，进行用户身份认证，对口令加密、更新和鉴别，设置用户访问目录和文件的权限，控制网络设备配置的权限，等等。

数据加密：加密是保护数据安全的重要手段。加密的作用是保障信息被人截获后不能读懂其含义。防止计算机网络病毒，安装网络防病毒系统。

网络隔离：网络隔离有两种方式，一种是采用隔离卡来实现的，一种是采用网络安全隔离网闸实现的。隔离卡主要用于对单台机器的隔离，网闸主要用于对于整个网络的隔离。

其他措施：其他措施包括信息过滤、容错、数据镜像、数据备份和审计等。

2）安全防范意识

拥有网络安全意识是保证网络安全的重要前提。许多网络安全事件的发生都和缺乏安全防范意识有关。

3）主机安全检查

要保证网络安全，进行网络安全建设，首先要全面了解系统，评估系统安全性，认识到自己的风险所在，从而迅速、准确地解决内网安全问题。

## 五、网络安全系统构成

网络安全系统主要由网络交换机、路由器、统一威胁管理 UTM（有防火墙功能）、硬件防火墙、入侵防御检测设备 IPS、防病毒软件、KVM 切换器、UPS 电源、网线等几部分组成，承载着整个监控指挥中心的数据传送和安全防护任务。

# 第二节　环境信息基础设施建设

## 一、监控中心装饰装修

环境监控指挥中心机房作为监控中心核心设备的安置区，具有举足轻重的地位。监控中心及机房建设工程，不仅仅是简单的装修工程，还涉及网络安全、数据安全、机房工艺、建筑结构、空气调节、电气技术、电磁屏蔽、网络布线、机房监控与安全防范、给水排水、消防系统、防雷系统等多个领域。

环境监控指挥中心是环境自动监控系统数据汇总、分析和综合利用的中枢和核心，是为环境决策与管理提供信息数据支撑的技术平台。因此用于搭建监控中心的软硬件设备均应为国内、国际知名品牌，并充分保证其配置的合理先进性及安全可靠性。

## （一）环境基础建设

### 1. 基础建设

设有技术夹层和技术夹道的监控中心及机房，建筑设计应满足各种设备和管线的安装和维护要求。当管线需穿越楼层时，宜设置技术竖井。

监控中心及机房应根据荷载要求采取加固措施，并应符合国家现行标准《混凝土结构加固设计规范》（GB 50367—2006）、《建筑抗震加固技术规程》（JGJ 116—2009）和《混凝土结构后锚固技术规程》（JGJ 145—2004）机房的楼板承重。以每平方米不低于 500 公斤为宜，特殊部位应适当增加。

1）防火和疏散

（1）监控中心及机房的建筑防火设计，应符合现行国家标准《建筑设计防火规范》（GB 50016—2006）的有关规定。

（2）监控中心及机房的耐火等级不应低于二级。

（3）监控中心及机房位于其他建筑物内时，在主机房与其他部位之间应设置耐火极限不低于 2h 的隔墙，隔墙上的门应采用甲级防火门。

（4）面积大于 100m$^2$ 的主机房，安全出口不应少于两个，且应分散布置。面积不大于 100m$^2$ 的主机房，可设置一个安全出口，并可通过其他相邻房间的门进行疏散。门应向疏散方向开启，且应自动关闭，并应保证在任何情况下均能从机房内开启。走廊、楼梯间应畅通，并应有明显的疏散指示标志。

（5）主机房的顶棚、壁板（包括夹芯材料）和隔断应为不燃烧体。

2）室内装修

（1）室内装修设计选用材料的燃烧性能除应符合规范 GB 50016—2006 的规定外，尚应符合现行国家标准《建筑内部装修设计防火规范》（GB 50222—2001）的有关规定。

（2）主机房室内装修，应选用气密性好、不起尘、易清洁、符合环保要求、在温度和湿度变化作用下变形小、具有表面静电耗散性能的材料，不得使用强吸湿性材料及未经表面改性处理的高分子绝缘材料作为面层。

（3）主机房内墙壁的装修应满足使用功能要求，表面应平整、光滑、不起尘、避免眩光，并应减少凹凸面。可采用防静电乳胶漆面、壁布等。柱面采用材质上等的铝塑包柱。

（4）顶面吊顶可采用石膏或铝塑造型吊顶。

（5）地面设计应满足使用功能要求。主监控中心地面可采用防静电的橡塑地面、木地板等。机房应当铺设防静电活动地板，活动地板下的空间只作为电缆布线使用时，地板高度不宜小于250mm；活动地板下的空间既作为电缆布线，又作为空调静压箱时，地板高度不宜小于400mm；活动地板下的地面和四壁装饰应采用不起尘、不易积灰、易于清洁的材料；楼板或地面应采取保温、防潮措施，地面垫层宜配筋，维护结构宜采取防结露措施。

（6）技术夹层的墙壁和顶棚表面应平整、光滑。当采用轻质构造顶棚做技术夹层时，宜设置检修通道或检修口。

（7）A级和B级监控中心及机房的主机房不宜设置外窗。当主机房设有外窗时，应采用双层固定窗，并应有良好的气密性。

（8）不间断电源系统的电池室设有外窗时，应避免阳光直射。

（9）存放电池的区域需考虑楼面加固。

（10）当主机房内设有用水设备时，应采取防止水漫溢和渗漏措施。

（11）门窗、墙壁、地（楼）面的构造和施工缝隙，均应采取密闭措施。

**2. 装修材料**

装修材料选择无毒、无刺激性、环保的材料，选择难燃、阻燃材料，尽可能涂防火、防水、防锈、防电磁辐射涂料。

**3. 墙面工程**

主色调可以采用白色乳胶漆或高档的装饰布、纹理壁面等材料。

1）选料预排

石板块应按设计图纸要求，将尺寸规格相同、颜色基本一样的分类放好备用。同一房间墙、柱面应使用同一分类的板块，并在镶贴现场按设计规格、配花、颜色纹理进行预排编号，以备正式镶贴时按编号取用。对有缺陷（如缺楞、掉角、暗裂纹等）的板块应挑出留作裁截或镶贴在不显眼处用。

2）基层处理

将基层的残灰、污垢清理干净（油污可用10%火碱水清洗，干净后再用清水将火碱液清洗干净）。光滑混凝土面必须要进行斩毛处理。基层应在镶贴前一天浇水湿润。

3）弹线找规矩

首先按照设计图纸要求，弹出花色、品种规格不同用材的分界线。然后弹出水平和垂直控制墨线。板块料的控制线在水平宜每排设置度、垂直方向宜每块长、块宽设置一度（每块留1mm或按设计要求留出缝隙）。

4）薄型小规格石板块镶贴（边长小于400mm）

进行基层处理和吊垂直、套方、找规矩，其他可参见镶贴面砖施工要点有关部分，要注意同一墙面不得有一排以上的非整砖，并应将其镶贴在较隐蔽的部位。

在基层湿润的情况下，先刷107胶素水泥浆一道（内渗水重10%的107胶），随刷随打底；底灰采用1：3水泥砂浆，厚度约12mm，分两遍操作，第一遍约5mm，第二遍约7mm，待底灰压实刮平后，将底子灰表面划毛。

待底子灰凝固后便可进行分块弹线，随即将已湿润的块材抹上厚度为2～3mm的素水泥浆，内渗水重20%107胶进行镶贴，用木锤轻敲，用靠尺找平找直。

5）大规格块材（边长大于400mm）镶贴

按照水平控制线安装通长角铁，具体做法：在每隔400mm左右在基层上打进一支直径6mm的钢钉或膨胀螺丝（伸入基层不少于50mm，并要牢靠）。用直径不小于4mm的水平直钢筋与钢钉头（膨胀螺丝）焊接牢固。

在镶贴石板块的上、下、左、右皮口沿厚度中央钻孔，孔距不大于500mm，并且每边不小于2个，孔口离开左、右板边约50～80mm，孔径不可小于3mm，孔深应大于30mm，并向板的镶贴面边开一通槽，槽深以能埋设锚固销为准。

插入锚固销，锚固销应用不锈钢丝、铜丝制作，铜丝或不锈钢丝直径宜1～2mm，并用水泥膏将锚固销含固于孔内，水泥膏凝固后，浇水养护2～3天备用。

装好最下一排石板下口的靠尺板以作承托第一排石板的依托。

将石板块背面的尘土用毛刷（横刷）蘸水擦干净，按照预排编号，挂线，吊线安装好第一排石板块（石板块应由下往上逐排安装）；石板块上、下、左、右口的锚固销应与基层上角铁牢固，石板块就位核对后，应用卡具支撑稳定；每层石板块校核后应立即灌浆。待灌浆终凝后，才能进行第二层石板安装，依照上面顺序逐排安装完成。阳角接口宜作45度角接缝。

6）灌浆

灌浆用1：2水泥砂浆（稠度为80～120mm）。灌浆前先浇水湿润石板块及基层。灌浆时，应用竹片边灌边捣插，使砂浆充满缝隙。灌浆应根据石板缝高度分层进行。第一层灌浆高度为150mm并不得大于1/3石板高度。待砂浆初凝后，才能继续灌注，以后灌注高度应控制在200～300mm左右，各层灌注均与第一灌注方法相同。施工缝的灌浆应比板块上口残留浆液清干净，以利上排板块接缝，对于浅色石板块（如白色大理石等）灌浆应用白水泥石屑浆灌缝，以防透底，灌浆终凝后应浇水保养。

7)擦缝

石板块安装灌浆完成后（灌浆凝结后），及时将残余浆痕清除干净，用白水泥调制色浆（根据石板颜色调制）将缝子擦满并用回丝或布片将石板面擦拭干净。

### 4. 地面工程

整个地板要考虑防火、防静电；主区域可以采用聚晶微粉玻化砖或高档的石朔、地毯、木地板等材料；局部地面可抬高 150mm，整体形成有层次的空间错落感；设备间及机房需采用加固式静电地板，具有良好的承重性。机房装修采用全钢抗静电活动地板，地板敷设高度为 0.30m。为保证机房内洁净度，地板下需做防尘处理，刷防尘漆。符合《计算机机房设计规范》，活动地板铺设在机房的建筑地面上，活动地板上安装着计算机设备及其他电子设备，而在活动地板与建筑地面之间的空间内可以敷设连接设备的各种管线。活动地板具有可拆卸的特点，因此所有设备的导线电缆的连接、管路的连接及检修更换方便，敷设路线距离最短，可减少信号在传输过程中的损耗。

### 5. 顶面工程

（1）监控中心吊顶采用顶面石膏板造型吊顶或铝塑板异型吊顶。为保证吊顶上部防火、洁净无尘，需在结构真顶下面、微孔吊顶上方及墙侧面涂刷防火涂料 2~3 遍。

（2）计算机机房吊顶采用可拆卸的矿棉板吊顶。板表面平整，不得起尘、变色和腐蚀；其边缘整齐、无翘曲，封边处理后不脱胶；填充顶棚的保温、隔音材料平整、干燥，并做包缝处理。

（3）按设计及安装位置严格放线。吊顶及马道坚固、平直，并有可靠的防锈涂复。金属连接件、铆固件除锈后，涂两遍防锈漆。

（4）吊顶上的灯具、各种风口、火灾探测器底座及灭火喷嘴等定准位置，整齐划一，并与龙骨和吊顶紧密配合安装。从表面看布局合理、美观、不显凌乱。

（5）吊顶内空调作为静压箱时，其内表面按设计要求做防尘处理，不得起皮和龟裂。固定式吊顶的顶板与龙骨垂直安装。双层顶板的接缝不得落在同一根龙骨上。

（6）用自攻螺钉固定吊顶板，不得损坏板面。当设计未作明确规定时符合五类要求。螺钉间距：沿板周边间距 150~200mm，中间间距为 200~300mm，均匀布置。螺钉距板边 10~15mm，钉眼、接缝和阴阳角处必须根据顶板材质用相应的材料嵌平、磨光。安装过程中随时擦拭顶板表面，并及时清楚顶板内的余料和杂物，做到上不留余物，下不留污迹。

### 6. 柱面工程

可采用高质量，平滑面的铝塑板，柱面全包，色调可以参考米黄色。

### 7. 行门隔断工程

隔断采用 12mm 钢化玻璃及 12mm 热弯钢化玻璃；隔断采用国标轻钢龙骨石膏板内衬隔音棉。隔断工程设计原则主要能够反映分区域、分功能的主要效果，并考虑防火同时兼顾美观合理的装修效果。

为能够反映出分区域、分功能的效果，会议区、监控区、服务区等之间采用钢化玻璃隔断。考虑到各功能区的分隔以及防火要求，各防火分区之间、防火与非防火分区之间均采用防火玻璃隔断。监控中心机房隔断采用轻钢龙骨，细木工板，刮腻子刷油漆。行门要求整体效果美观大气。（单）双扇拉丝不锈钢外框玻璃门或（单）双实木门设计；推拉实木门，滑轨及挂件制作连接。

### 8. 综合布线

我们在设计布线时，选用档次较高的线缆及连接件，缩短布线周期。弱电电脑及电话按照设计图纸做相应的布设，我们可采取"总体规划，分步实施，水平布线尽量一步到位"。

综合布线系统应能满足所支持的数据系统的传输速率要求，并应选用相应等级的传输缆线和设备。综合布线系统应能满足所支持的语音、数据、图像系统的传输标准要求。综合布线系统所有设备之间连接端子、塑料绝缘的电缆或电缆环箍应有色标。不仅各个线对是用颜色识别的，而且线束组也适用同一图表中的色标，这样有利于维护检修。

机房内电力、通信电缆布线：均采用金属线槽或线管屏蔽，两类电缆互不混合、交叉。负载配电线路按国标并留有余量。

## （二）配电照明建设

机房的供配电系统不仅关系到信息系统的安全，更关系到机房内人身、财产的安全。因此，中心机房的供电必须采用独立回路，具备空调动力回路，配备足够的电源插座，配置独立计算机专用配电柜：至少25平方米5芯三相电，主配电柜需安装电涌防雷器及相应空气开关，将配电接入市电配电柜内，然后配电柜再向各个市电用电设备供电。市电输入柜及 UPS 配电柜采用符合国家标准的配电产品。

### 1. UPS 配电系统

UPS 配电系统的供电范围是：主要计算机设备（中小型机及服务器）、通信设备、网络设备、保安监控系统设备、消防系统、应急照明等。

设计的机房的配电柜分为空调、照明、工作用电、设备用电四大系统，分路输出供电。配电柜内留有备用电路，配电柜和开关按照分区及分系统进行编号。配电柜内设有紧急开关，可以在紧急状态下切断计算机、空调、新风等主要设备的电源。

## 2. 正常照明配电系统

灯具正常照明电源由市电供给，房间墙面上安装翘板开关控制。

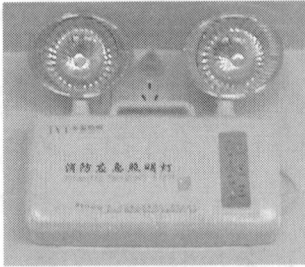

图 3-4 应急照明设备图

根据实际使用情况及《电子计算机机房设计规范》（GB50174—93），监控中心照度大于 350LX。

### 3. 应急照明系统

在市电停电后，为保证工作人员做存盘等紧急处理，计算机房及消防走火通道具备应急照明系统，包括应急照明灯和消防疏散指示灯（图3-4）。机房内应急照明的照度不低于30LX。应急出口标志灯照度大于 5LX。应急照明灯具电源由 UPS 供电。

## （三）消防系统

根据用户的实际环境综合考虑好烟感、喷淋、灭火器、应急照明、消防门、指示牌等的管道及点位的铺设；机房可以根据用户办公环境情况（30m$^2$）的要求安装一套自动气体消防灭火系统（七氟丙烷，140L 容量即可）；这就要求在整体机房的设计和施工中，必须规划建设钢瓶间、消防控制间和一些输送管道，从而达到全方位报警、分区灭火，最大限度地提高对火灾的防范能力。系统根据实际情况进行自动报警喷气灭火。

七氟丙烷灭火系统由火灾报警系统、灭火控制系统及七氟丙烷灭火装置三部分组成。火灾报警系统设置感烟、感温两路报警，通过气体灭火控制器进行控制，七氟丙烷灭火装置储瓶充装压力为4.2MPa（20℃）。

如果用户不具备安装通风密闭条件，可配备气体灭火器。

### 1. 设计依据

（1）DBJ 15-23-1999《七氟丙烷（HFC-227ea）洁净气体灭火系统设计规范》

（2）TE/Q 1001-97《七氟丙烷（HFC-227ea）灭火系统及部件通用技术条件》

（3）GB 50263-97《气体灭火系统施工及验收规范》

（4）GB 50174-93《电子计算机机房设计规范》

（5）GB 50116-98《火灾自动报警系统设计规范》

（6）GB 50166-92《火灾自动报警系统施工及验收规范》

（7）GBJ 16-87《建筑设计防火规范》

（8）GB 50045-95《高层民用建筑设计防火规范》

（9）GB 16806-1997《消防联动控制设备通用技术条件》

**2. 自动灭火系统**

（1）设备机房和监控工作间灭火方式均采用固定式有管网自动气体全淹没灭火，在设备机房内设置七氟丙烷储瓶组。

（2）灭火系统的启动控制方式采用自动、手动及现场紧急操作。

①自动报警释放装置。通过多种不同逻辑的探测器（至少有感烟和感温两种）自动探测火警，系统启动灭火，达到自动灭火的目的。

②手动释放按钮。手动释放按钮为当遇紧急状况时，可立即经由电气开关启动钢瓶，达到迅速灭火的目的。

③时间延迟。主要的功能是在灭火剂释放之前，让工作人员及连锁控制设备有足够的时间逃离现场及断电停机。可设定范围：0～60秒。

④紧急止喷按钮。其通常和时间延迟装置配合使用。紧急暂停装置是在协助人员疏散时，将释放时间延长的装置，即当持续对按钮施加压力时可保持不释放，一旦压力消失，系统便应继续倒数计时或进入释放状态。

（3）七氟丙烷灭火系统设备采用较高技术水平、质量可靠的消防安全设备产品。

灭火系统立意于扑救被保护区内的初起火灾，灭火系统启动的同时关闭风机，停止送回风。防护区围护结构及门的耐火极限不应低于0.5小时，允许压强不小于1200Pa。灭火系统喷放前，人员撤离后，应将门关闭，且要求保护区的通道门向疏散方向开启，并能自动关闭。防护区应封闭良好，防护区内应有保证人员30秒内疏散的通道和出口，并设事故照明和疏散指示标志。防护区应有排风设备，释放灭火剂后，应将废气排尽后，人员方可进入进行检修。防护区应设氧气呼吸器。

**3. 报警系统与电气系统的联动装置**

报警系统通过多种不同逻辑的探测器（有感烟和温感等）或者接到消防中心的火灾自动报警控制器送来的两种不同逻辑探测器动作信号，通过信号线给报警中心发出报警信号，从而触动报警联动的相应电器设备，通过继电器的动作，关闭或动作相关的电气设备。

**（四）空调与通风系统**

机房空调系统的任务是为保证机房设备能够连续、稳定、可靠地运行，需要排出机房内设备及其他热源所散发的热量，维持机房内恒温、恒湿状态，并控制机房的空气含尘量。机房空调及新风系统要求选用恒温、恒湿的合适功率的机房专用空调以满足机房内设备的环境需求；根据用户实际情况可选用精密空调或普通空调。

监控中心需根据现场情况选择空调，选择合理的空调气流组织和洁净措施。保证系统新风和排风之间的平衡。采用下送风、上回风，吊顶天花微孔板回风，确保最小新风量的导入。监控区域可配备集中空调新风系统。

### （五）防雷接地系统

**1. 防雷设备**

防雷器件首先起到的作用是对雷电流的吸收和泄放作用，同时也是一种"等电位连接器"。防雷设备分为电源防雷器和信号防雷器，安装浪涌防雷器及分级防雷系统。所有的防雷产品器件的防护原理均是在雷击发生的瞬间，迅速启动响应，保证设备、大地、建筑物及其附属设备之搭接构成一等电位体，从而避免过电压的损坏。实现均压等电位的关键就是整个监控中心的地线系统，所以接地系统在系统防雷中非常重要的。

**2. 监控中心雷电防备**

监控中心雷电分为直击雷和感应雷。对直击雷的防护主要由建筑物所装的避雷针完成；监控中心的防雷（包括监控中心电源系统和弱电信息系统防雷）工作主要通过安装浪涌防雷器防感应雷引起的雷电浪涌和其他原因引起的过电压。

**3. 监控中心接地**

监控中心接地系统是监控中心建设中的一项内容。监控中心一般具有四种接地方式：交流工作地、安全保护地、直流工作地和防雷保护地。防雷接地均利用大楼联合接地体，用接地母线与大楼联合接地体相连。技术上要求交流工作地电阻$<1\Omega$，交流保护地电阻$<4\Omega$，防雷保护地电阻$<10\Omega$，静电释放地电阻$<10\Omega$。

### （六）静电防护系统

（1）主机房和辅助区的地板或地面应有静电泄放措施和接地构造，且应具有防火、环保、耐污耐磨性能和静电带。

（2）主机房和辅助区中不使用防静电活动地板的房间，可铺设防静电地面（如亚麻、橡塑地面），其静电耗散性能应长期，且不应起尘。

（3）工作台面宜采用导静电或静电耗散材料。

（4）机房内所有设备的金属外壳、各类金属管道、金属线槽、建筑物金属结构等必须等电位联结并接地。

（5）静电接地的连接线应有足够的机械强度和化学稳定性，宜采用焊接或压接。

## （七）配套设施系统

### 1. 办公设施

根据监控指挥中心房间的大小配备会议桌、长条桌、办公桌、办公椅、排椅、文件柜、装饰物等办公设施。

### 2. 门禁系统

（1）刷卡门禁，管理软件能够记录持卡人进入信息。在监控中心入口和机房入口安装感应型门禁机。在出入口对指定人员在指定时间内进出，加强监控中心、值机室、机房的监控管理，营造一个安全、舒适的环境和良好的外部形象，提供一个简单直接、安全可靠的门禁控制系统解决方案。

（2）叫门系统，在监控中心及机房门口安装 1 个门禁门铃系统。

（3）指纹识别系统，高级别的监控中心可考虑配备指纹识别系统。

### 3. 安保系统

通过视频监控的方式对监控中心及机房重要地点、楼道、出入口进行监控。所有现场实时图像均可传输到监控指挥中心，投射到大屏幕显示墙上。可选用海康、美电贝尔知名品牌。

前端视频采集系统主要由各监测点的摄像机组成，完成视频图像信号采集。

硬盘录像机或视频服务器实现对每个采集点的视频图像处理，完成对视频信号的数字化处理、图像信号的显示、图像信号的存储及图像信号的远程传输。

### 4. 空间窗帘

监控中心、机房与隔断区根据实际需要可以采用内外双衬——内薄的丝质窗帘、外深的绒布窗帘，自动中央控制窗帘。

### 5. 全景沙盘

如图 3-5 所示。

图 3-5 全景沙盘

可以将全区域环境做成沙盘模型，可以用实物也可以用电子模式。

监控指挥中心入口及大厅内可以根据各功能区安装指示标牌。

**6. 其他设施**

根据监控指挥中心的大小或实际的需要还可以配备更换鞋衣区等区域。

# 二、监控中心基础设备建设

## (一) 大屏幕显示系统

### 1. DLP 大屏幕显示系统

大屏幕投影拼接墙系统可采用 60 英寸 2×3 (行×列) DLP 单元拼接显示系统。

大屏幕投影系统,是指由 DLP 投影机、显示单元箱体 (含屏幕)、显示单元底座、图像控制器、控制电脑、控制器软件、机柜、线缆等组成的显示系统,能够显示各种计算机 RGB 信息、网络计算机信息和监视视频信号 (图 3-6)。

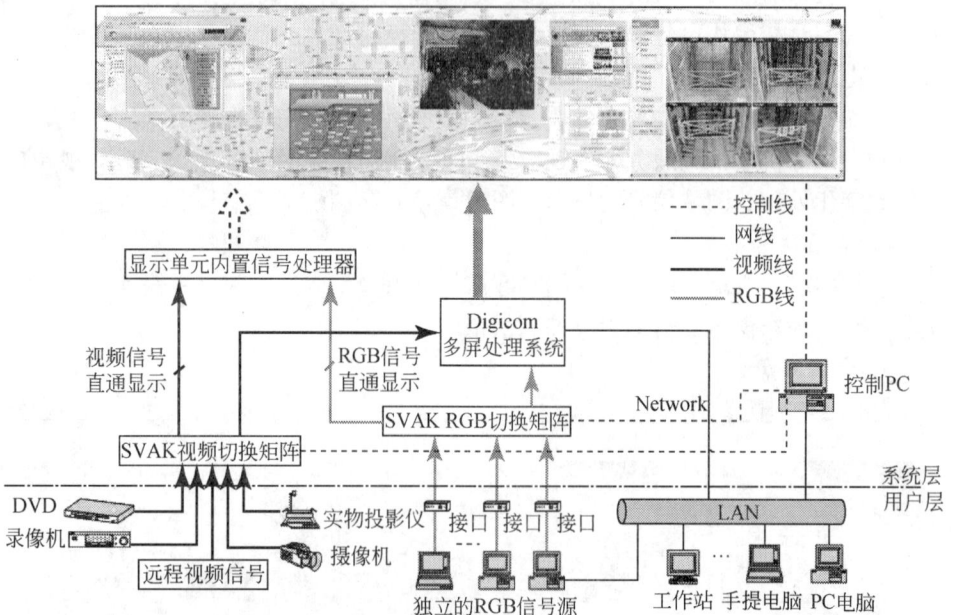

图 3-6　DLP 大屏显示系统设备连接示意图

用户可在大屏幕任意位置打开多个活动窗口,所有窗口能够任意移动、放大、缩小,显示数量不受限制,同时具有足够的控制速度。

DLP 大屏显示系统设备由下列表中的基本部件构成,如表 3-1 所示。

表3-1　DLP大屏幕显示系统配置表

| 序号 | 部件名称 | 技术要求 | 数量 |
|---|---|---|---|
| 1 | 60″显示单元 | DLP显示单位2×3拼接；12°偏转角的0.7″DMD$^{TM}$芯片；1220mm（宽）×915mm（高）；组合排列2（行）×3（列），6个屏；整屏尺寸3660mm（宽）×1830mm（高）；整屏显示分辨率3072×1536；单屏分辨率1024×768，对比度2000：1，亮度均匀度95%；屏幕物理接缝小于0.5mm；屏幕增益3.7db；单屏亮度>950ANSI流明 | 6台 |
| 2 | 拼接处理器 | 实时RGB采集：输入信号格式：VGA（Sub-15）或者DVI（DVI-I）；输入通道数：2路；单通道最多RGB窗口数：2路。视频采集：输入信号格式：HDTV、S-Video、NTSC/PAL；输出信号格式：VGA（Sub-15）或者DVI（DVI-I）；视频输入通道数：6路；单通道最多窗口数：4路；最大输出通道数：6；控制接口：串口RS-232、网口RJ-45 | 1套 |
| 3 | 大屏幕控制软件 | 控制图像信号显示，实现分屏、漫游、缩放、切换不同信号等 | 1套 |
| 4 | 大屏幕底座 | 定制；铝合金型材，可调水平 | 3套 |
| 5 | 矩阵切换系统 | 16进16出的RGB矩阵和16进16出的音视频矩阵，支持8位、16位、32位颜色，支持最高达1600×1200分辨率。支持至少1路RGB信号输入显示或者8路视频信号输入，并在大屏幕上任意位置以窗口方式显示。支持通过专用软件，把用户的工作站的高分辨率显示信号通过以太网络输入、处理并在大屏幕上显示，此信号的分辨率不低于4096×1536 | 1台 |
| 6 | 大屏幕控制主机 | CPU双核2.4以上；2G内存，500G硬盘，1000M网络接口；15″以上液晶显示器，WINDOWS2008操作系统 | 1套 |
| 7 | 大屏幕视频、控制线缆及接插件 | 标准配套大屏幕线缆辅材，含必备电源插座 | 全套 |
| 8 | 配套 | 机柜；UPS不间断电源；VGA视频分配转换器；中控系统等 | 可选 |

**2. 等离子大屏幕显示系统**

等离子显示器PDP（Plasma Display Panel）是目前显示技术中最先进的显示设备之一。等离子显示器既拥有比传统CRT更优化的画质，又能显示高分辨率计算机图形。

1）等离子体的形成

当惰性气体达到一定温度，气体内部电子充分电离，当正离子（+）、自由电子（−）数量基本相当，加上少量不带电的中性粒子，该气体即为等离子体。等离子体具有良好的导电性。

2）等离子显示器的工作原理

等离子显示器是一种利用气体放电发光的显示装置，这种屏幕采用了等离子管作为发光元件。大量的等离子管排列在一起构成屏幕。每个像素单元对应的小室内部充有氖氙气体。在等离子管电极间加上高压后，封在两层玻璃之间的等离子管小室中的气体发生电离并产生紫外光，从而激励前面板内表面上的红、绿、蓝（RGB）三基色荧光粉发出可见光。每个等离子管作为一个像素单元，由这些像素的明暗和颜色变化组合，产生各种灰度和色彩的图像，与 CRT 显像管发光相似。其工作机理类似普通日光灯。等离子显示器一般由三层玻璃板组成：第一层内表面为涂有导电材料的垂直隔栅，中间层是气室阵列，第三层内表面为涂有导电材料的水平隔栅。要点亮某个地址的气室，首先在相应行上加较高的电压，待该气室被激发点亮后，可用低电压维持氖气室的亮度。关掉某个单元，只要将相应的电压降低。气室开关的周期时间是 15ms，通过改变控制电压，可以使等离子板显示不同灰度的图形。

3）等离子显示器发展史

等离子显示器因其超薄的机身、超大的显示面积以及在多种环境下的卓越显示性能，成为目前最先进的大屏幕显示设备。等离子显示器的核心部件是等离子屏，其中每个像素单元由红、绿、蓝三个像素点组成，发光的外屏内表面荧光体类似于 CRT 显像管内的荧光体，这种荧光体主动发光的显示方式能够提供生动丰富的色彩、极短的响应时间和非常广阔的可视角度。每一个像素单元都由单独的电极控制，视频信号经转化后，各电极做出响应，通过三种原色不同亮度的组合，每一个像素点能够产生 11 亿种以上的颜色。

等离子体显示的概念最早由美国伊利诺伊州立大学的科学家于 1964 年 7 月提出，最早的实验性样品只是一些简单的发光点阵。20 世纪 60 年代后期该项技术得到了进一步发展，但受到材料和工艺的限制，屏幕尺寸很小，且显示质量较差。

电子计算机及信息产业的发展，为等离子显示的进步提供了契机。独特的发光原理和构造所带来的诸多优点，使等离子显示器逐渐被人们认同为最理想的大屏幕显示技术。由于新工艺和材料的应用，等离子显示技术已经日臻完善。目前全球共有七家厂商具备等离子屏（模块）生产技术和能力，等离子显示器正得到越来越广泛的应用。

4）等离子显示特征

（1）高分辨率。PDP 拥有更高的分辨率。PDP 显示 XGA、SVGA、VGA 等分辨率的电脑信号，同时可以显示 DTV 或高清晰的 HDTV 信号。

（2）画面无闪烁。PDP 每一个像素点由独立电极控制，并配备双倍扫描电路，因此即使是普通的电视信号或 VCR 录像带，也能呈现精细完美的画面。

（3）精确的色彩还原能力。高端等离子显示器通常能显示高达 11 亿种以上的色彩，提供了完美的色阶，辅以丰富灰阶，能够呈现色彩更饱满、更艳丽的画面。

（4）宽屏显示模式。等离子显示器屏幕比例多为 16∶9，而非传统的 4∶3，这是为用户欣赏大多数 DVD 影碟以及显示未来的 HDTV（画面比例 16∶9）信号而准备的。当然，您也可以通过选择 4∶3 格式观赏普通电视节目信号。

（5）完美的纯平面显示。PDP 等离子显示器是真正的纯平面显示器。完全无曲率的大画面，即使边角部分也绝无变形和失真。

（6）亮度均匀。大多数其他主流显示技术都存在屏幕亮度不均匀的现象（如投影、液晶、CRT 等），而由于 PDP 独特的显示原理，等离子显示器的亮度非常均匀，不会出现边角部分发暗的情况。

（7）超薄的机身设计。PDP 在拥有超大显示面积的同时，机身超薄，方便安置在任何场所和位置。超轻超薄的优点使等离子显示器成为室内大屏幕显示的最佳设备。

（8）超宽观看角度。PDP 自身带有发光源，无需外部光源来发光。这种主动发光的特性使 PDP 的可视角度极为宽广，在水平和垂直双方向上都高于 160 度。

（9）全制式接收。等离子显示器能接驳多数常用视频信号源，包括复合视频（NTSC/PAL/SECAM）、标准 AV 信号（Video&Audio）、DVD/HDTV 以及计算机输出的 VGA 信号。

## （二）中控系统

### 1. 中控系统概述

中央控制系统是会议系统的核心。它可以独立操作，实现自动化控制，也可以由工作人员通过一个简单直观的操作平台，实现更复杂的管理。

随着科技的不断进步，广大的客户对各种多功能的多媒体视频会议室、学术交流中心、培训中心、多媒体教室、监控中心提出了越来越高的要求；各种先进的音视频设备、电子设备等被许多高要求的客户所采用，以期达到理想的效果。但是随着设备数量的增加，遥控器会越来越多，控制方法也会越来越多，叫人无所适从。

中央控制系统技术是近几年迅速发展起来的一项智能会议高新技术，可以汇集音频、视频、计算机、电视会议、灯光、监控、机电环境控制等系统为一体。全自动智能化设备中央集成控制系统可通过触摸式有线/无线液晶显示控制屏对几乎所有的电气设备进行控制。可通过一个触摸屏控制厅内所有电子器材，包括投影机、屏幕升降、影音设备、VGA 和音视频信号切换，以及会场内的灯光照明、系统调光、音量调节等。简单明确的中文界面，只需用手轻触触摸屏上相应的界面，系统就会自动帮你实现你所想要的功能。

**2. 中控系统组成**

中控系统由用户界面、中央控制主机、各类控制接口、受控设备四部分组成。中控系统所需硬件设备有音视频（AV）矩阵、电源时序器、VGA 矩阵设备已经配备，因此目前则还需要主控机、彩色无线画中画触摸屏、红外发/收装置、电源控制器等。

**3. 中控系统连接示意图**

如图 3-7 所示。

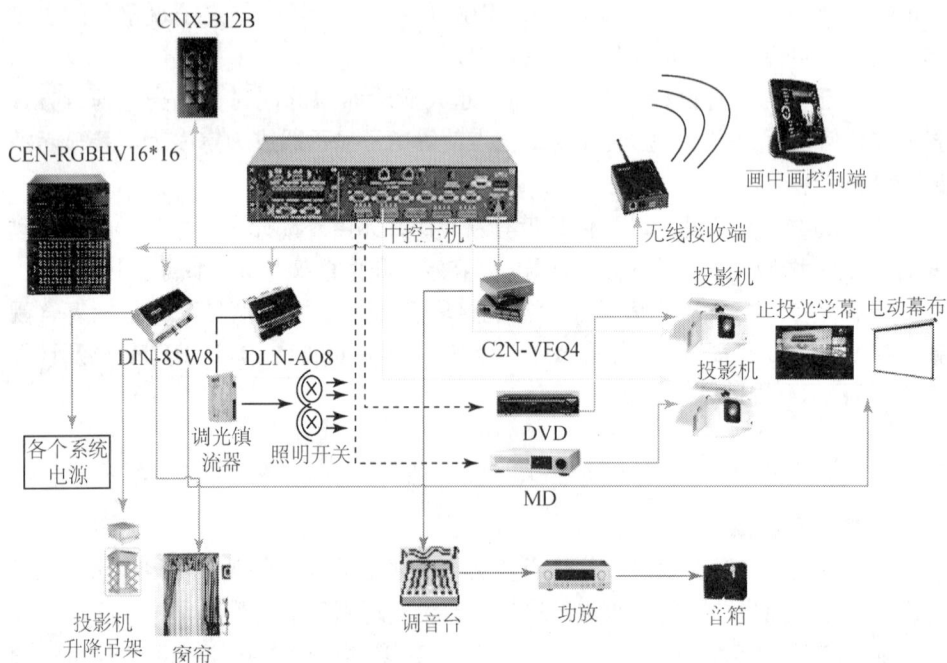

图 3-7　中控连接示意图

**4. 中控系统配置**

见表 3-2。

表3-2 中控系统部分设备配置表

| 序号 | 产品名称 | 性能描述 | 单位 | 数量 |
|---|---|---|---|---|
| 1 | 中控主机 | 8路独立可编程 RS-232 控制接口,可以收发 RS485、RS422 格式数据;8路独立可编程 IR 红外发射口;8路弱电继电器控制接口 | 台 | 1 |
| 2 | 彩色无线画中画触摸屏 | 7.0″65K 真彩 TFT LCD,800×480 像素,无线画中画支持高精度的触摸定位技术,触摸定位精确度至少应该达到1mm,系统能自动识别手指/手掌等不同的触摸方式,以实现不同的操作 | 台 | 1 |
| 3 | 红外发/收装置 | 双向 RF,频率为 434MHz;接收范围:开阔地带 100 米 | 台 | 1 |
| 4 | 电源控制器 | 8路独立电源开关控制;电源要求:220V,50Hz;载入容量:单路功率20A;ID 选择:旋转的 ID 切换设置网络 ID 身份代码;控制方法:24VDC 网络供电;通过独立的网络协议控制;单路、多路开关或同时开关 | 台 | 1 |

## (三)多屏工作站

### 1. 多屏工作站概述

为满足用户24小时监控需求,每个工位设置一套四屏拼接系统。需要4个屏显示,要求既可以实现4屏的拼接可以4屏独立显示不同的画面。4屏显示的画面内容包括多个 IE 窗口、监控画面、应用程序等。4屏拼接即实现4个显示单元拼接成一个大的画面。超大画面、多路通道、高分辨率的宏观显示效果,历来是专业领域人士对视觉感受的一种理想追求,日渐兴起的多画面监控系统,实时道路监控需要超大的视野,能容纳多个窗口的桌面空间,多通道大屏幕显示系统已经成为适应这一需求的最有效方式。

多通道大屏幕显示系统就是采用多个显示器或投影机组合而成的多通道显示系统,它比普通的标准显示系统具备更大的显示尺寸、更宽的视野、更多的显示内容、更高的显示分辨率以及更具宏观洞察力和临场感的视觉效果。

### 2. 多屏工作站配置

见表3-3。

表3-3 多屏工作站基本配置表

| 序号 | 产品名称 | 性能描述 | 推荐品牌 | 数量 |
|---|---|---|---|---|
| 1 | 四屏拼接工作站 | 处理器:INTEL E7400 2.8;内存:2G;硬盘容量:250GB SATA;显示系统:512M 显存,4屏卡;鼠标、键盘 | 联想、惠普、戴尔、神舟、苹果、方正、Acer、明基、长城 | 1台 |

| 序号 | 产品名称 | 性能描述 | 推荐品牌 | 数量 |
|---|---|---|---|---|
| 2 | 多屏显示卡 | 256 位图像处理器；128 MB DDR 显示内存；备有 4 个 DVI-VGA 转接器；四显示视频叠加技术支持 4 个屏幕的视频输出；支持操作系统包括 Microsoft Windows XP、Windows XP 64 位和 Windows 2000 | Matrox、AEON、Appian、Colorgraphic、格非、正茂 | |
| 3 | 液晶显示器 | 类型尺寸：19 英寸液晶；屏幕比例：16：10；亮度：300cd/㎡；对比度：DC 8000：1；1000：1；响应时间：5ms；点距：0.285；最佳分辨率：1440×900；接口类型：D-SUB | 三星、长虹、索尼、海信、LG、TCL、飞利浦、康佳、松下 | 4 台 |
| 4 | 专业四屏显示器支架 | 调整角度：45°；旋转角度：360°；载重：Max 32kg；升降高度300mm可调 | 以项目所在地的品牌为准 | 1 |

## （四）液晶显示器升降系统

液晶显示器升降系统在会议桌上每一席位提供一台液晶显示屏（表 3-4）。显示屏平时不用时暗藏在会议桌内，桌子表面是平整的，可以开普通会议，在需要使用时触发控制器，仓盖自动打开显示器升至桌面，显示器在上升过程中如受到阻力时，显示屏会自动向下回到原位，起到保护作用。显示屏升上来后，可随时根据视角向后调整显示屏一定的角度便于观看，调整后升降器将记住这个角度，下次屏升上来后还将是这个位置。升降器采用伺服系统闭环控制。

显示屏升降器可根据需要编组，每一组可任意升起不同位置的显示屏，每一个显示屏也可独自控制升降。升降器控制器可通过外部的多媒体中控系统进行集中控制。

**表 3-4　液晶显示器系统配置**

| 序号 | 产品名称 | 性能描述 | 单位 | 数量 |
|---|---|---|---|---|
| 1 | 液晶显示升降器 | 输入电压：220AC 50~60Hz；功率小于 20W；载重大于 45N；显示器仰角 15 度内；控制方式：手控/遥控/中控 | 个 | 实配 |
| 2 | 液晶显示器 | 17 寸液晶显示器 | 个 | 实配 |

## （五）音响系统

监控指挥中心音响系统的基本配置具体包括：4 个音箱；16 路调音台 1 个；功放 1 个；均衡器 1 个；电源时序器 1 个、音响柜 1 个等；9 个固定麦克风、2 个无线麦克风；1 台 DVD 播放机。简洁模式的音响系统设备由表 3-5 的部件组成。

**表 3-5 音响系统设备构成表**

| 序号 | 部件名称 | 技术要求 | 数量 |
|---|---|---|---|
| 1 | 音箱 | 强化的增加多次反射声音结构，配以高能量的低音喇叭；低音清晰有力，高音明亮，人声和音乐表现力非常突出；带保护功能，双磁钢磁路设计 | 4 个 |
| 2 | 调音台 | 总谐波失真 <0.03% @1KHz；频率响应 20Hz ~20KHz+0/-1dB；信噪比 >80db；MIC 输入电平 -60dB；线路输入电平 -20dB；立体声输入电平 -14dB 到 10dB；主输出电平 4VMAX | 1 台 |
| 3 | 功放 | 24bit DSP 处理；双 LCD 背光显示屏；内置压限、低切、声场模式、电子分频、参量 EQ；2U 机箱超前外观设计，内藏式提手；双直流无极调速温控风扇；完善的保护——超温、短路、过流、过载 | 1 台 |
| 4 | 数字音频处理器 | 本产品集均衡器、数字效果器、声反馈抑制器、分频器、音箱处理器等诸多功能于一体；采用 24bit 高性能 DSP 及 AD/DA 转换处理、频带宽、动态大、48kHz 采样频率的专业数字音频处理器。专业 DSP 数字处理，具有强大灵活的编辑和控制功能。高质量的专业演唱效果（混响、回声、混响+回声）。自动数字声反馈抑制功能，可以有效抑制令人烦恼的声响<br>音频处理功能齐全，前面板可以进行控制、调节，LCD 显示，全数字参数调整，操作更方便、快捷。三组音频自动优先输入，一路音频信号辅助输出，一路主声道辅助输出，3 路 AUX 立体声输入，5.1 声道输出。30 种预置效果，其中 8 种可直接调用，22 种可编效果。20 * 2 蓝色背光源白色字符 LCD 显示屏，显示更直观<br>VOD 点歌系统外接输入，无线红外遥控。RS232 可接入电脑实时控制，可通过软件在 PC 上设置调节音响效果。IN/OUT 和 LOW CUT；工作电压：AC 120V/240V ~50Hz/60Hz | 1 台 |
| 5 | 电源时序器 | 额定输出电压 AC220V/50Hz；可控制电源 8 路；每路动作延时时间 1 秒；供电电源 VAC50/60Hz，25A；每路输出带指示灯：有；钥匙开关控制电源：有；单路额定输出电源 20A | 1 台 |
| 6 | 无线麦克 | 载波频率范围：160MHz ~ 270MHz；载波振动模式：载波振动模式；Quartz Locked 可调范围：25MHz；通道数目：2CH；动态范围：>80Db；最大频偏：±25KHz；音频回应：50Hz ~18KHz（±3dB） | 2 个 |

| 序号 | 部件名称 | 技术要求 | 数量 |
|------|---------|---------|------|
| 7 | 麦克风 | 机灵敏度：-37 dB（14.1 mV）re 1V at 1 Pa；频率范围：70～16000Hz；声压：134dB；声道：立体声；阻抗：100Ω | 12 个 |
| 8 | 碟机 | 播放媒介：CD，MP3-CD，MP3-DVD，WMA-CD，CD-R/RW，音频 CD；MP3 比特率：32～320 kbps；压缩格式：杜比数字，MP3，WMA，PCM；播放媒介：CD，CD-R/CD-RW，Video CD/SVCD，DVD，DVD-R/-RW，DVD+R/+RW，DVD-Video；压缩格式：MPEG1，MPEG2；光盘播放系统：NTSC，PAL | 1 台 |
| 9 | 音响柜 | 美观大方、简洁，样式适合会议场合使用 | 1 台 |

一个比较齐全的会议音响系统各设备构成及连接图 3-8 所示。

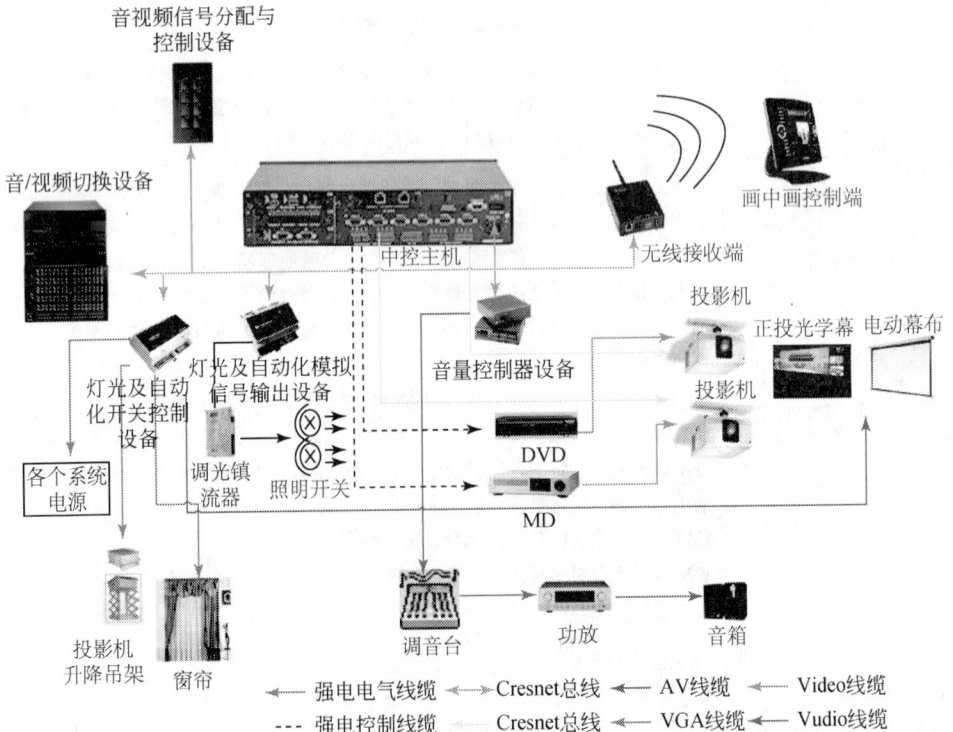

图 3-8　音响线路连接示意图

## （六）视频会议系统

为了实现日益频繁的跨地域沟通交流和快速决策，环境保护局需要更高效、更便捷、更先进的 IT 沟通方式。

面对新的需求，原有的电话、计算机等 IT 通信系统已不能完全适应，基于交互式多媒体通信技术的视频会议正迅速成为企业重要的 IT 沟通手段。视频会议通过身临其境的可视化远程交流方式替代传统的电话、E-mail 及异地出差，能够以更高的效率和更低的成本，满足集中式管理的需求，让环境保护局在瞬息万变的竞争环境中赢得先机，实现持续、快速、高效的整体运营。

**1. 视频会议系统组成**

1）MCU

MCU 是视频会议系统的核心部分，为用户提供群组会议、多组会议的连接服务（图 3-9）。目前主流厂商的 MCU 一般可以提供单机多达 190 个用户的接入服务，并且可以进行级联，主流厂家支持三级数字合并级联（上级 MCU 可控制下级 MCU 终端，对终端进行选看，遥控摄像机等会议操作），可以基本满足用户的使用要求。MCU 的使用和管理不应该太复杂，要使客户方技术部甚至行政部的一般员工能够操作。

图 3-9 MCU 外观图

2）视频会议终端

视频会议终端放置在各会议室，该会议室即可专门用作视频会议室，也可作为普通的会议室。终端用来将视音频数据编码、打包，然后通过网络传送给远端，并接收远端传送来的数据，进行拆包、解码，用以实现网络与最终用户的通信网络应用。

3）视频终端连接图

对于配置视频会议终端的会场，如果会场有现成的音视频设备，需要将视频终端与它们连接起来，使视频会议终端的显示更加灵活方便，充分发挥视频终端的功能，其中视频部分连接示意图如图 3-10 所示。

**2. 视频会议方案特色**

1）先进的设计架构

MCU 和会议室型终端均基于先进的嵌入式设计技术，与纯软件产品相比，在系统安全性、运行稳定性、维护便捷性以及视音频处理性能方面均表现卓越。

2）出色的视频质量

采用领先的 H.264 高效视频编解码技术，既能在低带宽条件下（300K 以

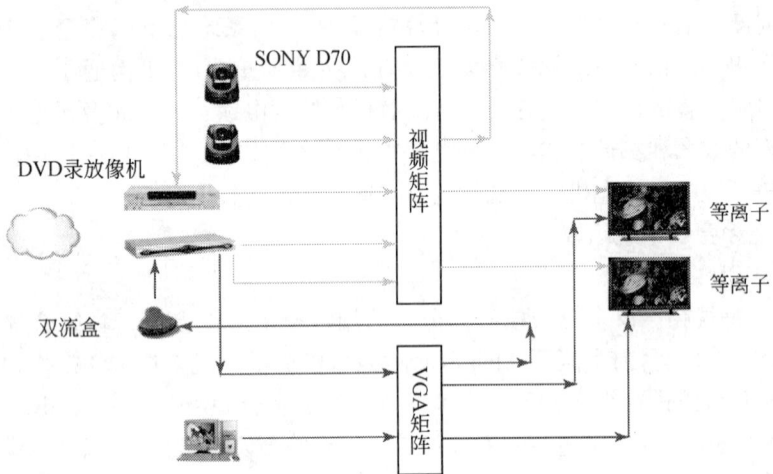

图 3-10　视频部分连接示意图

下）实现流畅的动态图像传送，又能在高带宽条件下（768K以上）实现高质量的会议图像效果。

3）逼真的音频效果

通过先进的语音压缩算法，可以在较低的带宽占用下实现清晰、流畅的会议声音效果，配合自动回声消除（AEC）、自动增益控制（AGC）、背景噪音抑制（ANS）等音频处理技术，全面提升视频会议在远程沟通中的应用效果。

4）灵活的网络特性

系统支持专线、Internet/VPN、PSTN等多种网络环境，能够通过智能丢包恢复、动态速率调整、服务质量控制（QoS）等机制，保证拥塞网络传输条件下的会议流畅性和连贯性。同时，借助于强大的网守和代理功能，可在对原有网络配置影响最小的情况下，实现防火墙或NAT的透明穿越，帮助公、私网用户轻松加入会议。

5）便捷的远程协作

借助于标准的H.239双流功能，支持发言者图像与PC辅助资料的双路视频同步传送。支持T.120数据会议功能，实现电子白板、应用共享、文件传输、多方交谈等数据协作应用。

6）完善的安全机制

通过严格的用户认证和授权机制保证系统管理的安全性；通过内置防火墙保证设备与网络的安全隔离；通过128位AES加密技术保证会议内容的安全；通过密码锁定防止非法用户加入会议。

7）简便的操作方法

具备友好的图形化界面，简单的操作方法。既可在中心通过会议控制软件实现会议的召集和管理，又可利用终端遥控器通过主叫呼集的方式自主召开会议，无需中心管理人员协助，使视频会议的召开如同打电话一样简单、方便。

**3. 视频会议网络结构**

见图 3-11。

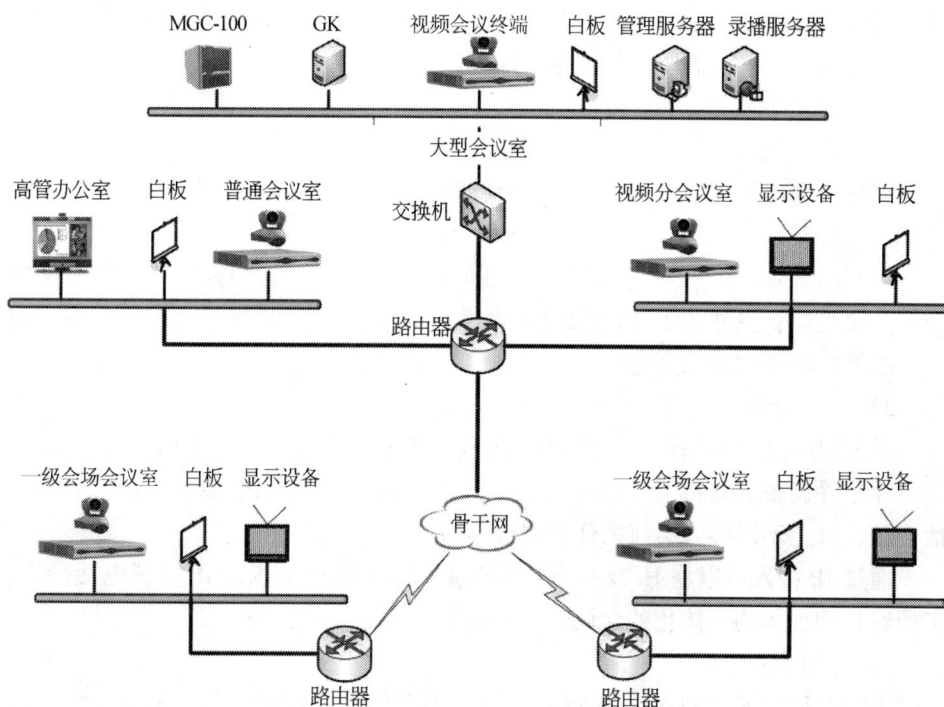

图 3-11 视频会议系统网络拓扑图

**4. 视频会议系统构成**

1）网络

网络是视频会议系统的基础，承载各类视频业务的开展。视频会议系统出于对实际使用效果的需求，要求传输的声音、图像信号连续平滑，这就要求系统建立在一个独立的专用网络之上。近几年我国网络基础设施建设不断完善，大部分企业及其分支机构都已有 ADSL、光纤接入等宽带上网条件，具备了视频会议系统所需的网络基础。这里可以使用（E1）2M 专线模式搭建的网络或者是光纤接入模式建立起的网络。

2）视频会议设备

主要的视频会议设备包括视频会议终端和多点控制单元（MCU）。视频会议终端部署于企业的每个会议室、办公室，实现视音频信号的编解码功能，把这些信号变成数字码流在网络中传输，并提供一个可视化操作界面。MCU 在企业中一般只需部署一台，它负责所有视音频码流的交换、转发和处理，也就是把各个会场送来的视音频码流送到我们希望它到达的其他会场。

3）辅助设备

包括摄像机、电视机/投影仪、话筒、音响等。这些辅助设备可实现视音频信号的输入和输出。对于大部分企业来说，会议室都已有电视机/投影仪、话筒、音响等设备，一般只需要增加摄像机即可。

**5. 视频会议实现功能**

1）点对点会议

系统中的任何一个终端都可以直接呼叫系统中的另一台视频终端，建立双向连接，进行会议和交流。

呼叫的方式可以是网络的 IP 地址呼叫；终端的地址簿快速呼叫其中定义的任何会议终端；终端的 E.164 编码或 H.323 别名。呼叫的双方可以相互看到对方的图像，听到对方的声音。

2）多点会议

总公司可以与各个会议室也可以与总部一起召开会议，具有多种的接入类型。

在硬件设备的支持下可以组织单一 H.323 标准视频会议、单一 VoIP 音频电话会议、以上不同接入会议的任意组合。

通过 IP 接入可以将 H.323 的视频终端、普通 IP 电话以及 IP 会议电话接入，实现音频和视频的一体化的会议。

3）分组多点会议

多组会议功能，即在一个 MCU 上同时召开多个不同的会议，各个会议之间彼此独立。在召开多组会议时，功能和操作方法同上面介绍的多点会议一样。由于系统中配置的 MCU 允许多个管理员同时登录管理、配置自己的会议，各个会议相互独立。在需要进行会议的组合拆分时，可以由一个管理员管理多个会议。在需要进行合并会议时，在会议的进行中无需中断会议，动态将多个会议组合成一个更大的会议。在一个大会进行中如果需要进行分组讨论，则在会议的进行中无需中断会议，动态将该会议拆分成多个独立的小组会议。

**（七）办公设备**

办公设备泛指与办公室相关的设备。办公设备有广义概念和狭义概念的区分。狭义概念指多用于办公室处理文件的设备，例如，人们熟悉的传真机、打印机、复印机、投影仪、碎纸机、扫描仪等，还有台式计算机、笔记本、考勤机、装订机等。广义概念则泛指所有可以用于办公室工作的设备和器具，这些设备和器具在其他领域也被广泛应用，包括电话、程控交换机、小型服务器、计算器等。办公设备与办公耗材不同，可以说，买办公设备是购房，买办公耗材是装修。而此处所指办公设备主要是狭义概念的设备。

**1. 办公设备的时代特点**

1）彩色化

越来越多的办公文件是以图文混排的方式进行排版的，且人们的视觉越来越挑剔，黑白的文件已无法满足办公需要。所以，彩色喷墨打印机、彩色激光打印机、彩色热升华打印机、彩色数码复印机在未来的两三年后必定会成为办公文印市场的主角。

2）多功能

如果一台办公设备只具有某一种功能，只有一种情况，那就是使用者对这个功能的需求相当大，对其他的功能可以忽略，但现在人们都希望一台机器具有多种功能，已经是购买一台机器的最少要求，同时可以网络打印、复印、传真、电邮、扫描的机器越来越受顾客的喜爱。

3）高速化

人们将会越来越珍惜时间，如果有大批量的印务，肯定会购买高速机器，并且要求首张复印或打印的速度在 5 秒之内。

4）网络化

人们越来越相信网络，越来越依赖网络，如果一台办公设备不可以进行网络传输，它的命运只能是被淘汰。

**2. 办公设备的使用维护**

办公设备提倡主动维修，使机器的停机时间最小，从而获得最佳使用效率和价值。

定期的维护保养，可以清除机器内部的污垢，在必要的部件上加注润滑油，清洁光学部件，改善复印品质量，将可能发生的故障消灭在萌芽状态，减少停机时间。

# 三、监控中心机房设备建设

## （一）基础硬件设施

环境保护局监控指挥中心基础硬件设施由自动监控数据传输服务器、应用服务器、自动监控 GIS 服务器、数据库服务器、域控制服务器、网络防病毒服务器、备份域控制服务器、客户端 PC、笔记本组成（图 3-12）。

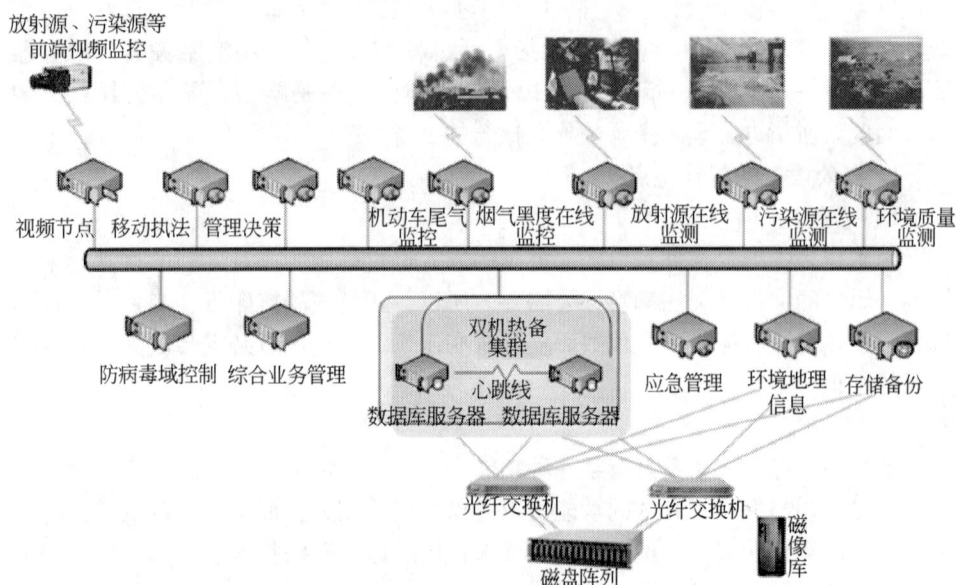

图 3-12  监控指挥中心服务器连接示意图

下面是一个监控指挥中心机房所需要的主要设备清单（表 3-6）。

表 3-6  监控指挥中心基础硬件设备参数表

| 序号 | 产品名称 | 性能描述 | 单位 | 数量 |
|---|---|---|---|---|
| 1 | 自动监控数据传输服务器 | 配置机架式，2 颗双核 CPU，每颗 CPU 主频 2.4GHz，8GB DDR3 内存，256MB 缓存 RAID 控制器（支持 RAID 0/1/10/5 等），配置 3 块 300GB 企业级 SAS 硬盘，支持双多功能千兆网口，配制 1+1 冗余电源，3 个热插拔 PCI-E 插槽。原厂工程师三年免费上门技术支持与售后服务 | 台 | 1 |
| 2 | 应用服务器 | 配置机架式，2 颗双核 CPU，每颗 CPU 主频 2.4GHz，8GB DDR3 内存，256MB 缓存 RAID 控制器（支持 RAID 0/1/10/5 等），配置 3 块 300GB 企业级 SAS 硬盘，支持双多功能千兆网口，配制 1+1 冗余电源，3 个热插拔 PCI-E 插槽。原厂工程师三年免费上门技术支持与售后服务 | 台 | 2 |
| 3 | 自动监控 GIS 服务器 | 配置机架式，2 颗双核 CPU，每颗 CPU 主频 2.4GHz，8GB DDR3 内存，256MB 缓存 RAID 控制器（支持 RAID 0/1/10/5 等），配置 3 块 300GB 企业级 SAS 硬盘，支持双多功能千兆网口，配制 1+1 冗余电源，3 个热插拔 PCI-E 插槽。原厂工程师三年免费上门技术支持与售后服务 | 台 | 1 |

续表

| 序号 | 产品名称 | 性能描述 | 单位 | 数量 |
|---|---|---|---|---|
| 4 | 数据库服务器 | 配置机架式，2 颗双核 CPU，每颗 CPU 主频 2.4GHz，16GB DDR3 内存，256MB 缓存 RAID 控制器（支持 RAID 0/1/10/5 等），配置 3 块 300GB 企业级 SAS 硬盘，支持双多功能千兆网口，配制 1+1 冗余电源，3 个热插拔 PCI-E 插槽。原厂工程师三年免费上门技术支持与售后服务 | 台 | 2 |
| 5 | 域控制服务器 | 配置机架式，2 颗双核 CPU，每颗 CPU 主频 2.4GHz，4GB DDR3 内存，256MB 缓存 RAID 控制器（支持 RAID 0/1/10/5 等），配置 3 块 300GB 企业级 SAS 硬盘，支持双多功能千兆网口，配制 1+1 冗余电源，3 个热插拔 PCI-E 插槽。原厂工程师三年免费上门技术支持与售后服务 | 台 | 1 |
| 6 | 网络防病毒服务器、备份域控制服务器 | 配置机架式，2 颗双核 CPU，每颗 CPU 主频 2.4GHz，4GB DDR3 内存，256MB 缓存 RAID 控制器（支持 RAID 0/1/10/5 等），配置 3 块 300GB 企业级 SAS 硬盘，支持双多功能千兆网口，配制 1+1 冗余电源，3 个热插拔 PCI-E 插槽。原厂工程师三年免费上门技术支持与售后服务 | 台 | 1 |
| 7 | 客户端 PC | 能够运行 64 位操作系统，双核 CPU，1G 容量 DDR2 内存并可扩容，千兆网卡和 64MB 显存配置，17 英寸的液晶显示器 | 台 | 9 |
| 8 | 笔记本 | 配置双核 CPU，主频 2G 以上，2G 容量 DDR3 内存，200GB 以上硬盘，15 寸显示屏，256M 显存，集成千兆以太网卡，支持无线上网 | 台 | 2 |

## （二）数据存储备份系统

环境保护局监控指挥中心的数据存储备份系统由光纤交换机、阵列柜（磁盘阵列 RAID）、磁带机/存储设备、机柜组成。数据存储设备的构成如表 3-7 所示。

表 3-7　数据存储备份系统设备参数表

| 序号 | 产品名称 | 性能描述 | 单位 | 数量 |
|---|---|---|---|---|
| 1 | 光纤交换机 | 8 口光纤交换机激活 4 个端口，2 台互作冗备 | 台 | 2 |
| 2 | 阵列柜 | 可扩至 10T，配置 6 个 T；平均传输率>4GB/s；高速缓存不小于 512MB | 台 | 1 |
| 3 | 磁带机/存储设备 | 最大配置磁带槽位 24，最大配置驱动器数量 2 个，驱动器接口类型 FC，SCSI，配置磁带数量为 20 盘 LTO-2 磁带，1 盘清洗带 | 台 | 1 |
| 4 | 机柜 | 42U 标准机柜 | 个 | 3 |

## （三）监控端设备

环境保护局监控指挥中心的监控端设备由监控端 CTI 语音专用交换机、自动监控系统专用接入设备、实时报警接收设备组成（表 3-8）。

表 3-8　监控端设备参数表

| 序号 | 产品名称 | 性能描述 | 单位 | 数量 |
|---|---|---|---|---|
| 1 | 监控端 CTI 语音专用交换机 | 至少支持 8 路外线、8 路内线，可脱离计算机或服务器独立工作，至少满足 30 000 小时录音记录要求，具备转接、三方等功能，支持传真、短信功能，支持人工值班和电脑值班 | 台 | 1 |
| 2 | 自动监控系统专用接入设备 | 上述几个系统中所涉及的监控设备 | 台 | 1 |
| 3 | 实时报警接收设备 | 包括接收设备与最终的数据处理服务器 | 台 | 1 |

## （四）基础应用软件

见表 3-9。

表 3-9　基础应用软件列表

| 序号 | 产品名称 | 性能描述 | 单位 | 数量 |
|---|---|---|---|---|
| 1 | 服务器操作系统 | Windows Server 2008 中文企业版 25 用户 | 套 | 8 |
| 2 | 数据库 | SQL 2008 简体中文标准版 15 用户 | 套 | 1 |
| 3 | 存储备份软件 | 赛门铁克存储备份软件 | 套 | 1 |
| 4 | 双机热备软件 | 支持双机热备、双机互备、N+1 备份、N 机互备 | 套 | 1 |
| 5 | GIS 系统软件 | ARCGIS SERVER-ENTERPRISE-STANDARD-V10 | 套 | 1 |

## （五）附属设备

发电机组用于当监控指挥中心遭遇长期停电而 UPS 电源无电的时候。

# 四、环境监测基础设施建设

## （一）地表水监测

水质自动监测系统工程是一套以在线自动分析仪器为核心，运用现代传感器技术、自动测量技术、自动控制技术、计算机应用技术以及相关的专用分析软件和通信网络所组成的一个综合性的在线自动监测系统平台。水质在线自动监测系统是把多项监测指标的分析仪表组合在一起，从采样、分析到记录、整理数据（包括远程数据）、中心遥控组成的系统，结合相应的监控及分析软件，实现实时在线自动监测，满足运行可靠稳定、维护量少的要求，并可实现无人值守。系统主要包括水样采集及控制、水质分析仪监测分析、数据的采集、信息传输、数据处理及监视性控制等几部分。

水样采集的相应管路、阀门、水泵及水样预处理系统等构成水样采集及控制单元，实现监测分析的水样采集及相应配水与预处理功能；在线监测仪器、传感器及标准通信控制等构成监测分析单元；监测现场的数据终端、PLC 控制系统、UPS 电源系统、通信系统（包括电话线、无线电台、卫星通信、手机报警通信并预留有以太网接口）等组成数据采集控制及信息传输单元；计算机监控应用软件可现场或远程对系统的运行进行监控；辅助系统包括空气压缩机单元、配电单元、室内环境监控单元等辅助设备。

水质自动监测站具有良好的开放性和拓展性。具有现场总线或 RS232 标准通信接口的水质分析仪及输入、输出为模拟量和开关量的仪表和设备可直接连接到PLC，通过 PLC 实现控制与数据处理及与上位机的连接。采用的水质监测仪器都提供标准的 RS232 通信接口，都支持标准的通信规约，同时这些仪器都带有传统的模拟量信号输出。采用现场总线的方式比传统的模拟量信号连接要灵活可靠，是目前现场数据采集控制系统的发展趋势。

自动采集的水质数据经现场工控机进行数据分析、处理后存储在数据库里，并通过网络传送到远端控制中心。

### （二）废水在线监测系统

水污染源在线监测基站建设主要由采样预处理系统、监测设备、系统控制单元、数据传输系统、远程监控中心、站房及辅助分析系统等几部分组成。采样预处理系统、辅助分析单元完成水质自动监测站的水样采集、水样预处理、管路清洗等采样控制过程；分析监测单元完成监测站水质监测参数的分析过程；系统控制单元完成系统的监控操作、各类数据的采集等；数据传输系统实现数据及控制指令的上行及下行传输过程；远程监控中心作为系统的中心站，实时接收数据并进行远程监控操作及数据分析。系统依据合理、实用、经济、可靠、运行维护简单的原则，并参照国家有关技术标准、规范及有关部门技术标准严格设计，满足用户对水质实时监测和远程监控的要求。

废水在线监测系统示意图如图 3-13 所示。

前端站点结构如图 3-14 所示。

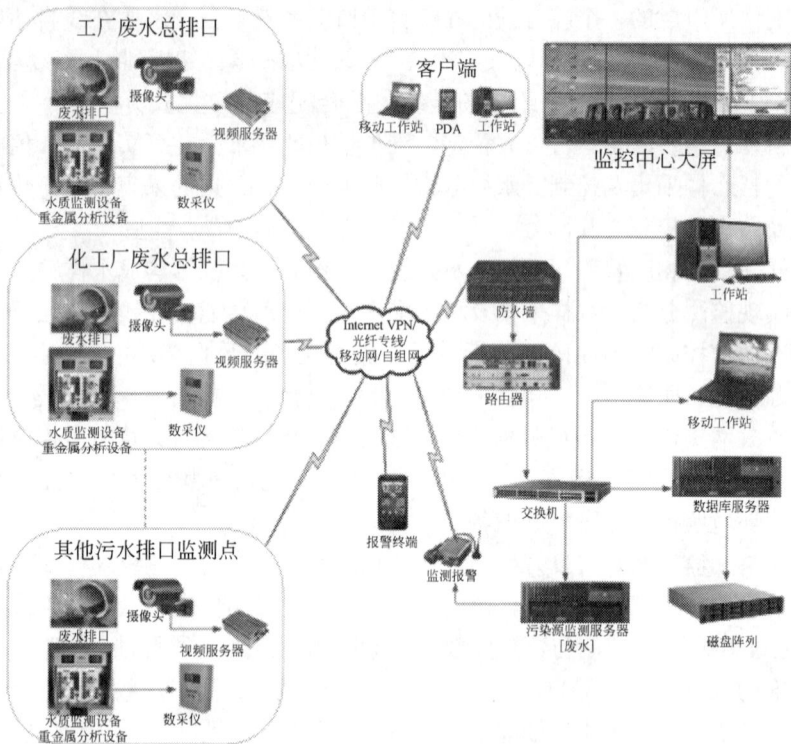

图 3-13　废水在线监测示意图

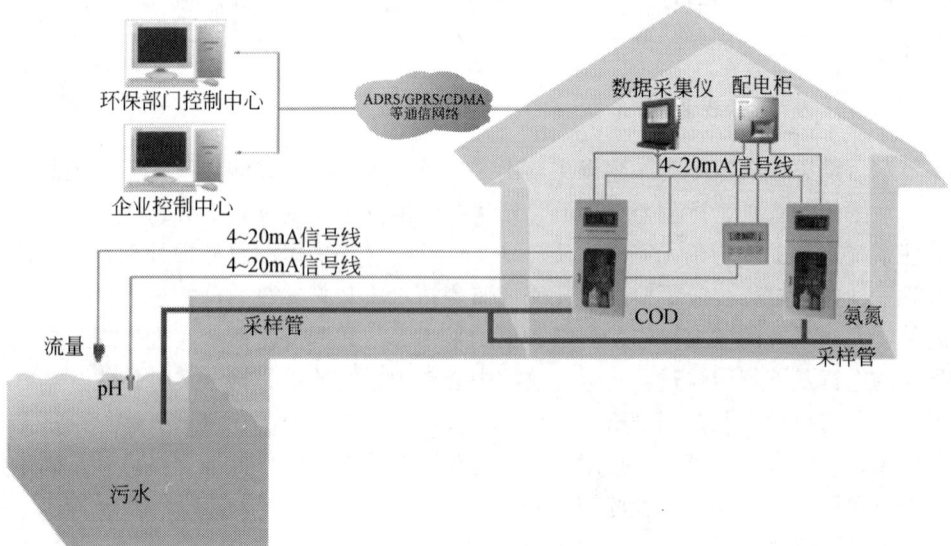

图 3-14　前端站点结构图

水污染源在线监测基站建设集成是把多项监测指标的分析仪表组合在一起，从采样、预处理、分析到记录、整理数据（包括远程数据）、分中心远程控制等功能组成的实时监控系统；并结合相应的监控及分析软件，实现实时在线自动监测，并达到控制取样、预处理、自动分析水样、远程控制、系统故障和超标报警及记录、停电保护及来电自动恢复等功能；并已考虑设计预留相应接口，为用户在未来应用扩展提供良好平台（图3-15）。

监测设备均运用了国际先进的技术原理，结合现场的实际情况，进行了针对性的改进设计。采用双光路闭环反馈光电检测专利技术、可靠先进的非接触气路传输系统的 $COD_{Cr}$ 在线监测分析仪；采用专利的声波智能技术软件可进行智能化回波分析的 WA4000 型超声波明渠流量计。系统采用 RS485、RS-232 通信串口支持 MODBUS RTU 通信协议，可根据业主要求接入 DCS 系统。同时系统支持 GPRS、CDMA、ADSL、以太网等多种通信方式，可方便地将监测数据接入环保监测部门。

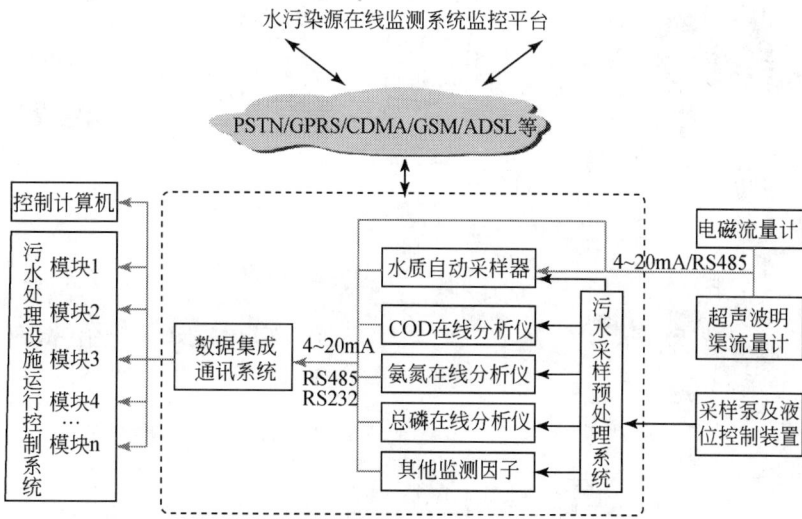

图 3-15　水污染源在线监测系统图

水污染源在线监测基站建设拥有系统升级扩展功能，同时在新建项目中可根据实际情况的需要增加监测因子。可增加的监测因子包括氨氮、总磷、总氮、六价铬、pH、氧化还原电位、流量、温度、电导率、浊度、悬浮固体、溶解氧等。技术人员可以根据现场实际情况，提供相应的解决方案，并完成项目的实施。

## （三）烟气在线监测系统

烟气连续排放监测系统（continuous emission monitoring systems for flue gas, CEMS），主要由采样系统、烟气测量系统、烟尘测量系统、辅助参数测量系统、反吹系统、数据采集处理系统等几个子系统组成，可以连续监测 $SO_2$、$NO_x$、$O_2$、烟尘（颗粒物）浓度、烟气流速、温度、压力、湿度等多项烟气参数并计算排放率、排放总量，可显示和打印各种参数、图表并对测量到的数据进行有效管理，还可通过数据图文传输系统传输至相关管理部门。

烟气在线监测系统架构如图 3-16 所示。

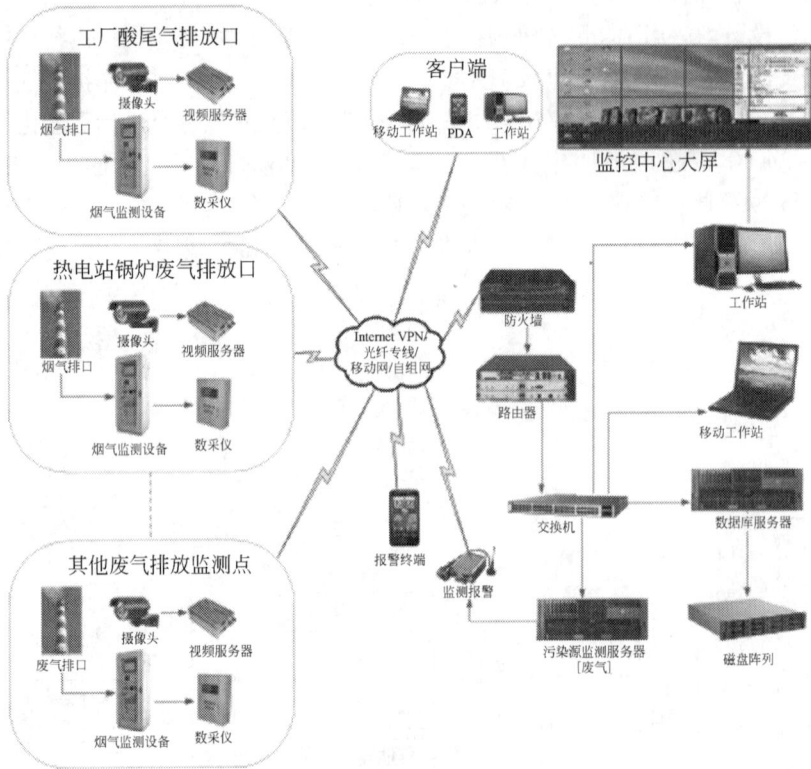

图 3-16　烟气在线监测系统示意图

烟气连续排放监测系统（CEMS）运用了先进的技术，结合国内现场的实际情况（高温、高湿、高尘、高腐蚀），进行了针对性的改进设计，采用热管完全抽取采样、非分散红外吸收法测量烟气中污染物的浓度，包括 $SO_2$、$NO_x$ 等烟气成分；采用激光透射法测量烟尘浓度；采用皮托管、压力传感器、温度传感器、干湿氧传感器等来测量烟气参数；通过 PLC 及数据采集器和软件系统来采集并处理、保存、传输数据，进行实时监控，生成图表、报表，系统可自动实现数据采集、自动反吹、冷凝排放、故障和超标报警等功能。

系统通信采用 RS485、MODBUS 通信协议，可根据业主要求接入 DCS 系统。同时系统支持 GPRS、CDMA、ADSL、以太网等多种通信方式，可方便地将监测数据接入环保监测部门。

系统的控制回路系统采用控制器，分别控制 CEMS 的手/自动校零、手/自动校准、烟气反吹（反吹清洗采样管路）、流速反吹（反吹清洗流速检测仪）过程。其中与气态污染物分析仪表的连接除了校准用信号外，仪表的异常信号也接入 PLC 数字输入口中。采样管、采样探头和冷凝器的温度正常或异常状态信号及湿度报警器的状态信号、低流速报警状态信号和采样状态信号分别接入 PLC 输入口中。PLC 通过输出控制采样球阀和气泵可以启动或停止 CEMS 的采样流程，控制反吹球阀控制 CEMS 的手动或自动反吹流程，控制零气电磁阀产生零气，控制标气电磁阀以产生标定用校准气。校零、校满、烟气反吹和流速反吹按钮可以分别启动 CEMS 的手动校零、手动校满、手动烟气反吹和流速反吹进程。

另外，烟气连续排放监测系统包含了部分烟气自动监控基站的升级扩展项目，将预留其他排放污染物的监测端口和设备安装位置，同时软件系统也有相应的升级余地。企业在新建项目中可根据实际情况的需要增加监测因子，可增加的监测因子包括 CO、$CO_2$、$CH_4$、$NH_3$、湿度等。

# 第三节　环境信息应用支撑平台建设

## 一、应用支撑平台架构

应用支撑平台是建立在基础设施平台基础上，对内部应用和外部服务进行支撑，提供各种中间服务的平台，让环境信息化建设能够真正实现统一门户管理、统一消息服务、统一检索服务、统一图形服务、统一工作流、统一系统管理、统一应用开发与接入等公共支撑服务功能（图 3-17）。

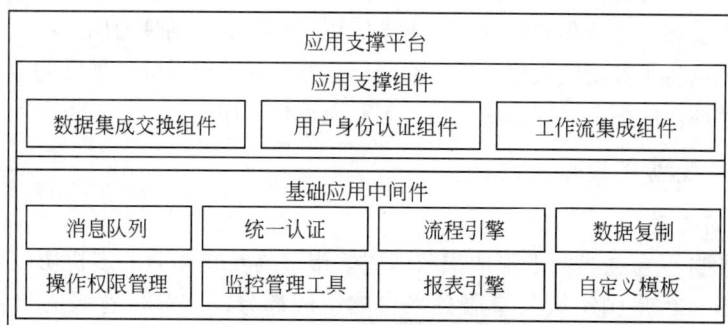

图 3-17　应用支撑平台架构

应用支撑平台主要提供数据库服务、基本网络服务、工作流软件、消息服务、图形（GIS）服务、目录和认证授权服务、流媒体服务、移动服务等。应用支撑平台由底层的基础应用中间件和上层的应用支撑组件构成，其中数据交换与共享组件是为应用层提供支撑的重要部分，是数据中心的核心支撑组件。

建立统一的应用支撑平台可以高效、快捷地扩展业务系统功能，提高环境保护政务管理和业务管理的工作效率；可以充分利用各种业务信息资源，为环保业务协同与统一门户提供支持；能够根据业务需求可以快速构建各类应用系统。

## 二、数据交换与共享管理

数据交换与共享平台由交换节点、交换总线和交换中心三部分构成，分为五个逻辑层次设计（图3-18）。

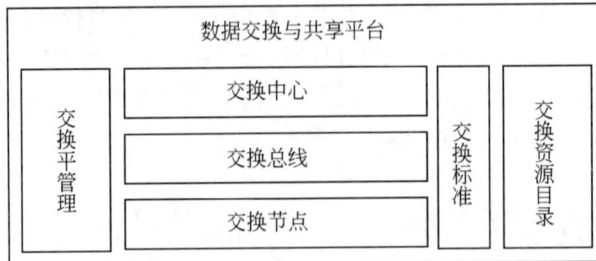

图3-18  数据共享与交换平台

建立在信息系统基础设施之上的数据共享与交换平台的底层为应用接口层，它要解决的是应用集成服务器与被集成系统之间的连接和数据接口的问题。其上是应用整合层，它要解决的是被集成系统的数据转换问题，通过建立统一的数据模型来实现不同系统间的信息转换。应用整合层之上是流程整合层，它将不同的应用系统连接在一起，进行协同工作，并提供业务流程管理的相关功能，包括流程设计、监控和规划，实现业务流程的管理。最上端的用户交互层，则是为用户在界面上提供一个统一的信息服务功能入口，通过将内部和外部各种相对分散独立的信息组成一个统一的整体。应用接口层、应用整合层和流程整合层的功能由 ESB 实现。

### （一）数据交换体系

**1. 纵向体系**

共享服务平台在纵向上形成国家—省—市—县互联互通的多机协同体系；省级共享服务平台是国家级共享服务平台的组成部分，市级是省级的重要组成部分。各级共享服务平台通过交换元数据与目录数据建立空间信息共享交换的通道，并采用逐级向上汇报的方式进行地理空间数据的共享。

**2. 横向体系**

基于共享服务平台构建统一的数据共享中心，各级若已建成自然资源和地理空间基础信息库（或行业专题数据共享中心），共享服务平台可以直接与其进行互联。为保证共享数据同步更新，横向上共享服务平台将会与同级至少 10 个应用部门进行连接，在统一的标准体系下实现"交换节点"向共享服务平台交换数据和对外进行数据服务与发布。县级共享服务平台可不必建设独立的行业数据共享中心。

## （二）数据交换与共享流程

### 1. 数据上报流程

数据上报流程包括区县环保局将数据和文件上传到分中心、各地市将数据和文件上传到分中心，然后由分中心上传到省环保厅，由省环保厅的数据中心上传给环境保护部（图3-19）。

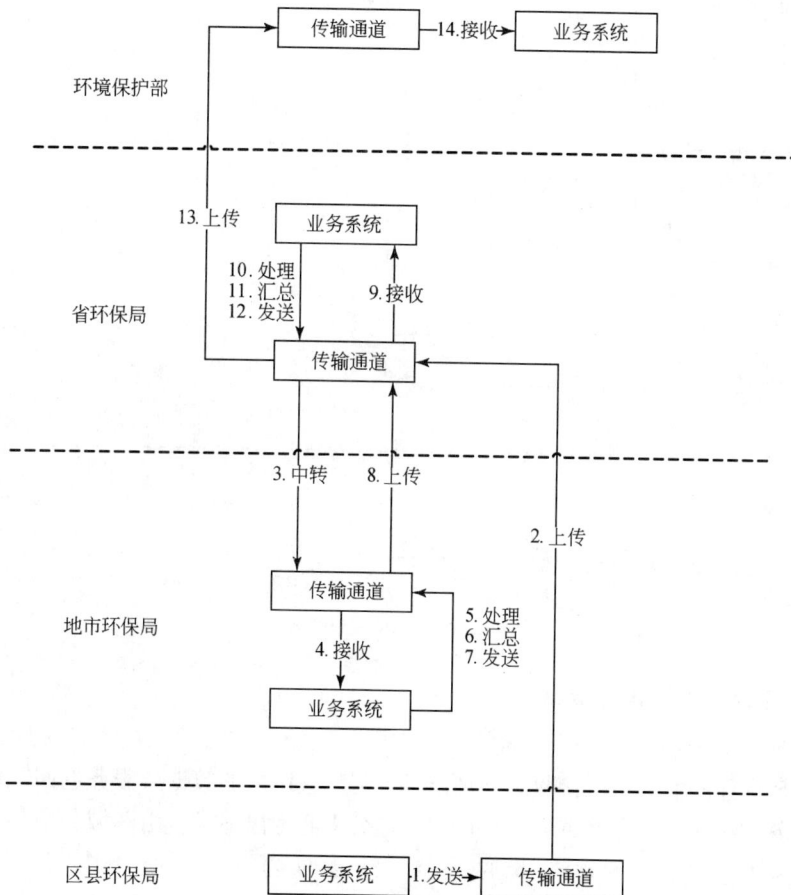

图 3-19　数据上报流程

**2. 数据下发流程**

数据下发流程可以分别从环境保护部、省环保厅和市环保局开始，逐级下发，抵达区县环保局（图3-20）。

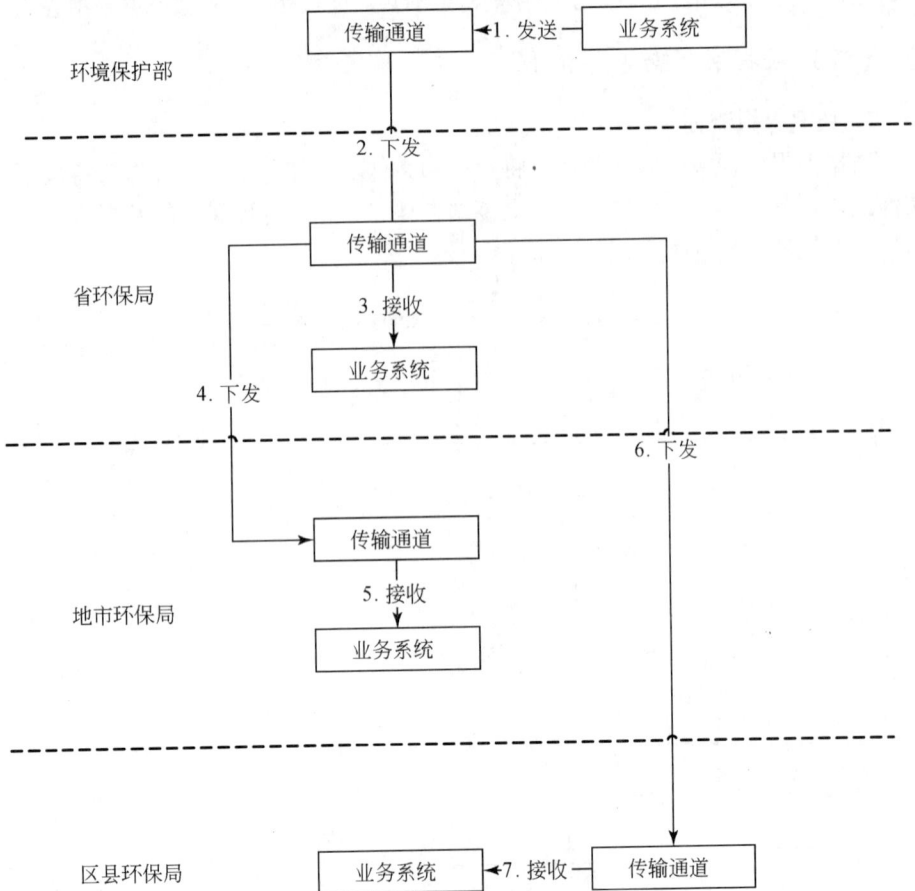

图 3-20　数据下发流程

**3. 数据查询与响应流程**

数据查询与响应流程是双向的，一方面各区域分中心可以向省环保厅发出请求，由环保厅的业务系统接收和处理请求，将响应结果的数据或服务返回区域分中心的业务系统；另一方面省环保厅可向区域分中心发出请求，由区域分中心业务系统接收和处理请求，将响应结果的数据或服务返回省厅应用系统（图3-21）。

**4. 数据订阅与响应流程**

数据订阅与响应流程是由区域分中心向省环保厅发出信息或数据的订阅请求，经省厅进行身份认证后，返回接收/拒绝请求给区域分中心的应用系统（图3-22）。

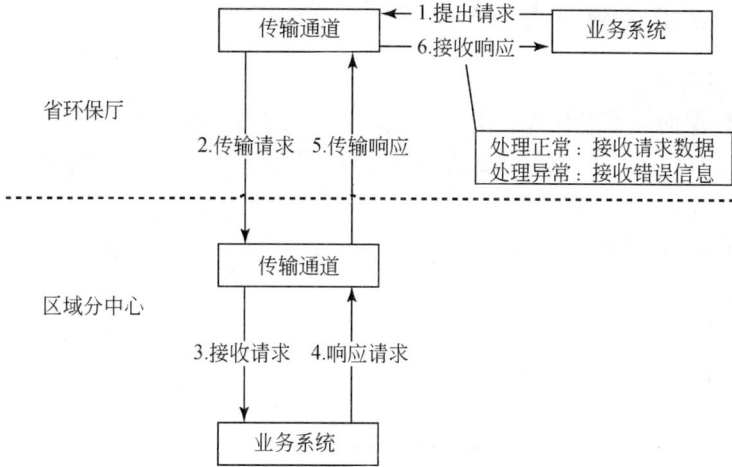

图 3-21 数据查询与响应流程

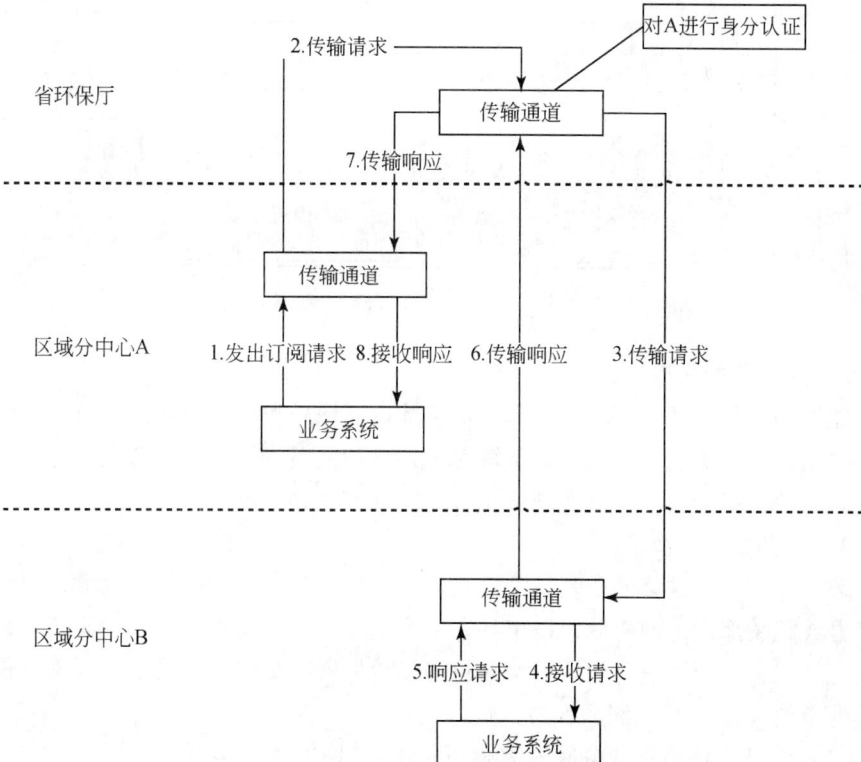

图 3-22 数据订阅与响应流程

## （三）数据交换与共享平台设计

### 1. 平台架构

由于环保业务信息化建设的分布性、时序性，一直以来都没有很好地集成这些独立的、异构的、封闭的系统的方案。在"十二五"期间，需要建设完善内部数据交换平台和外部数据平台，以支持环境业务系统中各类数据的交换共享。平台架构如图 3-23 所示。

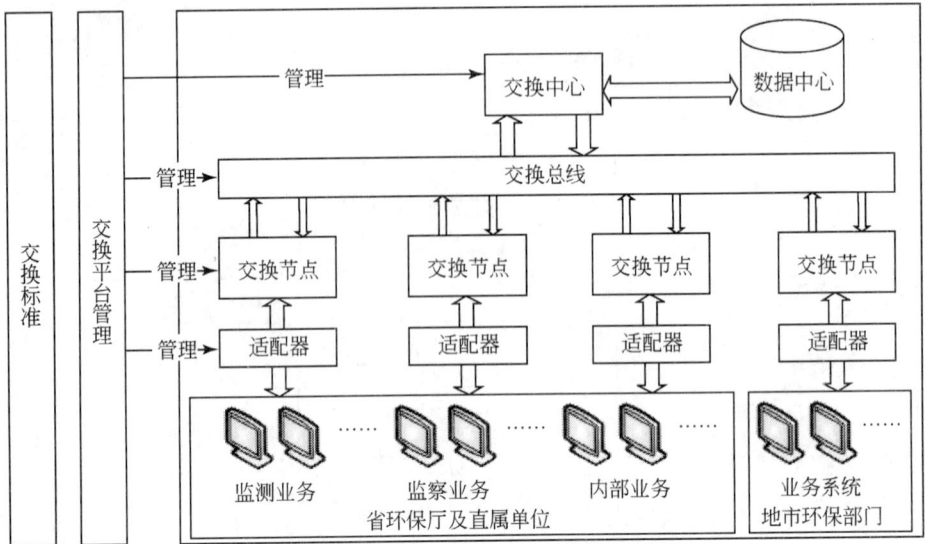

图 3-23　数据共享与交换平台架构

1）内部数据交换平台

建设和完善内部数据交换平台，实现地市环保局和县区环保局的自建系统之间的数据交换，实现与国家相关系统对接并自动上报，并在一定时期内作为已有系统之间的数据交换平台，实现各系统之间的信息共享。

2）外部数据交换平台

环境保护是全社会的职责，需要众多政府部门的支持和配合，为此，可由市信息办或相关部门出面协调，以市环保局为主导，在有关的政府部门间建立外部数据交换平台，建立信息化协调沟通机制和数据资源交换共享平台，实现环保厅与其他单位（部门）之间顺畅进行数据交换。

（1）涉及土壤监测业务时，需要与农业部门进行数据交换；

（2）涉及大气监测、预警预报时，需要与气象部门进行数据交换；

（3）涉及饮用水源、水污染时，需要与水利部门进行数据交换；

（4）涉及排污收费时，需要与银行、税务等部门进行数据交换；

（5）涉及固废监控业务时，需要与城管及卫生部门进行数据交换；

（6）涉及监测站点建设时，需要与建设部门及国土资源部门进行数据交换；

（7）涉及行政许可业务时，需要与工商部门进行数据交换；

（8）涉及应急管理和指挥时，需要与公安、消防等部门进行数据交换。

**2. ESB 服务总线**

实现环境数据的交换与共享管理可采用 ESB 服务总线方式。ESB 服务总线基于开放的标准，提供一个可靠的、可度量的和高度安全的环境，为数据交换与共享服务提供一种标准化的通信基础。ESB 一般支持多种开发语言，结合 ESB 架构本身的可移植性，使应用程序可以用与平台无关和与编程语言无关的方式进行相互通信，最大限度地达到服务的共享目的。

ESB 实现应具备以下功能：

1）通信

提供位置透明的路由和寻址服务，控制服务寻址和命名的管理功能，采用至少一种形式的消息传递模式（例如请求/响应，发布/订阅等），支持至少一种可以广泛使用的传输协议。

2）集成

支持服务提供的多种集成方式，比如 Web 服务、异步通信、适配器等。

3）服务交互

一个开放且与实现无关的服务消息传递与接口模型，应该将应用程序代码从路由服务和传输协议中分离，并允许替代服务的实现。

实现 ESB 的解决方案可采用基本适配器解决方案模式、服务网关解决方案模式、Web 服务兼容代理解决方案模式、EAI 中间件模式。

# 三、用户与权限管理

权限系统一直以来是应用系统不可缺少的一部分，但若每个应用系统都重新对系统的权限进行设计，以满足不同系统用户的需求，将会浪费不少资源和时间。如四川省各个环保部门在不同地区和不同时期开发建设的系统互相独立，用户在使用每个应用系统之前都必须按照相应的系统身份进行登录，为此用户必须记住每一个系统的用户名和密码，这给用户带来了不少麻烦。特别是随着系统的增多，出错的可能性就会增加，受到非法截获和破坏的可能性也会增大，安全性就会相应降低。

目前的权限管理系统大多是采用代码复用和数据库结构复用的方式集成到具体的某一个业务系统中，例如 OA 系统、排污申报收费系统等，而这些系统部署在不同的服务器上，可能是完全不同的软件架构（有些是基于 B/S 结构的 Web 项目，有些又是基于 C/S 结构的应用程序），在将来的业务发展中更有可能部署在不同的平台上（如在 Windows 平台之外增加 Unix 平台），每个系统中均有一个代码相同的权限管理模块来管理自己系统中用户的权限，这些权限的数据可能是共享的（数据保存在各系统均能访问的同一个数据库中）或者是独享的（数据保存在自己的数据库中）。这种情况造成环保局用户与权限管理不易维护、不能支撑不同平台和架构的软件、不方便数据共享和系统安全性、操作性低等问题。

建设统一的用户与权限管理体系，可进行用户与权限的统一管理（图 3-24）。用户与权限管理组件提供用户身份认证调用接口、用户信息管理接口。业务应用系统通过调用该组件的接口，可以获得当前用户身份，从而实现访问不同应用系统时"一次登录，全网通行"的目标。

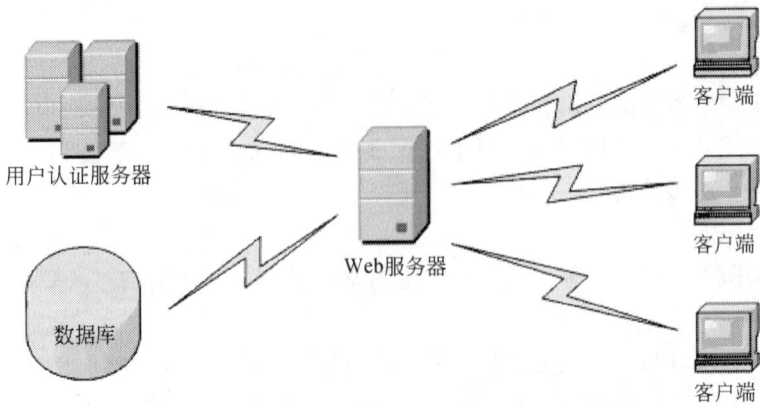

图 3-24  统一门户及权限管理系统的拓扑结构

### 1. 用户身份认证调用接口

统一用户身份认证：用户只需在进入门户时进行一次身份认证，即可综合信息平台内各种应用系统和信息资源，例如办公自动化系统、环境监测系统、环境监理系统等，而无需重新登录。

### 2. 用户信息管理接口

用户权限信息管理：提供用户权限设置和分配机制，建立用户和权限分类分级体系，统一综合信息平台用户访问应用系统的权限，包括角色设置、角色授予、权限特别授予等，实现企业、环保厅业务相关人员和群众共用该系统。

## 四、工作流引擎管理

工作流引擎的技术解决如何将环保过程中的各事项组合到一起，使其成为一个有机整体，协同完成一项业务的问题。工作流引擎是一个软件系统，它定义、创建和管理工作流的执行、任务的负载均衡、事务控制以及任务在工作流服务器之间的迁移，同时通过管理服务器提供监控接口。环保部门的人员根据业务流程，通过配置工作流，将各种基础业务模块（Web 服务）进行组合，当业务流程发生变化时，可以通过修改工作流来完成服务的重新组合，这样就实现了功能逻辑和业务逻辑的分离，使系统具有高度的灵活性和可扩展性。

应用支撑平台的工作流管理系统将提供强大的业务流程集成能力。工作流是一类能够完全或者部分自动执行的过程，根据一系列过程规则，文档、信息或任务能够在不同的执行者之间传递和执行。建设统一的工作流引擎，业务应用系统可以通过调用工作流集成组件的接口完成工作流集成功能。

利用定制工具进行工作流定义，可以创建多个工作流，工作流可以嵌套多级子流程。系统管理员在定制流程和表单时，可以设置文件编号的产生规则。工作流引擎同时具有汇总报表功能，数据发布门户提供的报表功能将统计分析系统中的各类数据信息通过工作流引擎发送至各用户展示界面。以浏览器方式，可以在线填写项目信息，向环保管理单位上报，数据将自动存入数据平台并启动审批流程（图3-25）。为适应新的行政许可法要求，工作流管理在流程管控方面显著增强了督办和催办的功能。督办、催办的所有操作都受到严格的权限控制，督办、催办的所有操作都被记录系统日志。

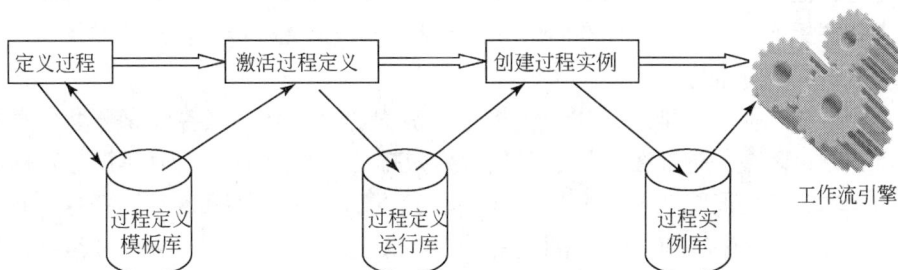

图 3-25　工作流引擎处理模式

为实现应用支撑系统（平台）上的业务应用系统层对工作流集成组件的调用，应建设统一的工作流集成组件，包括：①工作流代理调用接口；②流程定义接口；③流程监控接口。

# 第四节　环境数据中心建设

## 一、环境数据中心标准规范建设

环境数据中心建设的总体目标是：构建以信息资源标准为基础、信息安全为保障的数据交换服务平台、数据加工存储平台和数据分析应用平台，实现省、市、县三级数据中心的联动，发挥行业数据中心的决策支持作用；通过数据的收集、存储、加工，生成全面、准确、及时的信息资源，实现资源整合、信息共享；通过信息资源的分析、决策、执行、反馈，建立全面、准确、量化的管理体系，实现管理从定性向定量、由静态向动态、由事后向实时的转变，提升行业管理水平，提高行业总体竞争实力。

行业数据中心按照行业垂直管理的体制特点，主要由省、市、县三级数据中心构成；每级数据中心分别由信息资源标准、数据交换服务、数据加工存储、数据分析应用和信息安全保障五个体系组成；应用包括省、市、县和企业四级用户。

信息资源标准体系实现了行业数据中心的标准制定和规范管理；信息安全保障体系实现了行业数据中心的安全可控和有序运行；数据交换服务体系实现了行业数据中心的数据汇集和服务通道；数据加工存储体系实现了行业数据的规范加工和存储管理；数据分析应用体系实现了行业数据的科学分析和服务。

## （一）信息资源标准体系

信息资源标准体系主要规定数据定义和处理的标准与规范。信息资源标准体系是数据中心总体架构中的基础部分，影响着数据的完整性、规范性和一致性，决定着行业数据中心建设的质量与效果，所有进入数据中心的数据要符合相应的信息资源标准。信息资源标准体系主要包括行业数据元标准、信息分类及编码标准、数据交换标准等。

为规范和促进污染减排"三大体系"能力建设工作，完善国家环境信息化标准体系，环境保护部在《关于下达污染减排"三大体系"能力建设配套标准制定工作任务的通知》（环办函［2007］629号）中下达了标准编制任务，并于2008年1月发布《环境信息标准化指南（征求意见稿)》。在地方环境信息化标准体系规划时应优先采用环境保护部环境信息化标准体系，着力于信息化标准的推行与实施，并结合自身特点制定标准细则。

**1. 标准体系制定方法与原则**

根据各地信息化水平的不同，建立地方环境信息化标准体系是目前的重要工作之一。信息化标准体系的建立可采用以下方法：

（1）深入了解环境信息化标准进展情况，开展现状和需求调研；

（2）优先采用《中华人民共和国环境保护行业标准》，可在其基础上增加符合自身实际的信息化标准；

（3）如果已经有国际/国家标准，要首先采用国际/国家标准；

（4）对国际标准及国外先进标准，在国家标准没有覆盖的领域要根据实际情况引进和采用；

（5）如果没有国际/国家标准，而存在行业标准，则可采用行业标准，并纳入环境信息化标准体系；

（6）对于自定义的标准也可以以将要建设的第一个信息系统为准，制定出初步的环境信息化标准体系，并在此基础上进行逐步完善。

此外，在考虑环境保护行业本身的技术特点以及在行业信息化管理过程中的应用特点的情况下，标准体系还要遵循适用性、科学性、系统性、先进性、开放性五个方面的原则：

（1）适用性：适应环境信息化建设与管理的需要，建立符合环境信息化发展现状及发展趋势的标准体系；

（2）科学性：分析国内环境信息化标准体系的现状和特点，结合环境信息化的现状和规划的需求，对国内外现有的和正在制定的相关信息化标准进行梳理、归纳和分类，建立科学合理的标准体系；

（3）系统性：建立结构清晰、层次分明的标准体系，形成各层次标准之间、各类别标准之间协调、配套的有机整体；

（4）先进性：适应信息化标准发展快、变化快、更新快、涉及领域广的特点，制定的环境信息化标准体系应具有一定的技术导向和前瞻性；

（5）开放性：随着信息新技术发展和需求的变化，不断更新、完善和扩充环境信息化标准体系。

**2. 标准体系结构与层次**

环境信息化标准体系结构与层次如图 3-26 所示。

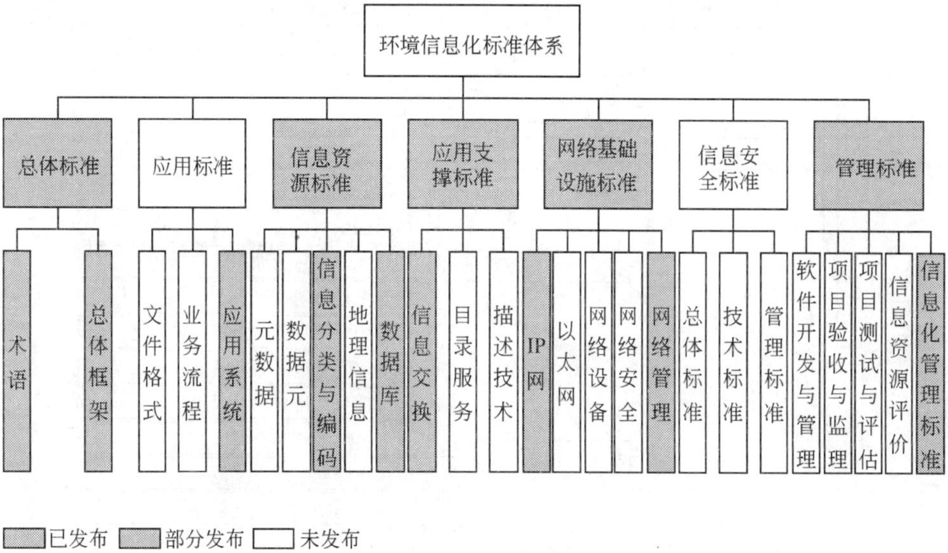

图 3-26　环境信息化标准体系结构与层次

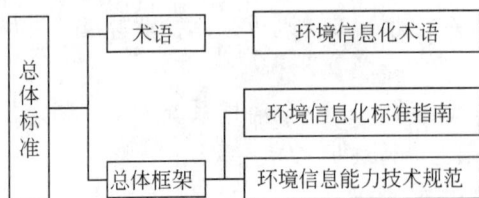

图 3-27　总体标准结构

**1）总体标准**

总体标准分为术语和总体框架两部分。结构如图 3-27 所示。

（1）术语由环境信息化术语组成，目的是统一环境信息化建设中遇到的主要名词、术语和技术词汇，避免对它们的歧义性理解；

（2）总体框架由环境信息化标准指南和环境信息能力技术规范两部分组成，为环境信息化标准提供基本原则、指南和框架（表 3-10）。

表 3-10　标准列表

| 标准类别 | 标准名称 |
|---|---|
| 术语 | 《环境信息术语》（HJ/T 416—2007） |
| 总体框架 | 《环境信息化标准指南（征求意见稿）》<br>《环境信息能力建设技术规范》 |

**2）应用标准**

总体标准分为文件格式、业务流程和应用系统 3 部分。结构图 3-28 所示。

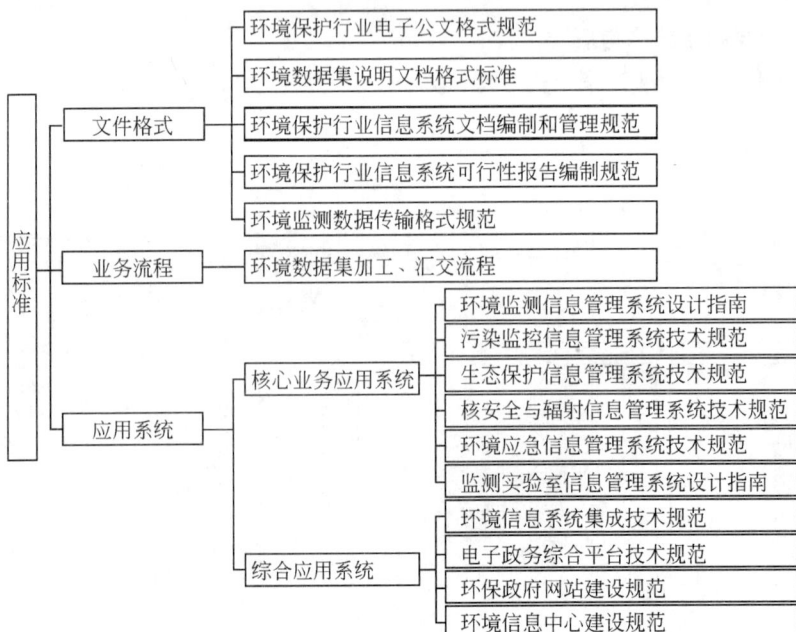

图 3-28　应用标准结构

（1）文件格式标准提供各环境保护业务信息系统间交换和共享的、规范化的文件格式，主要包括环境保护业务所涉及的文件格式和相关标准；

（2）业务流程标准包括环境保护业务所涉及的业务流程和相关标准；

（3）应用系统标准包括环境保护的核心业务应用系统和综合应用系统，以及相关电子政务标准。

除综合应用系统中《环境信息系统集成技术规范》（HJ/T 418—2007）已由环境保护部颁布外，其他标准均在编制或准备编制中（表3-11）。

**表3-11　综合应用系统标准列表**

| 标准类别 | 标准名称 |
|---|---|
| 综合应用系统 | 《环境信息系统集成技术规范》（HJ/T 418—2007） |

3）信息资源标准

信息资源标准用于规范不同业务的数据类型，以实现跨部门、跨地区的信息资源共享，包括元数据、数据元、信息分类与编码、地理信息和数据库5部分。结构如图3-29所示。

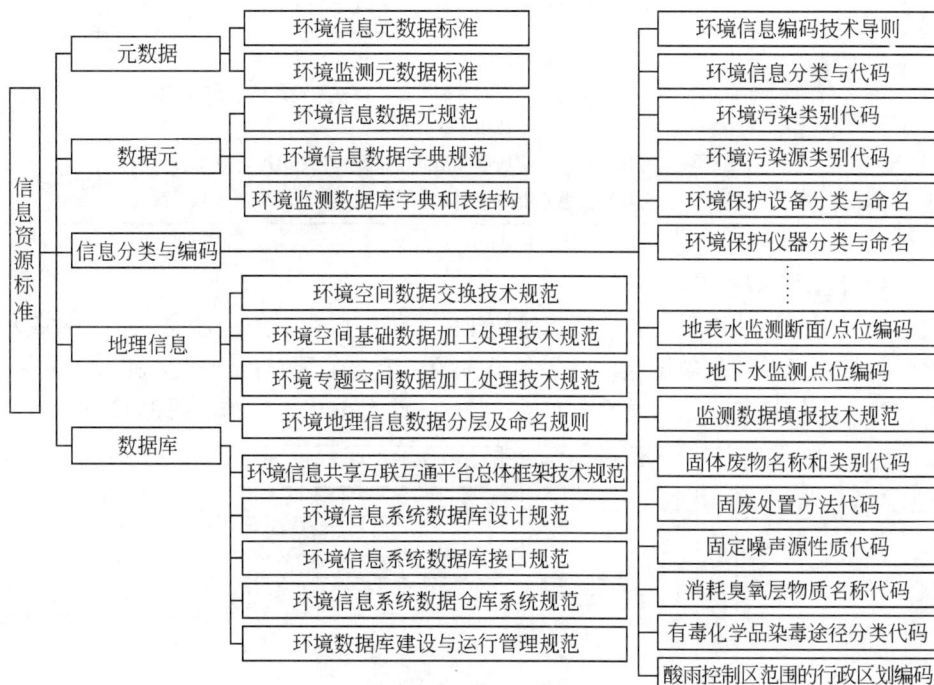

图3-29　信息资源标准结构层次图

（1）元数据标准主要包括环境保护元数据和相关标准；

（2）数据元标准包括环境保护专用的数据元以及数据元的通用规则和电子政务数据元等方面的相关标准；

（3）信息分类与编码标准包括环境保护专用信息分类与编码标准以及方法，区域、场所和地点，计量单位，人力资源，产品运输，组织机构代码和科学技术等标准（表3-12）；

（4）地理信息标准包括环境保护业务所涉及的地理信息和相关标准；

（5）数据库标准包括环境保护行业标准相关的数据库标准、环境信息资源共享平台以及相关标准。

**表3-12　信息分类与编码及数据库标准列表**

| 标准类别 | 标准名称 |
|---|---|
| 信息分类与编码 | 《环境信息编码技术导则》<br>《环境信息分类与代码》（HJ/T 417—2007）<br>《环境污染类别代码》（GB/T 16705—1996）<br>《环境污染源类别代码》（GB/T 16706—1996）<br>《环境保护设备分类与命名》（HJ/T 11—1996）<br>《环境保护仪器分类与命名》（HJ/T 12—1996） |
| 数据库 | 《环境数据库建设与运行管理规范》（HJ/T 419—2007）<br>《环境信息共享互联互通平台总体框架设计规范》（2010年征求意见稿）<br>《环境信息系统数据库设计规范》<br>《环境信息系统数据库访问接口规范》（2010年征求意见稿）<br>《环境信息系统数据仓库系统规范》（2010年征求意见稿） |

4）应用支撑标准

应用支撑标准体系为各项环境保护业务提供支撑和服务，它是一个与网络无关、与应用无关的基础设施，确保各类资源可互连、可访问、可交换、可共享、可整合，由信息交换、目录服务和描述技术3个部分组成。结构图3-30所示。

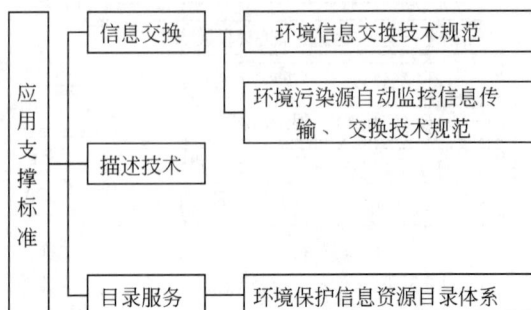

图3-30　应用支撑标准结构

（1）信息交换标准为跨部门、跨地区的信息提供交换机制。信息交换标准包括环境信息交换所涉及的标准和相关标准（表3-13）。

（2）描述技术标准包括标准通用置标语言（SGML）、可扩展置标语言（XML）、超文本置标语言（HTML）等相关标准。

（3）目录服务标准包括环境保护行业信息资源目录的分级分类标准以及 X.500 系列目录服务、政务信息资源目录、Web 服务和消息服务方面的相关标准。

表 3-13　信息交换标准列表

| 标准类别 | 标准名称 |
| --- | --- |
| 信息交换 | 《环境污染源自动监控信息传输、交换技术规范（试行）》（HJ/T 352—2007） |

5）网络基础设施标准

网络基础设施标准包括 IP 网、以太网、网络设备、网络安全和网络管理五个部分，结构图 3-31 所示。

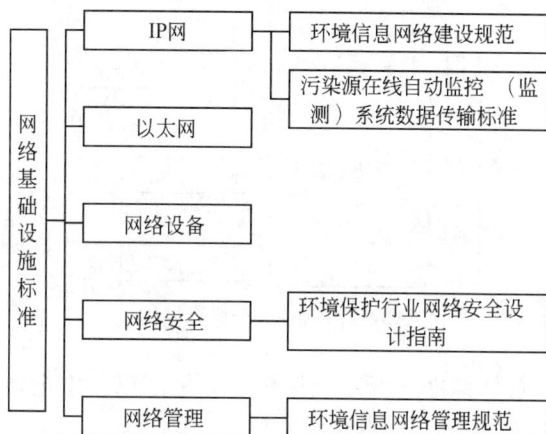

图 3-31　网络基础设施标准结构

（1）IP 网标准主要包括环境保护行业专用的标准和 IP 网总体要求、IP 传输方式、协议、IP-VPN 等方面的相关标准；

（2）以太网标准包括 802.3 以太网与相关局域网标准、无线局域网标准和 VLAN 标准；

（3）网络设备标准主要包括路由器、以太网设备、网络接入服务器、ADSL 接入和综合布线等方面的相关标准；

（4）网络安全标准主要包括环境保护行业标准以及总技术要求、安全协议、电子邮件安全、Web 安全和域名系统安全等方面的相关标准；

（5）网络管理标准主要包括环境保护行业标准以及总体、网络协议、路由管理信息管理库、网络服务器管理信息管理库和网络管理接口等方面的相关标准（表3-14）。

表3-14　IP网与网络管理标准列表

| 标准类别 | 标准名称 |
| --- | --- |
| IP网 | 《环境信息网络建设规范》（HJ 460—2009）<br>《污染源在线自动监控（监测）系统数据传输标准》（HJ/T 212—2005） |
| 网络管理 | 《环境信息网络管理维护规范》（HJ 461—2009） |

6）信息安全标准

信息安全标准是确保环境信息系统安全运行并确保信息和系统的保密性、完整性和可用性的保障体系，为环境信息化建设提供各种安全保障的技术和管理方面的标准规范，包括信息安全总体标准、信息安全技术标准和信息安全管理标准三个部分。结构图3-32所示。

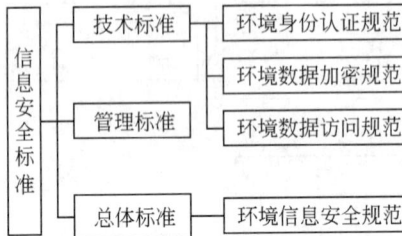

图3-32　信息安全标准结构

（1）信息安全总体标准包括环境保护行业标准以及安全体系结构、模型和总技术要求方面的相关标准；

（2）信息安全技术标准包括环境保护行业标准以及密码技术、标识与鉴别、授权与访问、物理安全、防信息泄露和安全产品的相关标准；

（3）信息安全管理标准包括系统安全管理和等级与风险管理的相关标准；

（4）尚未发布信息安全相关标准。

7）管理标准

管理标准为环境信息化建设提供管理的手段和措施，是实现科学管理、保证信息系统有效运转的重要保障，是确保环境信息化建设正常运行的保障体系，包括软件开发与管理、项目验收与监理、项目测试与评估、信息资源评价和信息化管理标准5个部分。结构如图3-33所示。

（1）软件开发与管理标准包括环境保护行业在软件开发与管理过程中所涉

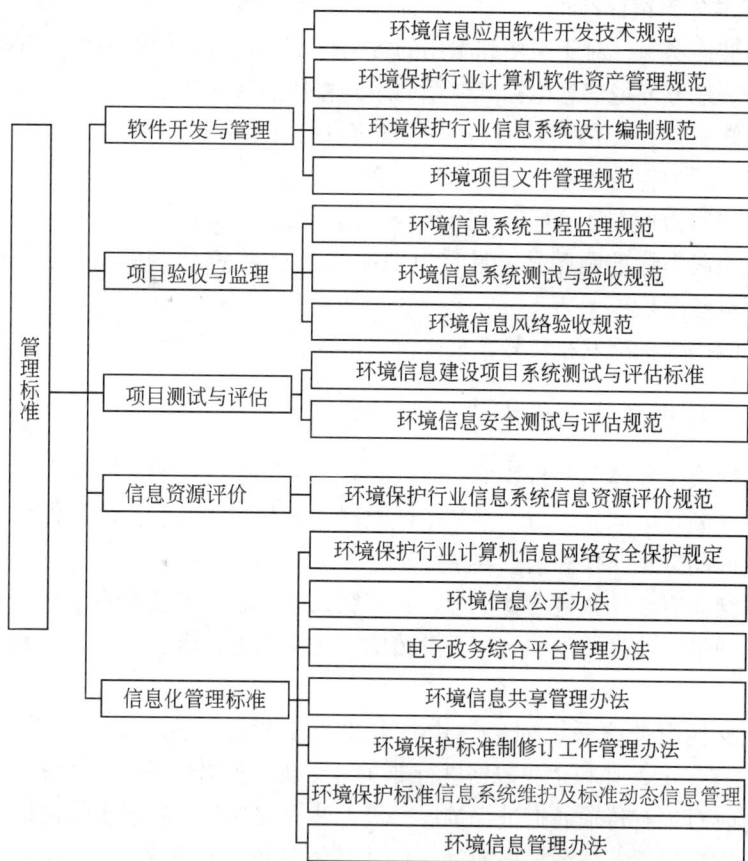

```
                            ┌─ 环境信息应用软件开发技术规范
                            │
                            ├─ 环境保护行业计算机软件资产管理规范
              软件开发与管理 ─┤
                            ├─ 环境保护行业信息系统设计编制规范
                            │
                            └─ 环境项目文件管理规范

                            ┌─ 环境信息系统工程监理规范
                            │
              项目验收与监理 ─┼─ 环境信息系统测试与验收规范
                            │
                            └─ 环境信息风络验收规范

              项目测试与评估 ─┬─ 环境信息建设项目系统测试与评估标准
  管理标准 ─┤                 │
                            └─ 环境信息安全测试与评估规范

              信息资源评价 ──── 环境保护行业信息系统信息资源评价规范

                            ┌─ 环境保护行业计算机信息网络安全保护规定
                            │
                            ├─ 环境信息公开办法
                            │
                            ├─ 电子政务综合平台管理办法
              信息化管理标准 ─┤
                            ├─ 环境信息共享管理办法
                            │
                            ├─ 环境保护标准制修订工作管理办法
                            │
                            ├─ 环境保护标准信息系统维护及标准动态信息管理
                            │
                            └─ 环境信息管理办法
```

图 3-33　管理标准结构

及的标准；

（2）项目验收与监理标准包括与环境信息化建设项目的验收与监理相关的标准；

（3）项目测试与评估标准包括与环境信息化建设项目测评和评估相关的标准；

（4）环境信息资源评价标准是指对环境保护行业信息系统中信息资源进行共享程度评价的标准和规范；

（5）环境信息化管理标准主要包括环境信息化主管部门为环境信息化建设工作制定的标准、规范和管理文件。

目前相关部门主要发布了部分信息化管理标准，如《国家环境信息管理办法（试行）》、《国家环境保护标准制修订工作管理办法》（2006 年第 41 号文）、《环境信息公开办法》等，其他标准均在编制或拟编制中。

**3. 标准体系编码结构**

在标准体系中，对于引用和采用的各类标准不再进行标准编号，直接引用原标准编号。地方环境信息化标准体系的编码将依照《关于加强地方环境标准管理工作的通知》（环发〔1999〕114号）规定进行。

一级编码为省份代号，以单个汉字表示；

二级编码为地方环境标准代码代号，长4位，为"DHJB"；

三级编码为标准顺序号，具有识别标准颁发顺序的作用，以阿拉伯数字表示，使用自然序号；

四级编码为标准发布年号，长4位，以阿拉伯数字表示。

## （二）数据交换服务体系

数据交换服务体系是行业统一的、具有一致性和可扩展性的数据交换及服务共享平台，满足纵向省、市、县和企业数据交换和服务共享，以及各级单位横向应用系统间的数据交换和信息共享需求。

数据交换服务体系包含省、市、县三级数据中心，交换中心以行业内联网为物理传输通道，通过同步和异步两种传输方式实现省、市、县和企业的四级数据交换。

数据交换服务体系纵向通过由行业重点工程已建立的统一异步传输通道（MQ）对省、市、县和企业数据进行非实时交换。根据相关业务系统实时传输的需求，适时对现有传输通道进行扩展升级，建立数据交换的同步传输通道，完善行业的数据交换服务体系。横向通过同步传输通道实现业务系统间的信息集成、互联互通。省厅数据交换服务中心提供的信息服务平台，统一向行业内相关业务系统提供服务访问，满足各级单位对行业信息获取和业务流程的协同。

## （三）数据加工存储体系

数据加工存储体系主要是从数据源采集数据，并对数据进行清洗、整理、加载和存储，构建数据仓库。数据加工存储体系主要包括数据收集、数据整理、数据仓库建设等。数据加工存储体系如图3-34所示。

**1. 数据加工存储体系的组成**

数据加工存储体系主要包括三部分：

数据收集：通过建立数据采集通道，将各个业务系统的数据进行集中和整合，形成数据中心的原始数据。

数据整理：在原始数据的基础上，按数据标准对数据进行过滤、转换、清洗等，形成数据中心的规范数据。

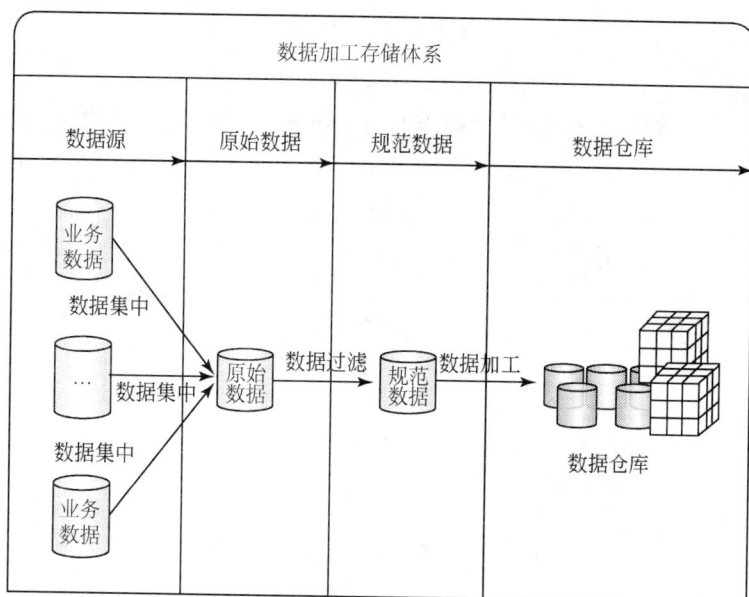

图 3-34　数据加工存储体系结构

　　数据仓库建设：根据不同业务需求对规范数据进行加工，包括指标合并、汇总、分析等，并按主题组织数据，形成数据仓库。

**2. 行业数据中心数据的构成**

　　行业数据中心的数据构成主要有：国民经济信息，基于"数字环保"三大应用体系的由省厅及其各业务部门统一组织的各种应用系统的信息。省级数据中心可以在满足省厅要求的基础上，根据实际需要扩展本级数据中心的信息。

**（四）数据分析应用体系**

　　数据分析应用体系主要是为用户提供数据应用的工具和平台，推进信息资源的有效开发利用，包括为管理、决策提供随需而变的信息查询、报表生成和分析结果展现等，以及为用户的个性分析应用提供工具。数据分析应用体系结构如图3-35 所示。

　　1）数据分析应用功能

　　数据分析应用功能包括动态查询、业务报表、数据分析、数据挖掘、数据监控和数据预警等，概括起来大体上可以描述为强大的查询功能、灵活的报表功能和智能的分析功能。

　　查询功能：完善信息查询和搜索机制，为各级领导和管理人员提供个性化的数据浏览和查询功能；

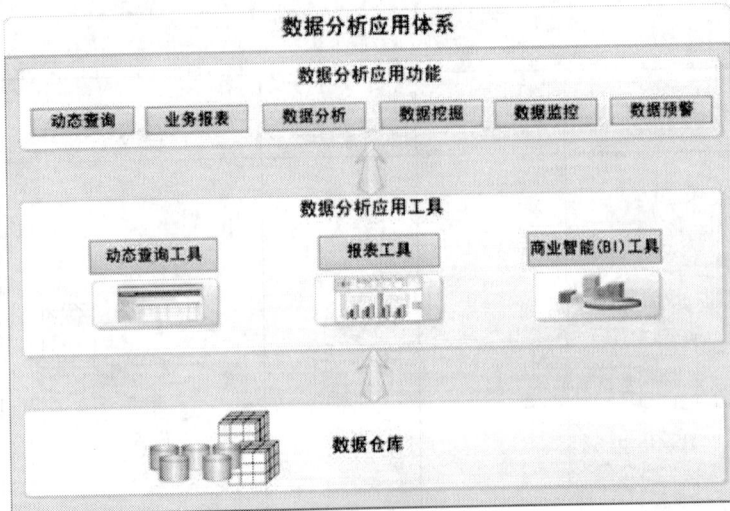

图 3-35 数据分析应用体系结构

报表功能：为各级统计人员和管理人员提供面向数据中心的高效、灵活的报表功能，实现报表制作、报送的随需而变；

分析功能：运用先进的智能（BI）分析工具，为各级专业管理人员提供分析模型，为各级领导决策提供科学依据。

2）数据分析应用工具

数据分析应用工具主要包括动态查询工具、报表编制工具、业务预警和数据分析工具等。

动态查询工具：基于业务指标的，由用户根据工作需要自定制查询条件和查询结果展现方式的数据查询工具；

报表编制工具：完成比较复杂的报表编制并能生成所需报表；

业务预警和数据分析工具：就是运用智能（BI）分析工具，支持复杂的多维分析应用（如多维钻取、展开、旋转、切片、分析、挖掘）和综合分析（如线性分析、回归分析、聚类分析和预警预测分析等）。

（五）信息安全保障体系

行业数据中心建设要高度重视信息安全体系建设，建立严格有效的管理机制和制度，运用先进的安全技术，保证数据中心的安全可靠、运行高效。

信息安全保障体系建设应坚持"积极防御、综合防范"的指导思想，构建以安全策略为核心，以管理、技术和运行维护为支撑的三位一体的保障体系，实现对数据中心的全方位综合性防护，达到保障数据中心安全可靠运行的目标。信息安全管理机制和制度用于在行业数据中心的规划、设计、建设、验收、评测、运行和维护过程中，指导和规范信息安全保障体系的建立，保证行业数据中心的安全，如计算机网络和信息安全技术与管理规范、信息系统安全保护等级与信息安全事件的定级准则、信息安全体系建设指南等。信息安全保障体系的主要功能是依据数据中心的安全保护等级实施不同的安全策略，保证数据的传输安全、数据的存储安全以及数据的使用安全。

数据传输安全

对数据在两级数据中心之间、数据中心与业务系统之间的交换、传输和共享提供必要的安全保障，采用网络负载均衡、链路冗余备份、设备双机热备、边界保护、传输加密等措施，确保数据的完整性和排他性，实现数据传输的安全可靠。

数据存储安全

为数据的加工和存储提供必要的安全保障，采用物理安全保障、环境动态监控、介质载体保护、容灾备份、应急响应等措施，确保数据的保密性、可靠性和可恢复性，实现数据存储的安全可靠。

数据使用安全

对数据在两级数据中心和业务系统中的查询、报表、分析、展现提供必要的安全保障，采用安全域划分、入侵检测、访问控制、数字认证、授权审计等措施，确保数据的准确性、可用性和抗抵赖性，实现数据使用的安全可靠。

## 二、环境数据中心基础运行环境

提供系统运行所必需的硬件，由网络设备和服务器组成。

1）网络设备

基础网络设备由各种网络硬件组成，并通过网管软件对这些设备进行管理，对网络状态进行调整，使网络能正常、高效地运行，使网络中的各种资源得到更加高效的利用，当网络出现故障时能及时做出报告和处理，并协调、保持网络的高效运行等。

2）服务器

服务器是提供网络管理、业务应用和数据服务的核心部件，需要提供 7 天×24 小时不间断的访问服务。服务器系统应具有高可扩展性，当业务量增加或增加新业务时，服务器能以增加节点、处理器、内存等方式提供更高的性能来满足新的需求。

3）软件系统的要求

提供系统运行所必需的软件，由操作系统软件、地理信息系统软件以及数据库管理软件等组成。

4）操作系统软件

服务器端应采用 Windows Server 2003 或更高版本。客户端应采用 Windows XP 或更高版本。

5）数据库管理软件

可采用 Oracle、DB2、Sybase、SQL Server 等关系型数据库管理软件。

6）地理信息系统软件

可采用 ArcGIS、MapInfo 等 GIS 软件。

## 三、环境数据中心数据采集与处理

目前，环境数据在各个环保业务系统中分别存储，其中某些业务数据之间有着密不可分的关联，但是其数据结构却差别较大。因此需要通过一定技术手段将上述各业务系统中共同需要的数据提取出来，并进行分类汇总载入数据库，例如需要将重点污染源在线监控、环境质量监察管理、污染源基础数据采集管理与排污收费等的各项数据进行整合，为环境数据的进一步加工处理打下基础。

数据整合主要是将收集的各项环境管理业务的基础数据进行数据加工处理、数据仓库分析和数据对比、匹配、校核，以解决同一数据来自不同业务的数据冗余和不一致问题。通过数据整合，从源数据库中对业务基本数据按一定的主题、一定的规则进行抽取、清洗、转换，并加载到主数据库中，为数据展现提供支持服务。

ETL 是数据抽取、转换、清洗及装载的过程，是构建数据仓库的重要一环。用户从数据源抽取出所需的数据，经过数据清洗，最终按照预先定义好的数据仓库模型，将数据加载到数据仓库中去。

ETL 过程可以说是数据仓库最为复杂的过程。应根据系统特点建立 ETL 策略，如什么时候进行数据的抽取、抽取完后如何进行汇总和清洗、在清洗完后什么时候加载、抽取的频率有多高、数据的颗粒度有多高以及是否采用 workflow 技术等。ETL 完成时还要进行整个过程的监控及跟踪处理。

### （一）数据抽取

进行数据仓库构建时，确定从系统中选取哪些数据装载到数据仓库中去是一个关键的决策。构建数据仓库须对整个系统进行分析，并决定其中哪些是对决策支持有用的数据。一旦选定了源数据，就要着手考虑如何将它们装载到数据仓库中。

数据抽取程序一般是指搜索整个文件或数据库，使用某些规定的标准，选择合乎标准的数据，并把数据传送到数据仓库中。可以利用抽取功能识别源数据系统中的数据元素，并对元数据进行观察。

通过抽取，可以得到源数据系统的信息，并选取所需的信息进行转换。对于不同时期、不同格式、不同数据库类型的历史数据或操作型数据，必须经过工程性的数据类型的转换，例如，原始的数据可能是文本格式（DAT 文件）数据、电子表格（EXCEL）等，事先经过工程性的数据处理后，使原始数据转换为不同的数据库（ORACLE、SQL SERVER、DB2 等）表。

数据抽取时应考虑如下一些问题：

（1）能对不同时期、不同存储介质、不同数据格式、不同数据库类型、跨操作系统的历史数据或操作型数据进行集成。

（2）当存在多个输入文件时，这些文件的顺序可能是不相同甚至是互不相容的，在这种情况下这些输入文件需要进行重新排序。

（3）当存在多个输入文件时，对这些文件合并之前要首先进行键码解析。这意味着如果不同的输入文件使用不同的键码结构，那么完成文件合并的程序就必须能提供键码解析功能。

（4）从操作型环境中选择数据是非常复杂的。为了判定一个记录是否可进行抽取处理，往往需要对多个文件中的其他记录完成多种协调查询，需要进行键码读取、连接逻辑等。

（5）操作型环境中的输入键码在输出到数据仓库之前往往需要重新建立。在操作型环境中读出和写入数据仓库系统时，输入键码很少能够保持不变。简单情况下，在输出键码结构中加入时间成分；复杂情况下，则整个输入键码必须被重新散列或者重新构造。

（6）需要经常进行数据的汇总。多个操作型输入记录被连接成单个的"简要"数据仓库记录。为了完成汇总，需要汇总的详细的输入记录就必须被正确排序。当把不同类型的记录汇总为一个数据仓库记录时，这些不同输入记录类型的到达次序就必须进行协调，以便产生一个单一记录。

## （二）数据转换

数据转换是数据整合的又一重要问题。例如同一字段在不同应用中有不同的名字，为了保证转换到数据仓库的数据的正确性，就必须建立不同源字段到数据仓库字段的映射。数据转换包括字段类型的转换、字段值的修改、字段的筛选等。

由于数据中心的数据既可以是内部 OLTP 的数据，也可以是外来的数据，它们通常由不同的应用系统生成，数据格式各异，如何实现各个异构数据源的数据整合是数据中心系统必须考虑的问题。本书采用的方法是将异构的数据源统一转换成统一格式的关系型数据库存储在 ETL 服务器，然后再进行 ETL 处理。

源数据直接进入一个格式转换器，格式转换器的设计思想是通过 XML 技术来实现异构数据源的格式统一，通过 XML 格式分析、XML 格式转换、XML 格式生成将异构数据转换为统一格式的关系数据库。在整个格式转换过程中，XML 起到中间数据表示和消息传输的作用。经过格式转换器处理过的数据，就具有了统一的格式，这样大大简化了随后的数据抽取、数据清洗、数据转换等工作。

数据转换时应考虑如下几个问题：

（1）在确定对应关系前，即历史数据或操作型数据已经经过初步处理，必须能保证对应字段之间的一致性，即已经经过了抽取处理。

（2）在数据转换时，数据的列可以通过各种方法进行转换，从而可以在目标表（或文件）中得到所希望的结果。

（3）数据可用多种方法在大小和类型上进行转换。

（4）根据主题中的基础事实表所有字段，逐个在操作型数据表字段中选择、对应、编写字段转换函数。

（5）数据被重新格式化。假设某个操作型系统使用的是不区分大小写格式的文本，而数据仓库需要的是大写格式的文本，这时就需要格式的转换。

（6）在数据元素从操作型环境到数据仓库的数据转移过程中，对数据元素的重命名应该进行跟踪。当一个数据项移动时，往往被改变名字，这样就必须生成记录这些变化的文档。

（7）需要提供缺省值。有时候，数据仓库的一个输出值没有对应的输入源，就必须提供缺省值。

## （三）数据清理

数据的转换过程是和数据清理分不开的，数据转换应该包括数据的清理过程。数据清理包括确认数据的正确性、校正不正确的数据，然后以有效格式转换为正确数据。这些数据可以通过广泛的脚本（在数据集成过程中根据主题的信息自动生成的各维查询函数脚本代码和自动生成的用于实现转换、清理和装载的存储过程的脚本代码）处理语言进行校正。

数据清理时应考虑如下几个问题：

（1）构建清理日志表（LOG-基事实表名），用于进行无效、错误数据的校正。

（2）利用清理日志表（LOG-基事实表名）和清理表（CLEAR-基事实表名）对无效、错误数据进行校正（手动）。

（3）无效、错误数据可以查清理日志表进行校正后再装载。

（4）在某些情况下，为了保证输入的正确性，需要一个简单的算法。在复杂情况下，需要调用人工智能的一些子程序把输入数据清理为可接受的输出形式。

### （四）数据装载

数据装载将经过数据抽取、转换、清理的历史数据或操作型数据和经过校正的数据导入数据仓库。

数据装载应考虑的问题是：

（1）数据装载分为历史数据和操作型数据的装载。

（2）数据装载时，逐条把合法的数据导入目标数据表，不合法的数据则放入清理表，清理表数据经过校正后，重新再装载。

（3）对于历史数据而言，原有的数据一般都有一个工程能对其进行处理，处理得到的数据可能与主题中的基础事实表结构相近，只需作小的变化就可以实现数据转换。

（4）依据一个或多个筛选条件，有选择地将数据装载到一个或多个表中。

（5）产生详尽的错误报告，以便对无效、错误数据进行校正。当被装载到数据仓库的记录中包含与目标表的对应字段的限制不一致的数据时，该记录被称为包含坏数据（即无效、错误数据）。

（6）可能会产生多个输出结果。同一个数据仓库的创建程序会产生不同概括层次之上的结果。

## 四、环境数据中心数据库建设

### （一）元数据库建设

元数据库是服务于数据库的数据库，其存储的元数据是关于数据的描述性数据信息，反映了数据集自身的特征规律，方便用户对数据集的准确、高效与充分开发与利用。通过元数据可以检索、访问数据库，有利于有效利用信息资源。

在进行元数据建设时，需把改造完的数据转入数据库，建立数据服务器，并提交有关文档，包括数据库改造报告、数据字典和使用说明等。

元数据的标准框架主要有以下内容：

（1）管理信息，提供对元数据进行管理所需要的一些信息，包括元数据的作者、元数据编写的日期、元数据最后修改的日期及元数据的状态等。

（2）数据标识信息，包括数据集的作者、主要研究者、数据集的标题、数据集的学科、数据发布日期、数据集持有者及数据来源等。

（3）数据内容摘要，是元数据的核心，是关于数据集的描述，主要描述了数据集的结构、内容以及与学科相联系的数据属性等。它包括数据集所用的语言、数据的性质、数据集的空间属性与时间属性、数据集产生的目的、主要方法、仪器、数据集的主要结论、数据集摘要、质量控制信息、数据集的属性描述、数据集属性关系描述以及相关数据集等信息。

（4）关键词，为了方便查询需要提供若干关键词。

（5）访问信息，是关于如何访问数据集的信息，指如何与数据持有人联系、数据的共享政策、数据访问的限制条件等。一般包括数据存入地点、状态、更新频率、数据存放介质、访问限制及数据量。

（6）参考消息，是编写元数据中所引用的参考文献等引文信息。

## （二）环境业务数据库建设

### 1. 环境业务数据库分类

环保业务数据库包括但不限于：

（1）建设项目环保审批系统数据

（2）排污申报与收费管理系统数据

（3）污染源自动监控和监督性监测数据

（4）环境质量在线监测和常规监测数据

（5）公众监督与现场执法系统数据

（6）环境统计数据

（7）污染源普查数据

（8）总量减排数据

（9）其他生态环境基础数据

环境业务数据库设计规范需参考《环境数据库设计与运行管理规范》（HJ/T 419—2007）中的相关范例与规则。

### 2. 数据表分类

根据环境业务的特点，将数据表分类如下：基础数据表、汇总数据表、基本代码表、辅助代码表、系统信息表、其他数据表。

（1）基础数据表：记录业务发生的过程和结果，如环境统计基表、环境监测数据表。

（2）汇总数据表：存放各个时期内发生的汇总或统计值，如环综表、环境质量中间数据表等。

（3）基本代码表：描述业务实体的基本信息和代码，如区县、流域、海域等。一般有标准或业务规范可依。

（4）辅助代码表：描述属性的列表值。

（5）系统信息表：存放与系统操作、业务控制有关的参数，如用户信息、权限、用户配置信息等。

**3. 命名规范**

根据环境业务数据库常用的数据库表，按以下规范进行命名：

（1）基础数据表：T_Bas_［<数据库标识>］_<表标识>。

（2）汇总统计表：T_Mid_［<数据库标识>］_<表标识>。

（3）基本代码表：T_Cod_［<数据库标识>］_<表标识>。

（4）辅助代码表：T_Cod_［<数据库标识>］_<表标识>。

（5）系统信息表：T_Sys_［<数据库标识>］_<表标识>。

（6）其他数据表：T_Oth_［<数据库标识>］_<表标识>。

为了减少数据冗余，保持数据库数据的完整性（由于数据库模式设计的不合理引起的插入异常、删除异常、更新异常），需要对数据库的模式设计进行规范化。关系数据库中的关系是需要满足一定要求的，满足不同要求的为不同的范式。目前针对关系数据库设计的不同要求分为如下五类范式：第一范式（1NF），第二范式（2NF），第三范式（3NF），BCNF，第四范式。

基于目前大多数企业应用的要求，一般的关系数据库的模式设计达到第三范式（3NF）就可以了，在结合环境保护部数据库设计要求的基础上，对于数据库的模式设计应该达到第三范式（3NF）的要求，但是在某些条件下，考虑效率和实用性等方面的要求，可以适当调整。

## （三）空间数据库建设

空间数据即省或地市级电子地图，包括基础地形数据、地质土壤数据、地区矢量数据、遥感影像、航片资料、遥感动态解析数据等。

针对不同层次和业务人员将空间数据库的建设内容划分为基础空间数据、专题图空间数据。所有空间数据（包括遥感影像数据）采用图层的方式进行管理。

图层代表着特征相同的地理实体在一定空间范围的集合，通常由点、线、面图元构成。图层是数据库应用与数据库管理的联系纽带，正确划分图层是建设图形数据库的重要工作。图层划分的依据主要参照国家及行业有关规定和约定进行。

空间数据库建立之后，建立三个数据集，即基础图形数据集、基础影像数据集和专题图数据集，分别用来存储基础图像数据、基础影像数据和专题图数据，命名分别为：SD_VECTOR_SET、SD_RASTOR_SET、SD_THEME_SET。

## 五、环境资源目录建设

环保数据中心门户向用户提供访问环保数据中心的统一数据资源目录，以规范数据管理、数据应用以及环境数据共享与交换规则，方便选择和自己相关的数据，提高信息访问和使用效率。根据环保数据中心管理的各类环境数据、主题、区域、类型、元数据标准等特征建立数据资源目录，并可以根据需要进行扩充。

数据资源目录以信息资源分类为基础，采用统一的标准对数据资源进行描述，以目录技术、元数据技术和网络环境为支撑，将信息按一定的原则和方法进行区分和归类，并建立起一定的分类系统和排列顺序为环保业务部门和社会公众提供数据资源发现、定位功能以及相关应用。

系统设计以环境保护部《环境信息分类与代码》标准为依据，整体建设符合环境保护部和地方环保局的相关数据标准和规范，对数据资源进行适当的分类和编码，建立科学、合理的环境信息资源目录体系，存放和管理各类环境数据，为信息共享交换提供服务。数据资源目录整体编制从初级目录开始，遵循从粗到细、从浅入深的编制原则。

从 SOA 架构出发，数据资源目录体系可以表示为如图 3-36 所示的服务模式。

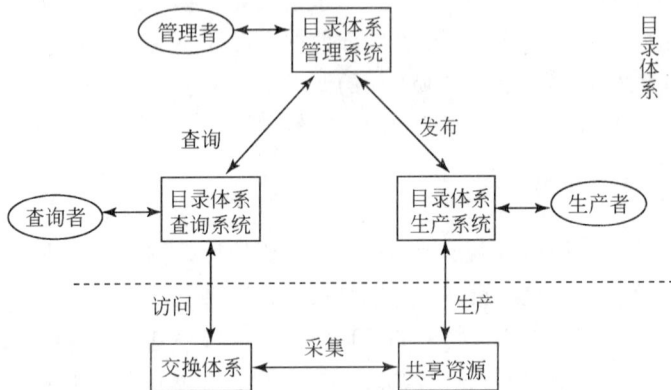

图 3-36　数据资源目录体系服务模型

一个完整的数据资源目录体系的服务模型由三方组成，即目录生产者、目录管理者和目录使用（查询）者。

（1）目录的生产者是各数据资源业务部门或管理部门，他们负责对本部门产生的数据资源进行元数据编目，将编目数据保存在本部门的元数据库中，然后通过注册机制，将本部门的元数据注册到目录管理者的目录系统中。

（2）目录的管理者根据各种分类体系构建相关的目录库，审核生产者提交的元数据，并将其列入相关目录下发布，同时维护和管理目录库，以及整个目录体系。

（3）目录的使用（查询）者通过目录体系提供的查询和检索工具，查询所需的目录信息，并根据目录信息的指引，在一定的权限范围内访问相关的数据资源。

根据《信息资源元数据标准》、《环境信息分类与代码标准》和《信息资源标识编码规则》等资源内容管理标准，建立数据资源目录，存放和管理各类数据，实现目录服务的创建、维护、检索、管理等功能，为信息共享交换提供服务。

数据资源目录将按照分级管理的原则，根据安全级别和权限设置，涵盖相关业务部门的数据库目录，列明各部门的信息条目，细化部门内部、部门之间的数据交换内容和方式。此外，还要建立内容更新机制，实时更新数据，以满足各业务系统的数据调用需要。完善的数据资源目录将有助于提高各环保业务部门的工作效率和决策科学性。

## 六、环境数据中心数据分析与统计

实现各种环境质量和污染源数据的综合查询、统计分析（各种均值、变化趋势、同比环比、总量计算和汇总等）、数据挖掘等功能，实现不同数据源数据的业务协同分析与利用，实现环境质量和污染源之间的联动数据分析，分析污染源对环境质量的影响，分析环境质量变化时的造成原因。查询分析要求能够以表格和各种图表形式表达，支持多点位、多污染因子选择，支持按河流、行政区、时间段等多种汇总分类方式，支持报表输出 excel 等格式。

### 1. 污染物总量统计分析

可以按照日期、行政区域、企业类别等条件查询企业的总量计划数据；对总量削减计划数据进行统计，根据时间段、行政区域等统计设定范围的污染物排放总量，总量信息可以与数据库中历史相同时段对比，形成对比分析图，为日常工作节省时间，提高工作效率。

对于企业污染物按时间、行政区划、污染物类型等条件进行统计，统计值可包括总量值、历史对比值等等。

### 2. 水环境质量统计分析

系统利用各项监测数据可对水环境质量进行分析，包括河流、湖库、饮用水源地等水环境质量的监测因子和环境质量变化情况之间的关系进行分析，从而为环境管理人员提供准确、可靠的决策依据。同时，数据中心通过集中数据发布门户可将水质信息及时发布，便于公众实时了解与自身关系紧密的水质状况，为水质的不断改善提供监测管理、评价与公众自觉维护、监督的平台。

### 3. 空气环境质量统计分析

建立空气环境质量分析模型，利用各项监测数据，分析计算全省总体大气环境空气质量，以图和数据列表相结合的方式进行直观表达。系统通过对二氧化硫、二氧化氮、可吸入颗粒物、臭氧、降尘等各项监测数据的平均值、超标率等进行对比分析，分析计算总体大气环境空气质量，分析结果以专题图、数据表格等多种形式展示。

可以按监测点统计各项目的日均值个数、最小值、最大值、平均值、超标率、最大值超标倍数。可形成空气质量监测结果比较，如按下属单位或测点统计各项目达标情况，按下属单位或测点，按年、月、季对比分析二氧化硫、二氧化氮、可吸入颗粒物浓度的当前值、前期值、变化率。

## 七、数据中心管理平台

管理平台作为各应用子系统、模块、功能的组织框架，通过统一的服务器集中管理用户的身份验证和权限管理，保证各个应用系统的授权用户在此环境内登录一次就可以使用所有相关联的应用程序。平台管理向系统维护人员提供统一的系统管理控制台，提供系统相关维护功能，实现对平台的管理、配置和监控。

### （一）系统功能配置

维护平台门户菜单布局，能够灵活地隐藏和添加菜单项，定义菜单项与功能模块 URL 的关系。

### （二）系统运行日志

日志分为功能日志和系统日志。功能日志是对系统中一些重要操作的记录，日志中需要记录操作人员、操作时间、操作的功能模块的名称以及用户所执行的操作等信息。同时，提供日志信息检索和展示功能，实现对日志的记录和查询功能。

功能日志在数据库中保存，并提供公共的 API 接口来实现日志的记录和查询功能。在每一个业务实现的时候，系统都要调用功能日志的 API 接口来添加功能日志。

系统日志主要是在操作系统和数据库级对系统访问的记录。操作系统会记录对用户系统的访问，分为系统日志、安全日志等。数据库系统也会记录对数据库的访问。系统管理员和数据库管理员需要定期检查系统安全日志。

### （三）用户信息维护

提供用户信息增删改、查看和检索功能，可根据平台应用需要，扩展用户信息域。

### （四）系统权限管理

系统能对用户的身份进行认证，以保证用户的合法性。然后在此基础上，根据每个用户在环境数据中心中担当的不同角色，再对其权限进行管理，使不同级别的用户在应用系统中具有不同粒度的功能权限，通过访问控制机制来控制用户的访问和操作。

**1. 用户身份认证**

要求用户在使用系统时首先输入用户名和密码，以便计算机确认该用户的真实身份、防止冒名顶替，以此作为权限管理的基础。

**2. 用户权限管理**

当用户已被系统接受并被注册登录到系统后，要求调用程序和数据时，权限管理模块核对用户权限，根据用户对该项资源的权限控制对其进行存取。

**3. 用户识别系统**

除具备数据访问的身份认证和权限管理外，系统还提供安全标记、访问控制、可信路径、安全审计、剩余信息保护等功能的用户识别系统，授权用户对资料的访问，防止越权访问或未授权的有意或无意地泄露、修改或破坏数据。具体功能如下：

1）安全标记

安全标记被分成若干个级别。数据的标记称为密级（security classification），用户的标记称为许可证级别（security clearance）。在计算机系统中，每个运行的程序继承用户的许可证级别。也就是说，用户的许可证级别不仅应用于用户，而且应用于那个用户运行的所用程序。

基于与每个数据项和每个用户关联的安全标记，系统可进行强制性访问控制。强制性访问控制分为以下两种：

在单一计算机系统上或网络环境的多机系统上运行的单一数据库管理系统，访问控制所需的敏感标记存储在统一的数据库字典中，使用单一的访问规则实现。

在网络环境的多机系统上运行的分布式数据库系统，全局应用的强制访问控制应在全局数据库管理系统层面上实现，局域应用的强制访问控制应在局部数据库管理系统层面上实现，其所采用的访问规则是一致的。

2）访问控制权限

所谓访问控制权限是指不同的用户对于不同的数据对象允许执行的操作权限，由它指明数据对象被授予的操作类型、授权粒度（例如表、列或者行等）。

系统设有访问控制权限，对不同的用户进行不同数据库的访问控制，同时删除不用的数据库用户，控制非法用户对数据库系统的访问，对数据库用户的密码严格保密，不被不相关的人员非法获取，为数据库系统设置防火墙，将数据库系统设置到防火墙以里，利用防火墙的安全访问控制策略，分别控制不同的用户、IP 对数据库系统的访问级别。

3）可信路径

在用户进行注册或进行其他安全性操作时，应提供数据库与用户之间的可信通信通路，实现用户与数据库的安全数据交换。

4）用户权限查询

提供用户权限查询功能，查询方式包括以用户为单位和以权限为单位。以用户为单位是指查看用户拥有哪些权限，以权限为单位是指查看权限被授予了哪些用户。

## （五）用户访问审计

审计是普遍使用的检验安全方案的安全性机制，它可以保证系统的合法用户能完成他们应该从事的工作，同时又可以限制他们对权限的滥用。通过审计，企业可以跟踪用户的活动，从而发现安全性的漏洞。而且，用户如果知道他们正受到跟踪，他们也不愿意滥用他们的权限。因为传统的审核将产生大量的数据，因此也很难发现其中有用的信息，往往是最后出现安全事件的时候再去查找审计记录。审计方案一方面要对于敏感数据的各种访问如查看、修改等操作进行审计，另一方面也可以基于各种具体的值来进行，这种精细审计的好处一是维护了数据的完整性，二是不会生成大量的审计记录，从而能够保持系统完整审计而又不至于影响系统的性能和生成额外的审计记录。

管理员登录资源中心（TIRC），在资源中心上有对全网信息的多维度监控功能，功能包括：实时监测各服务节点（TI）上提供服务的列表及类型、服务在线状态、各服务开放用户数量、排队数量、一定周期内的实际访问数量、响应请求的数量、平均响应时间和返回数据总量、成功/失败率及高峰时间段、低谷时间段等。

平台的服务节点全网存储服务信息、权限信息，能够对请求方的身份做认证，对符合身份认证的请求给予响应。可以通过跨不同节点请求本地、本省的不同权限服务做身份认证校验。请求方需要访问发布的服务，实际是访问一个发布服务的服务代理，代理在收到访问请求后，首先解析请求所携带的服务 ID 与请求 ID，到组织机构代码表中去认证请求方是否有权限访问相关的服务，如果没有权限，直接给请求方返回访问失败的信息。

操作员登录到本级服务节点通过浏览日志方式，获取对于本级请求、服务响应时间的审计。通过分析日志信息，全网了解节点信息、请求、服务响应事件等。

操作员登录服务节点监控中心（TIMC），监控中心有多维度统计功能，包括：根据服务节点在线率、服务节点上的服务在线率、提供数据量（流出的数据量）、请求数量、请求的数据量（流入的数据量）、提供服务数量等要素对服务节点运行情况进行统计考核，并提供报表、图形等多种统计结果展示，同时提供打印等配套功能。

系统提供用户访问审计功能，记录用户访问系统情况，包括登录时间、退出时间、访问功能、访问数据和访问时间等；

提供审计日志的浏览和查询功能，可以用户、时间、功能等为条件进行日志查询；

提供审计日志统计分析功能，以报表和图表的形式，从不同角度展现系统访问情况。

在系统中，一般审计范围包括操作系统和各种应用程序。

操作系统审计子系统的主要目标是检测和判定对系统的渗透及识别误操作。其基本功能为：审计对象的选择，包括用户、文件操作、操作命令等；审计文件的定义与自动转换；文件系统完整性的定时检测；审计信息的格式和输出媒体；逐出系统、报警阈值的设置与选择；审计日志记录及其数据的安全保护等。

应用程序审计的重点是以针对应用程序的某些操作为审计对象进行监视和实时记录，并据记录结果判断此应用程序是否被修改和安全控制，是否在发挥正确作用；判断程序和数据是否完整；依靠使用者身份、口令验证终端保护等办法控制应用程序的运行。

# 第五节　环境数据交互与共享平台建设

## 一、环境数据交互与共享平台系统框架

环境数据交互与共享平台系统的基本组成和运行方式如图 3-37 所示。

在应用系统进行数据通信时，应用进程通过接口函数，将消息放入消息队列中。核心进程从消息队列中取出消息，根据消息中的接收者的名字，通过 TongLINK/Q 之间建立的数据通道，将该消息传送到接收者所在核心。接收者所在的核心收到消息后将消息写入消息队列中，接收应用进程通过调用的接口函数，从消息队列中取出消息。至此，一个消息传递完毕。

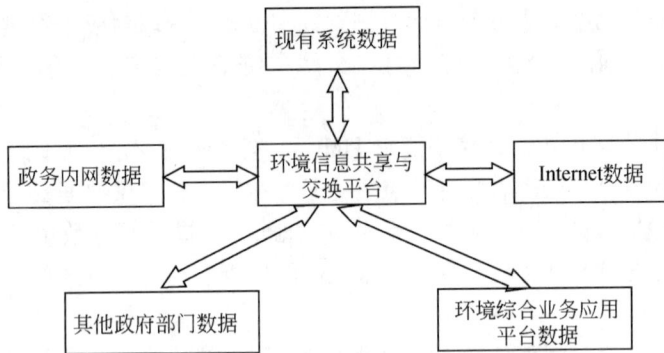

图 3-37　环境信息交换体系结构

**1. 系统核心**

系统核心由以下几部分组成，包括核心程序、代理程序、用于信息登记的共享内存和记录系统运行信息的日志。

**2. 核心程序**

核心程序由一组守护进程构成。核心程序主要工作是建立、维护、监控数据通道；从应用队列中取出要发送的消息，通过数据通道将消息发送出去；从数据通道中接收消息，将消息通过数据通道进行转发或写入本地的应用队列，提交给本地的应用进程。对于需要可靠传输的消息，进行传输过程跟踪登记，根据网络情况和主机情况保证消息的可靠传递。

**3. 代理程序**

代理程序由一组依赖于核心程序，同时能够分担核心程序负载的进程组成，主要包括监控代理、客户方代理和发布订阅代理。代理程序负责接收特定客户程序的请求，如远程监控发来的请求、瘦客户端请求等，并进行分析，将需要核心完成的工作通过特定接口交给核心，并将请求处理结果返回给客户程序。

## 二、环境数据交互与共享标准规范

平台提供环境保护部业务信息系统间交换和共享的规范化文件格式，建立信息交换标准，包括环境保护业务所涉及的文件格式和相关标准，规范不同业务的数据类型，包括数据元、元数据、信息分类与编码、地理信息和数据库等，以实现跨部门、跨系统的信息资源共享，以便基于环保行业知识获取决策支持数据。

可扩展置标语言（eXtensible Markup Language，XML）是由互联网联合组织（World Wide Web Consortium，W3C）于 1998 年 2 月发布的一种标准，它是一种数据交换格式，允许在不同的系统或应用程序之间交换数据，通过一种网络化的处理机构来遍历数据，每个网络节点存储或处理数据并且将结果传输给相邻的节点。它是一组用于设计数据格式和结构的规则和方法，易于生成便于不同的计算机和应用程序读取的数据文件。

这使得 XML 具有以下特性：

——通过使用可扩充标记集提供文档内容的更准确说明

——可用标准化语法来验证文档内容

——使用户与应用程序之间文件交换更容易

——支持高级搜索

——将文档结构与内容分开，易于用不同形式表现相同内容

——XML 改进用户响应、网络负载和服务器负载

——XML 支持 Unicode

XML 还有其他许多优点，比如它有利于不同系统之间的信息交流，完全可以充当网际语言，并有希望成为数据和文档交换的标准机制。

由于 XML 具有以上诸多特性，使得它的实际应用范围十分广泛。采用基于 XML 的网络管理技术，采用 XML 语言对需交换的数据进行编码，为网络管理中复杂数据的传输提供了一个极佳的机制。XML 文档的分层结构可以对网络管理应用中的管理者-代理模式提供良好的映射，通过 XSLT（Extensible Stylesheet Language Transformations）样式表可以对 XML 数据进行各种格式的重构和转换，加上 XML 已经被广泛应用于其他领域，各种免费和商业的 XML 开发工具发展异常迅速，因此使用 XML 来定义管理信息模式和处理管理信息十分便利。

## 三、环境数据交换接口建设

提供一套可靠的数据接口服务，可以用于新建欲挂接上该接口配置管理的系统或模块的接口部分的开发，也可以用于开发已建系统与使用该接口配置管理的系统间接口适配器的开发，主要包括接口文档模板、编译注册器、消息格式转换服务、接口文档管理、数据源管理、数据路由管理、接口查询发布和 API 服务。

接口开发支持功能主要为整个应用整合、数据共享平台的建设和二次开发服务，通过接口开发支持数据交换平台的建设者或其他第三方建设者很容易开发出接入数据交换系统的适配器（接口已具有个性化数据集成功能），从而把自己的应用系统和数据交换系统进行集成，进而完成了和其他系统的数据交换和共享。

数据接口服务向各应用软件系统屏蔽数据存储的具体细节，使各应用软件调用数据时，只需面对统一数据访问接口而无需清楚数据具体存储结构，这既提高了软件的健壮性也避免了重复开发。

## 四、环境数据交互与共享平台功能建设

环境数据交互与共享系统主要功能如下：

（1）提供端到端的实时通信服务。应用不必关心网络路由和其他的网络细节，使网络的建立与网络的物理联结无关。

（2）提供端到端的可靠传输服务。适用于分布式环境下各种不同类型的应用开发，特别是对通信的可靠性要求较高的应用，提供多层次的异步通信机制。相互通信的应用具有时间上的不相关性，发送方在发送数据时接收方应用可以还未启动。

（3）提供简单易用、高效可靠的分布式应用系统的开发平台，用户身份认证管理、数据共享业务应用等。通过基于用户身份认证实现不同数据共享应用，可分为政府版（为其他政府部门提供数据共享）和公众版（基于 Internet 为公众提供数据服务），并提供嵌入功能，使数据共享可嵌入其他平台使用。

（4）提供分布式应用的管理平台内部与环境综合业务系统统一登录。对交换数据进行共享、编辑、审核、发布等操作，在应用、系统、网络从失效到恢复正常状态后能够接续原来的工作，保证一次传送，可靠到达。

**1. 实现与现有系统的数据交换**

与现有系统的数据交换，使市环保局先建设、运行的所有系统均可实现与综合业务平台进行数据交互。数据交换能够在技术上提供一个标准化的平台，建立安全、高效的信息传递和管理体系，整合现有以及将来可能要出现的环保业务及政务信息资源，为环保局提供信息交换的主干道，实现各种应用系统、异构数据库、不同网络系统之间的信息交换。

**2. 实现与其他部门的数据交换**

通过统一的数据交换接口，搭建与其他部门不同数据结构间环境数据在各自应用系统中的互用。

市局与国家及省、区县环保局、企业、流域及区域、应急移动指挥车之间联网互动，实现环保系统内各部门的横向数据交换以及上下级单位间的纵向数据交换，设立专门的数据交换页面，方便其他政府部门通过交换平台获取所需信息数据。

**3. 实现与 Internet 的数据交换**

方便企业和市民通过 Internet 获取环境信息数据。

**4. 实现政务内网与综合业务信息框架的交换**

通过手动方式进行政务内网与环境综合业务平台的数据交换，保障政务内网信息安全。

# 第六节　环境信息安全保障建设

## 一、环境信息安全保障的意义

随着新技术的不断发展，越来越多的高新技术和产品进入环境信息化应用领域，给环境信息安全保障工作带来了许多新的挑战。一段时间以来，通过对大量的地方环境信息化应用实际案例分析后发现，高新技术产品在要害部门的应用呈现出更新速度快、使用范围广的特点，信息化高速发展和应用给环境信息安全保障工作带来了许多不容忽视的隐患，应该引起有关部门的重视。

环境信息安全的意义会随着"应用视角"的变化而变化。比如：从用户（个人、企业等）的角度来说，他们希望涉及个人隐私或商业利益的信息在环境信息网络上传输时受到机密性、完整性的保护，避免其他人或对手利用窃听、冒充、篡改、抵赖等手段侵犯用户的利益，同时也避免其他用户的非授权访问和破坏。从管理者角度说，他们希望使用者通过层级的授权对环境信息的访问、读写进行控制，并尽量避免出现病毒、非法存取、拒绝服务、网络资源非法占用和非法控制等威胁，有效防御网络黑客的攻击，同时希望对非法的、有害的或涉及国家机密的信息进行过滤和防堵，避免机要信息泄露，避免对社会产生危害，对国家造成巨大损失。

从本质上来讲，环境信息安全保障工作是通过安全制度、措施等一整套体系方案的建设和应用，对环境信息的数据进行保护，不因偶然的或者恶意的原因而遭到破坏、更改、泄露，保障系统连续可靠正常地运行，网络服务不中断。广义来说，凡是涉及网络上环境信息的保密性、完整性、可用性、真实性和可控性的相关内容都是环境信息安全所需要关注的。环境信息安全涉及的内容既有技术方面的问题，也有管理方面的问题，两方面相互补充，缺一不可。技术方面主要侧重于防范外部非法用户的攻击，管理方面则侧重于内部人为因素的管理。如何更有效地保护重要的环境信息数据、提高系统整体的安全性已经成为管理者必须考虑和解决的重要问题。

## 二、环境信息物理安全

环境信息物理安全属于环境信息安全保障体系的最底层。如果没有有效的环境信息物理安全策略，后果是灾难性的。环境信息物理安全通常包括：计算机、设备、设施、线路、电源、中继站、机房、终端等内容。任何一个环节不安全，都会影响环境信息的正常、正确传递。

通常使用专网等物理隔离策略实现物理安全，所谓"物理隔离"是指内部网不直接或间接地连接公共网。物理安全的目的是保护路由器、工作站、网络服务器等硬件实体和通信链路免受自然灾害、人为破坏和搭线窃听攻击。只有使内部网和公共网物理隔离，才能真正保证环境信息不受来自互联网的攻击。此外，物理隔离也为内部网划定了明确的安全边界，使得网络的可控性增强，便于管理。

通常也通过在网络中增加防火墙、防病毒系统，对网络进行入侵检测、漏洞扫描等。由于这些技术的极端复杂性与有限性，这些在线分析技术通常很难响应环境私有数据安全要求。而且，此类基于软件的保护是一种逻辑机制，对于逻辑实体而言也有可能被黑客或内部用户操纵。正因为如此，我们的涉密网不能把机密数据的安全完全寄托在用概率来做判断的防护上，必须有一道绝对安全的大门，保证涉密网的环境信息不被泄露和破坏，这就是物理隔离所起的作用。

## 三、环境信息安全管理制度

地方环境信息化的安全管理制度，应在国家相关法律、法规、规定基础上，进行定制并发布。1996 年 6 月 1 日起，国家环境保护局发布了环境保护工作中国家秘密及密级具体范围的规定。

同时属于保密范围的各类环境监测数据、资料、成果，应当按照国家有关保密的规定进行管理。国家保密局 2000 年 1 月 1 日起颁布实施的《计算机信息系统国际联网保密管理规定》第二章保密制度第六条规定："涉及国家秘密的计算机信息系统，不得直接或间接地与国际互联网或其他公共信息网络相连接，必须实行物理隔离。"许多机构要求有效地保障机密数据，防止通过内部环境与外界敌对环境之间的物理联系而遭受网络侵袭。

目前各地方环境信息化发展水平不均衡，建议各级地方环境信息管理部门在对保密政策深入理解的基础之上，制定符合自身需求的环境信息安全管理制度，制度应包含但不局限于以下指导性管理原则：

物理设备管理、网络相关管理（通常包含拓扑结构、访问控制、IP 地址等）、操作系统管理、业务系统管理、服务器管理、备份管理、权限管理（系统权限、远程访问权限）。

## 四、环境信息安全管理措施

环境信息安全管理措施，是基于环境信息安全管理制度，各地方环境保护局所应采取的切实可行的环境信息安全管理的具体实施方法，例如：

### 1. 物理设备管理

任何人未经允许不得对业务系统所包含的软硬件进行访问、探测、利用、更改等操作。

### 2. 网络相关管理

（1）网络物理结构和逻辑结构定期更新，拓扑结构图上应包含 IP 地址、网络设备名称、专线供应商名称及联系方式、专线带宽等，并妥善保存，未经许可不得对网络结构进行修改。

（2）网络结构的改变，必须提交更改预案，并经过批准方可进行。

（3）妥善保管现有的网络访问控制列表，其中应包含网络设备及型号、网络设备的管理 IP、当前的 ACL 列表、更新列表的时间、更新的内容等。

（4）妥善保管现有网络设备清单，包括供应商及联系人信息、设备型号、IP 地址、系统版本、设备当前配置清单。

（5）定期检查设备配置是否与业务需求相符，如有不符，申请更新配置。

（6）妥善保管现有 IP 地址清单，其中应包含服务器型号、操作系统版本、是否支持远程登录及远程登录方式、IP 地址、子网掩码、网关、dns 信息。

（7）实时更新 IP 地址清单，并制定检查计划，如有多余的 IP，及时清理和更新。

**3. 操作系统管理**

（1）操作系统安装过程必须遵循操作系统安装部署规定。

（2）不得安装与业务系统无关的其他系统功能和服务。

（3）定期检查操作系统的端口开放情况，并维护操作系统端口开放列表，制定定期检查端口计划。

（4）安装完成后必须完成补丁的安装。

（5）操作系统的重要补丁应及时更新，其他补丁可定期更新。

（6）维护域账号及每台系统的权限清单，其中应包含 IP、操作系统版本、系统账号及权限分配、安全组。

（7）每个用户只能使用自己的账号，如需权限，填写申请表。

（8）制订计划定期检查系统日志是否正常工作，日志审核是否开启。

**4. 业务系统管理**

（1）建立并维护业务系统运行清单，其中应包含操作系统版本、IP 地址、业务系统及版本、业务系统供应商及联系方式、异常记录、更新记录、检查记录。

（2）制订计划对业务系统的健康检查。

（3）及时报告业务系统存在的任何异常情况，并记录。

（4）开启业务系统的日志并定期检查。

（5）维护业务系统账号及权限列表，其中应包括操作系统版本、IP 地址、业务系统版本、账号、权限及账号和权限变更记录。

（6）文件管理分为三个等级，即秘密、机密、绝密，并通过权限进行管理。

（7）机密级别的采用加密方式管理。

（8）定期做好备份，每个人的机密数据自己负责备份，部门的机密数据由部门负责人指定人员备份。

（9）对业务系统的版本定期进行检查，与供应商定期沟通是否有新版本需要更新。

（10）更新版本前做好备份，并测试备份的可用性和可靠性。

**5. 服务器管理**

（1）维护和更新服务器清单，其中应包含服务器型号、供应商及其联系方式、采购时间、维修记录、更换零部件记录、IP 地址、业务系统等。

（2）制定服务器检查计划，对超过 5 年的服务器应缩短硬盘和数据的备份时间间隔。

**6. 备份管理**

（1）对备份软件的操作应形成文档。

（2）制定备份计划，并选择在业务相对空闲时进行备份。

（3）对异常情况进行记录。

（4）维护备份列表。

（5）备份完成后，测试数据备份的可靠性。

**7. 权限管理**

（1）远程访问必须采用加密方式，如 ssh 和 vpn。

（2）如发现有其他方式被允许或可能被允许登录，必须第一时间报告。

（3）通过 Key 或者数字证书进行身份验证。

（4）定期检查和核实登录权限的分配是否与业务需求和系统管理相符。

（5）维护远程访问账号列表。

# 五、环境信息安全管理方案建议

ISO 27001 信息安全管理体系是信息安全业内广泛认可的标准，是具有良好操作性的实施方案，各地方环境保护局应以 ISO 27001 为蓝本，制定自己的环境信息安全管理方案。

现在，ISO 2700：2005 标准已得到了很多国家的认可，是国际上具有代表性的信息安全管理体系标准。目前除英国之外，荷兰、丹麦、澳大利亚、巴西等国已同意使用该标准，日本、瑞士、卢森堡等国也表示对 ISO 2700：2005 标准感兴趣，我国的台湾、香港也在推广该标准。许多国家的政府机构、银行、证券、保险公司、电信运营商、网络公司及许多跨国公司已采用了此标准对自己的信息安全进行系统地管理。其管理模型如图 3-38 所示。

由图 3-38 可见整个管理流程的源头是信息安全要求和期望，那么信息安全要求和期望又来自哪里？ISO 27001 给出的答案如下：

信息是需要采取措施加以保护的重要资产，但在具体采取安全措施之前，先明确自己的安全需求，需要保护哪些信息资产？需要投入多大力度？应该达到怎

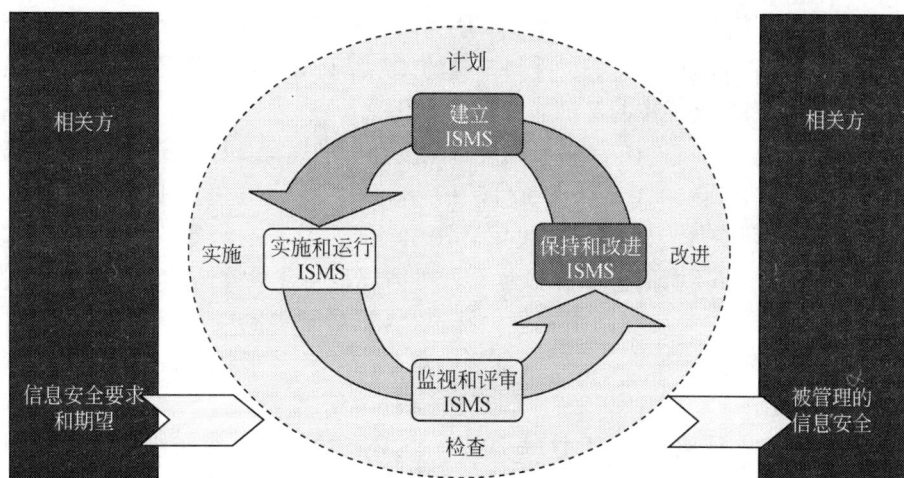

图 3-38　环境信息安全管理模型

样的保护程度？这些都要通过需求分析来加以明确。一般来讲，环境信息安全需求有三个来源：

（1）国家法律法规与合同条约的要求。与信息安全相关的法律法规是对组织的强制性要求，地方应该对现有的法律法规加以识别，将适用于组织的法律法规转化为组织的信息安全需求。这里所说的法律法规有三个层次，即国家法律、行政法规和各部委及地方的规章与规范性文件。

（2）原则、目标和规定。从地方自身需求出发，明确自己的信息安全要求，确保支持业务运作的信息处理活动的安全性。

（3）风险评估的结果。除了以上两个信息安全需求的来源之外，确定安全需求最主要的一个途径就是进行风险评估，对环境信息的保护程度和控制方式的确定都应建立在风险评估的基础之上。风险评估是信息安全管理的基础。

对于第一类强制性要求一般都是被抄录在环境信息安全管理制度中，第二类要求一般都是管理者意识的体现，第三类要求是现在信息安全实施方案的核心工作。作为环境信息安全管理者，应具备风险驱动、持续改进的意识，并不断完善信息安全管理方案和坚持贯彻执行。

# 第七节　环境信息制度建设与人才培养

## 一、环境信息制度建设必要性

经过多年的发展和投入，目前我国已经初步建立国家、省、市三级环境信息管理机构，形成了以环境保护部信息中心为网络中枢、以省级环境信息中心为网络骨干、以城市环境信息中心为网络基础的体系结构。各级环境信息中心初步具备了开展环境信息化工作的基础能力和基础设备。

各级环境信息中心制定了一系列规章制度和标准规范。原国家环境保护总局发布了《环境信息化"九五"规划和2010年远景目标》、《国家环境信息"十五"指导意见》、《环境信息管理方法》、《环境信息标准化手册》等一系列文件和标准规范。各省、市环境信息中心出台了《机构规范化建设实施方案》、《信息收集共享管理办法》、《局域网络管理办法》、《机房管理制度》等规章制度。自2007年起国家陆续推出了一系列信息基础规范，如《环境污染源自动监控信息传输、交换技术规范》（HJ/T 352—2007）、《环境信息术语》（HJ/T 416—2007）、《环境信息分类与代码》（HJ/T 417—2007）、《环境信息系统集成技术规范》（HJ/T 418—2007）和《环境数据库设计与运行管理规范》（HJ/T 419—2007）等。这些规章制度和标准规范促进了环境信息化工作规范化、制度化。

虽然环境信息化发展粗具规模，但环境信息化建设、运行和管理机制不顺，缺乏统一的标准和规范，尚未形成全面完备的环境信息化管理制度，信息化建设各自为政，信息孤岛、数出多门的现象比较突出，信息安全保障体系滞后，信息化运行管理体系还不健全。环境信息制度显著的两方面问题：一是环境信息制度不完整、不科学，缺乏规范、合理、全面的方法；二是环境信息制度流于形式，缺乏必要的监督、管控约束。

因此，急需建立完备的环境信息制度，包括设备和资源的保管、维护、使用制度，经费投入和保障机制，科学评价与反馈机制，来确保环境信息的安全高效管理。

## 二、环境信息制度建设原则

### 1. 因地制宜、量身定做

环境信息制度的建设，要根据各地环境信息管理部门的实际情况和存在的问题来制定相应的信息制度，不能生搬硬套。不能盲目套用其他单位相关制度，应切实分析自身实际情况，采取有针对性的措施，制定合理化、科学化的环境信息制度，保障环境信息建设。

### 2. 全面规划、科学指导

环境信息管理存在很多问题，而且问题之间存在一定的关联。环境信息制度的建设需要进行全面的规划，采用科学的指导方法，全盘考虑信息制度内容，全面覆盖环境信息管理的各个流程和环节，同时也使制度在不断执行过程中得以完善。

**3. 责任清楚、目标明确**

环境信息制度要有明确的目标，划清责任范围，这样才能具有针对性，做到有的放矢，体现环境信息制度的完整性、科学性和合理性。

**4. 奖惩分明、措施到位**

完整的环境信息制度必须包含明确的奖惩措施，为切实执行相关制度提供正、负两方面的保障，使环境制度措施能得到更加到位的执行。

## 三、环境信息制度建设内容

环境信息制度的内容一般应包括：制度的目标（制定本项制度的目的）、范围（制度的适用范围）、职责（制度涉及的人、部门的任务和职责）、具体的规定（制度要约束的具体内容）、奖惩（对违反和维护制度的人、部门的奖励和惩罚具体内容）等。具体包括以下内容：

➢ 环境信息化基础架构、信息化组织管理制度
➢ 环境信息系统基础设施、硬件环境管理制度
➢ 计算机机房管理制度
➢ 计算机设备管理制度
➢ 环境信息网站管理制度
➢ 环境信息网络管理制度
➢ 环境信息系统应用管理制度
➢ 环境信息安全管理制度
➢ 网络安全权利制度
➢ 电子邮件使用管理制度
➢ 环境数据安全备份管理制度
➢ 环境信息监管制度
➢ 环境信息公开制度
➢ 环境信息资源管理制度
➢ 环境数据编码管理制度
➢ 环境数据收集管理制度
……

## 四、人才培养

推动环境信息化建设与发展，人才是根本。从战略高度培养和造就一大批具有应变能力、高水平、高素质的环境信息化应用人才，是环境信息化建设的关键所在。

近年来，环境信息化日益受到国家及各级部门的高度重视，信息化建设蓬勃发展。然而与信息化飞速发展相悖的是信息化人才的严重缺乏，这是当前面临的一个严重的现实问题，必须打造一批高品质、专业化、创新应用型专业人才，以缓解此类人才紧缺的现实。

环境信息化建设需要大量的复合型人才，他们既需要掌握现代信息技术，具备收集、整理、分析信息的能力，又需要精通管理的原理和方法，具备决策、协调、领导、沟通等才能，还需要对环境保护和规划有科学的分析和管理能力。由于缺乏这方面的复合型人才，无法对环境信息化进行科学规划和建设，这自然影响了环境信息化的发展。因此尊重信息化人才成长规律，以信息化项目为依托，培养高级人才、创新型人才和复合型人才是环境信息化的必要手段。

环境信息人才的培养是环境信息制度制定、执行和管理的核心内容。应大力加强各级环境信息管理人员的培训和管理，不断提高各级环境管理工作人员和环境信息技术人员的工作能力和技术水平。

同时各部门应进一步加大环境信息队伍建设的力度，切实采取有效措施稳定队伍，避免专业人才流失。走培养和引进相结合的环境信息人才发展道路，逐渐形成一支思想觉悟高、业务能力强、技术过硬、相对稳定的环境信息技术队伍。

# 第四章　环境监控与预警体系建设

## 第一节　水环境自动监控系统建设

### 一、系统概述

我国水环境规模化监测起步于 20 世纪 70 年代，几十年来，已经形成了完整的监测技术和规范，对研究我国流域水质变化具有重要的价值。随着环境保护形势的发展，每月一次的手工监测已不能满足环境管理工作的需要，因此水环境自动监测应运而生。经过近 10 年的不断发展，水环境自动监测技术已经成熟，自动监测设备性能及数据准确性能够满足环境监管的要求。水环境监控由人工操作为主向自动化、智能化和网络化为主的监控方向发展已成趋势。

### 二、建设目标

实现水环境 24 小时连续自动监测，并与环境监控中心联网。自动监控软件能够实时接收、存储、显示实时数据及历史数据，并根据工作需要自动对数据进行统计、分析，形成所需要的各种报表。系统同时应具备对自动监控设备的远程控制及管理功能，前端设备故障等运行情况信息能实时反馈，并具备超标报警及工作日志记录等功能。

### 三、软件开发环境

#### （一）主要功能

在线监控系统软件设计的主要任务，是设计系统的控制界面和设备的驱动程序以及数据的处理和显示。

软件系统需要实现的主要功能有：

（1）对整个水质检测过程实时、在线监控。

（2）对数据进行处理，得到最终的数据。

（3）把最终得到的结果添加到数据库，并生成曲线和数据报表，以供查询。

（4）实现监测系统软、硬件的通信。

## （二）系统特色与关键技术

**1. 系统特色**

1）模块设计框架化

整个系统框架设计比较独立，设计灵活，权限管理模块通用性高，各个模块编码比较清晰。各模块独立设计，如添加新功能只需在系统管理中添加相关菜单，然后将菜单的连接地址指向编写好的页面即可。

2）数据传输兼容化

污染源在线自动监控系统在数据传输方面支持 TCP 和 UDP 传输，支持解析 TCP 方式传输的数据包和 UDP 方式传输的数据包，系统采用符合国家统一标准的国标 212 协议进行数据传输通信，兼容各种系统间的数据上传通信。系统也支持对数据采集仪器设备的反控。

3）信息查询方便化

总结自动监控系统使用的情况，能很方便地对多个数据情况进行查询，并且在查询过程中可以很方便地显示想要显示的监测项。

4）数据显示多样化

系统在查询数据时能以列表和图表的形式显示查询的数据，并能将查询的数据导出为 EXCEL 格式。平台支持多种报表，能根据用户的需求制定不同数据格式报表。

5）系统功能的扩展性

系统具备良好的实时性、开放性及可扩展性。系统采用最新技术水平，同时结合未来可能的新标准、新方法等业务需求，系统建设符合大型分布式关系数据库建设标准和国际开放互联标准，支持海量数据的存储和挖掘应用。

**2. 关键技术**

1）大数据流量处理

由于该系统对数据处理的要求比较高，在数据库中存储的数据量比较大，因此在这种大数据量查询的情况下保证查询效率，我们采用分表的解决方案按月存储原始数据，这样在系统查询数据时对查询语句进行优化，只在相关表中查询数据即可。

2）Ajax 技术应用

在 B/S 污染源在线监控平台中部分功能使用 Ajax 页面无刷新更新数据技术异步读取数据，加快请求响应速度，拥有良好的用户体验。

3）通用权限框架设计

整个系统采用三层架构进行设计，整体分层类似微软 Petshop4.0 分层方式，采用面向对象编程方式，真正做到低耦合、高内聚。系统管理的权限功能采用通用权限设计方式，保证系统权限设置可配置性高、通用性强、可移植性高。

# 四、系统结构及模块设计

## （一）设计思路

（1）通信技术采用 GPRS。通过水质自动站安装 GPRS 数据通信设备，经无线通信网将自动站产生的在线监测数据发送到上级环境监测站；

（2）设计符合相关通信协议的要求，技术先进、结构简单、运行稳定、可靠性高，具有一定的开放性、较高的多系统适应性和良好的二次开发能力；

（3）与上级环境监测站数据库能完全兼容，数据导入能够自动完成；

（4）系统既能组成独立系统，又能通过开发的一系列的插件无缝嵌入中心平台，实现界面和数据流的统一，具有很强的灵活性和可靠性；

（5）针对面积广大、地形复杂的情况采用无线网络视频监控系统进行监控，在系统中可以很方便地实现报警、远程控制等功能。

## （二）系统框架

### 1. 业务应用层

业务应用层由实时监测、数据查询、数据统计、常用报表、地图服务、系统管理、日志管理和扩展接口组成，主要处理系统外部业务逻辑及数据操作。

### 2. 数据库层

数据库层由污染源数据、排污口数据、监测数据、多媒体数据、元数据、传输设备、监测设备组成，主要用来存储和传输静态数据和动态数据。

### 3. 平台服务层

平台服务层由污染源在线监控系统、开发平台、数据库平台、GIS 平台组成，主要用来承载软件运行环境。

### 4. 硬件层

硬件层由系统硬件和网络硬件平台组成，主要用来支撑软件运行的基础。

## （三）GPRS 无线通信的分析和设计

随着科技与社会的发展，远程通信特别是网络通信给人类带来了巨大的方便，从而受到人们的青睐。随着移动通信事业的发展，其中依托于手机的无线网络 GPRS 通信更是让人们随时随地都可以感受到科技无处不在的力量。本章从地方水质监测的环境、需求入手，选用了合适的无线通信技术 GPRS，并对 GPRS 的原理进行了简要介绍。然后根据无线通信的特点，选择了合适的 GPRS 模块，并对 GPRS 模块进行调试，使其满足数据通信的需求。

## （四）模块设计

对系统登录模块、数据查询模块、系统维护模块、水质评价模块、预警管理模块进行了设计并加以实现，最后对系统进行了测试。

**1. 人员注册登录**

人员注册是对登录人员资格的认定，登录人员分管理者和非管理者，管理者可以对非管理者进行管理和对数据进行维护，非管理者只能查询数据。通过人员注册，确定人员编号，形成一人一档的人员基本数据库，就是人员基本信息管理。

**2. 水质数据查询**

水质数据查询是监控水质进行实时查询的手段，人员登录系统后，可指定时间查询相应时段水质指标的具体数值，最后还可以生产报表。具体时间的水质数据必须入数据库，以便以后进行查询管理。

**3. 水质数据维护**

水质数据维护是为了保证数据的准确性进行人工的维护，主要是增加数据、修改数据、删除数据，而这一方面的工作只有系统管理人员才可以操作。

**4. 水质数据预警**

水质数据预警是整个系统的一个关键功能，预警标准按国家水环境质量标准对数据进行判断，当有数据超过警报限值时，会作出相应的处理，这会保证管理人员及时了解水质，出现预警时能尽快处理。

**5. 水质评价**

水质评价是对水质的数据进行综合处理，主要是将各年月的数据进行统计、评价，然后用各种直观的图像方式将数据展现出来。

## （五）主要业务

水质监测数据传输及存储、远程实时查询及分布式查询、参数设定及同步。

**1. 水质数据传输及存储**

水质监测数据的传输是系统最常用的工作任务，该任务分为定时发送和报警发送两种模式。系统对监测数据的处理方式是不一样的：因为报警数据具有紧迫性，所以一旦监测终端机监测到超标数据，立即通过 GSM 网络将报警数据送至监控站，而监控站则立即通过 Internet 将该数据送至管理站。而对于正常监测数据，采用定时发送机制，一是为了减少监控站数据库的数据存储量，二是为了减少网络的通信量。这样的机制既保证了报警数据的实时性，又考虑了分布式数据库系统的数据传输代价，同时也满足了监控站和管理站对监测数据的需求。由上可知，在数据存储上，各监控站数据库负责存储各自流域内监控终端机的这两类监测数据，而管理站数据库并不存储任何水质监测数据。

**2. 远程实时查询及分布式查询**

除了自下而上的监测数据传输外，系统还支持自上而下的远程实时查询功能。监控站层和管理站层都可以实时远程查询某个监测终端机的水质监测数据，以满足监控站或管理站操作人员远程实时掌握设有监测终端机区域的最新水质监测信息。管理站层可以通过分布式查询得到存储在各监控站数据库中的历史监测数据。在监控站层，客户端软件可以对本地数据库进行查询，以得到该监控区域内所有监测终端机的水质监测数据；在管理站层，客户端软件可以通过分布式数据库系统的分布式查询，来管理部分监测区域或全网的水质监测数据。

**3. 参数设定及同步**

系统各层均支持对监测终端机基本参数的设定，在设定完新参数后，各层必须进行同步以保证参数的一致性和监测数据的有效性。系统支持对监测终端机的采样周期、无线通信周期、指标报警上下限等基本参数的设定。在监测终端机启动初始化或通过人机界而修改参数后，需要和监控站层进行通信以确保整个系统的基本参数同步。同理，监控站层和管理站层修改基本参数后，也必须同监测终端机进行参数同步。监控站及管理站对监测终端机参数的管理，是通过修改其数据库中相应数据表来实现的。

## 五、应用成果

以张家口为例，辖区内 11 个常规水环境监测断面，已有 8 个建设有自动监测站，重点关注的 8 个因子实现了自动监测，对辖区内环境管理及水质预警起到了重要作用。同时在跨区县水质控制及监管中也发挥了积极的作用。

随着 Internet 的迅猛发展，计算机网络为社会和经济的发展提供了强大动力。各类网络化的远程自动监测系统的应用研究已经在国内外广泛展开。比较以往的监测手段，水环境自动监控提高了工作效率，系统结构更为简单、高效、易于管理，同时具有良好的可扩充性，可以方便地对系统进行更新和维护，具有结构合理、功能齐全、界面友好的特点。实现了水质监测管理的自动化，减轻了管理人员的劳动强度，提高了管理水平，使水质监测管理工作更加科学化、规范化。连续稳定的自动监控数据为水环境预警系统建设提供了良好的基础。随着人们环保意识的进一步加强，水质自动监控系统必将在维护人类生存环境和保护不可再生水资源中发挥越来越大的作用。

# 第二节 环境空气自动监控系统建设

## 一、系统概述

本节介绍了环境空气自动监控系统的设计方案和建设内容，并主要针对环境空气自动监控系统中的数据传输系统进行了设计和建设；提出了针对张家口市的环境空气自动监控系统数据传输建设方案：利用 GPRS 网络进行数据传输，利用 GIS 电子地图中显示相关信息，并利用 CDMA 1x 进行了无线视频监控试验，达到了预期目的。该方案融计算机、通信、电子、控制等先进可靠技术于一身，并且具有良好的可扩充性，覆盖面广、数据处理能力强，为环境自动监测系统提供了比较完善的数据传输解决方案。环境空气自动监控系统是由中心站软件和子站软件两大部分组成，两者有机结合，协调整个监控系统的运行，完成对各种检测仪器的数据采集和远程控制及数据处理，并形成报告。

## 二、建设目标

该系统符合国家对城市空气自动监控系统的各项技术指标要求，国产化程度高，有较强的实用性和理想的性能价格比，是有效监控城市环境空气质量的软件系统。该系统的设计目标为：以服务于环境空气质量监控运行管理业务为主要目的，采用计算机软件、大型关系数据库、网络通信、自动控制技术等前端技术，通过对环境空气质量在线数据的采集，建立一个分布于环境保护局各管理部门的，可为各级环境保护部门提供所需报表，将采集到的各站点数据汇总完成小时、日、月、季、年报表及相应图表，报表可导出 Excel 文件和 BMP 或其他格式的图片文件，将采集数据转化为国家标准统一格式上报，为环境空气质量监控系统管理运营与决策提供服务的环境空气质量自动监控系统。

该系统将建立在实时运行数据和设施地理空间数据基础上，成为日常管理必需的工作平台。具有自动化信息采集、传输与控制功能，强大的信息管理、信息综合分析和信息提取功能，以及图形、图像等显示输出功能。系统将支持环境空气质量自动监测管理业务的全过程，通过系统建设，全面实现环境空气质量管理业务的信息化和自动化。

## 三、软件开发环境

随着工业的快速发展，环境问题日趋严重，人们的环境保护意识也日益提高。在人类生存环境日益恶化的今天，建立完整、高效的环境监测体系显得非常重要；随着生活水平的提高，人们对健康越来越关注，对我们赖以生存的环境越来越关心，特别是一些对人体有毒有害的气体物质，在逐步研究一些有效的监控和治理方法。基于 Internet 的环境空气质量自动监测是政府环保主管部门和公众快速、有效的联络方式和纽带，能帮助快速了解某地区、某城市的环境空气质量现状，使环境空气质量状况透明化，促进环境空气质量的改善，使空气监测方式向信息化转变。环境空气自动监控系统是在这种基础环境上逐渐研发起来的。

## 四、系统结构及模块设计

本节对空气质量自动监控系统软件进行了分析研究和设计开发。研究工作的内容和结果有：运用先进的计算机技术、网络通信技术和自动在线检测技术，设计开发了集实时性、智能化、网络化、系统化于一体的新型空气质量自动监控系统。

### （一）环境空气自动监控系统结构

#### 1. 中心站

中心站主要由数据服务器、WEB 服务器、管理员终端、普通用户终端等几部分组成，主要实现从各个子站采集环境空气质量监测数据，提供给各用户终端进行访问，并提供给中心站管理员终端进行检查控制等功能。

#### 2. 子站

子站除了数据服务器、WEB 服务器、管理员终端、普通用户终端之外，还包括环境空气质量监测仪器终端、设备驱动器、数据采集卡等几部分。子站主要实现从各环境空气质量监测仪器直接采集监测数据，提供给各用户终端或子站管理员终端，并传输给中心站进行进一步加工处理或存储等功能。

### （二）环境空气自动监控系统的模块设计

该系统软件的数据信息通过各空气质量监测仪器进行采集，在子站中经过初步的处理以及存储（也提供显示功能），再上传给中心站进行进一步的分析处理以及显示。

首先确保工控机已经正确安装了数据采集板卡驱动程序，当监测仪器出现以下的报警时——监测数据超过量程、监测数据超过预设的报警值、监测仪器断电或因故障无法正常工作、监测仪器校准错误、监测仪器机柜温度过高、串口通信中断等，仪器管理人员需要对监测仪器进行故障处理。监测仪器产生的信号可分为数字信号和模拟信号两种，其中模拟信号需要经过 A/D 转化为数字信号进行传输；最终的数字信号信息包括二氧化硫（$SO_2$）、总悬浮颗粒物（TSP）、可吸入颗粒物（$PM_{10}$）、可入肺颗粒物（$PM_{2.5}$）、一氧化氮（NO）、二氧化氮（$NO_2$）、多氧化氮

（NO$_x$）、一氧化碳（CO）、臭氧（O$_3$）等气体的浓度等数据，以及室温、机柜温度、大气压强、空气湿度、风向、风速、风力、仪器电压等信息。

数字信号通过工控机的 RS232 接口经数据采集板卡处理后，再经过分类、筛选，存储在工控机的子站数据库中。对于这些存储在子站中的数据，一方面通过子站的 WEB 服务器输出显示到网页上，供子站的系统管理员通过 WEB 进行访问和控制；另一方面，经过通信协议的封装后，通过互联网或无线方式传送给中心站。

中心站对数据进行进一步过滤和处理后，如追加注解、生成规定报表格式等，一方面经过中心站的 WEB 服务器分别送至上级单位、各客户端用户、公众媒体等终端进行访问，另一方面送至中心站管理员通过 WEB 进行监控和管理。

系统采用分级多层次的网络架构体系，由智能化的现场自动监控系统软件、基于 C/S 模式的数据传输系统软件和一点对多点的远程监控系统软件三部分组成。通过以太网通信、电话有线通信和 GPRS 无线通信等多种通信方式，结合数据传输协议中的 CRC 校验、命令确认机制、超时和重发机制、Des 加密等措施充分保证了数据传输的正确性、可靠性和安全性。系统的设计还充分考虑用户的需求，针对不同层次用户的工作流程和需求做了相应不同的设计，并且在界面的友好性方面做了大量的工作，得到各级用户的认可。该系统在正确性、功能性、可靠性、安全性、易用性和效率等方面均达到了较高的水平。

## （三）技术基础支持

### 1. GPRS 通信传输技术

GPRS（General Packet Radio Service），即通用分组无线业务，是在现有 GSM 系统上发展出来的一种新的数据承载业务。GPRS 经常被描述成"2.5G"，也就是说这项技术位于第二代（2G）和第三代（3G）移动通信技术之间。它通过利用 GSM 网络中未使用的 TDMA 信道，提供中速的数据传递。在这种传送方式中，数据的发送和接收方同信道之间没有固定的占用关系，信道资源可以看做由所有的用户共享使用。

由于数据业务在绝大多数情况下都表现出一种突发性的业务特点，对信道带宽的需求变化较大，因此采用分组方式进行数据传送将能够更好地利用信道资源。例如一个进行 WWW 浏览的用户，大部分时间处于浏览状态，而真正用于数据传送的时间只占很小比例，这种情况下若采用固定占用信道的方式，将会造成较大的资源浪费。

### 2. GPRS 的主要特点

GPRS 突破了 GSM 网只能提供电路交换的思维方式，只通过增加相应的功能实体和对现有的基站系统进行部分改造来实现分组交换，这种改造的投入相对来说并不大，但得到的用户数据速率却相当可观。而且，因为不再需要现行无线应用所需要的中介转换器，所以连接及传输都会更方便容易。如此，使用者既可联机上网，参加视讯会议等互动传播，而且在同一个视讯网络上（VRN）的使用者，甚至可以无需通过拨号上网，而持续与网络连接。

**3. GPRS 的网络结构**

GPRS 的通信方式在分组交换的通信方式中，数据被分成一定长度的包（分组），每个包的前面有一个分组头（其中的地址标志指明该分组发往何处）。数据传送之前并不需要预先分配信道，建立连接，而是在每一个数据包到达时，根据数据包头中的信息（如目的地址），临时寻找一个可用的信道资源将该数据报发送出去。

**4. GPRS 网络的协议栈**

基于 GPRS 的无线数据传输模块设计的目的是为无线网络通信应用提供一个简单实用的平台，须在模块内嵌 TCP/IP 协议栈，实现了数据在用户终端和服务器之间的透明传输，使用户可以方便地应用，实现远程的无线数据传输。因此该系统软件部分主要是需要实现 PPP 协议、IP 协议及 TCP/UDP 协议，并为应用程序提供一个简单易用的接口。TCP/IP 协议集是当今使用最广泛的 Internet 体系结构，根据相关协议标准，可把 TCP/IP 协议集划分为四个相对独立的层次：网络接口层、网络层、传输层和应用层。

（1）网络接口层负责与物理网络的连接，支持现有网络的各种接入标准，如 . X25 分组交换网、DDN、ATM 网、以太网（Ethernet）、PPP（Point-to-Point Protocol，点到点协议）、SLIP 等。在本系统中将使用 PPP 协议。

（2）网络层即 IP 层，它主要完成的功能是：从底层来的数据包要由它来选择继续传给其他网络结点或是直接交给传输层；对从传输层来的数据包，要负责按照数据分组的格式填充报头，选择发送路径，并交由相应的线路发送出去。

（3）传输层提供端到端应用进程之间的通信，其对高层屏蔽了底层网络的实现细节，同时它真正实现了源主机到目的主机的端到端的通信。传输层传送的数据单位是报文。

（4）在应用层用户通过 API（应用进程接口）调用应用程序来运用因特网提供的多种服务。应用程序负责收发数据，并选择传输层提供的服务类型，按传输要求的格式递交。

# 五、小结

环境空气质量监控平台需采集的数据量很大，且需要完成多种处理，所采集的大量参数由于数量和可靠性等性能的原因需要进行数字传输。在软件平台的监控过程中，管理员需要远程监视和控制各现场监测仪器的工作情况。以上原因都使研究开发环境空气自动监控系统软件成为张家口市环境空气质量监控的发展趋势。本节从张家口市环境空气自动监控的必要性及存在的问题出发，阐述了环境空气自动监控的发展和优势，确定了本节的研究内容是实现一个基于实时运行数据和地理空间数据的环境空气自动监控系统。该系统确定了中心站统一软件采集子站数据平台为实施方案，详细设计了环境空气质量自动监控系统的总体构架、工作流程和功能模块，分析研究了实现该系统中心站所涉及的主要原理和关键技术，重点阐述了中心站 WEB 服务器部分的具体实现，从而最终实现了该环境空气质量自动监控系统。经过测试表明，该系统软件可以很好地完成设计需求中的所有功能，各项性能指标良好。

张家口市环境空气自动监控系统软件的开发应用能快速、全面、准确地反应张家口市环境空气质量状况，掌握张家口市的空气污染的变化规律，指导控制污染物排放，有效预防严重污染事件的发生，保护人民群众的健康生活和赖以生存的生态环境，实现科学化的环境管理模式。

# 第三节　污染源自动监控系统建设

加强对重点污染源的监控，保障其达标排放，是实现主要污染物排放总量减少的关键。在我国现有国情下，控制企业排污总量的工作，主要依靠各级政府环保部门的现场执法来实现。当前，我国环境现场执法力量严重不足，整体能力难以适应经济社会发展的需要，已经成为实现环保目标必须解决的突出问题之一。运用现代化手段，加强对各级环境监察机构的环境执法尤其是重点污染企业现场污染状况的收集和监控，是从整体上保障监控企业排污情况、有效控制和削减排污总量、切实保障减排任务的重大措施。

同时加强对重点监控企业排污状况、自动监控设施的监控，污染状况及时查处和制止企业的偷排、漏排等违法行为，是环境监管的日常工作，也是切实保障国家重点监控企业达标排放的关键环节。建立和使用统一的重点污染源自动监控工作平台，是加强对基层工作监督指导、完善"政府监管、单位负责"的环境监管体系的需要，也是切实加强重点监控企业环境监管的必要手段。

以重点监控企业为基础，逐步扩大应用范围，将对排污企业排污状况的管理纳入系统，将极大提高投资的社会效益。

## 一、总体架构

为了更好地描述自动监控系统的整体架构，需要建立一套描述方法，结合

RUP 软件开发的实践，建立了一套架构设计方法。业务架构决定逻辑架构，应用架构决定数据架构、技术架构和部署架构；反之，数据架构、技术架构和部署架构是用来支持逻辑架构的，逻辑架构则要支持业务架构。虽然它们之间的关系在有些时候并不是这样层次分明，而是存在一些互动，但我们仍然希望能以遵循这种清晰的层次关系为主、兼顾层次间的互动性为辅进行整体设计。这样做的好处是，独立地分析业务架构可以更接近业务本质；基于实现业务本质而设计的逻辑架构更趋合理实用，完整性好，可避免出现"为了技术而技术"的设计，或者出现具有离散的局部亮点但忽略了整体平衡的设计；技术架构和部署架构则成了实现的手段和方式，回复技术本来面目。

污染源在线自动监控系统总体架构如图 4-1 所示。

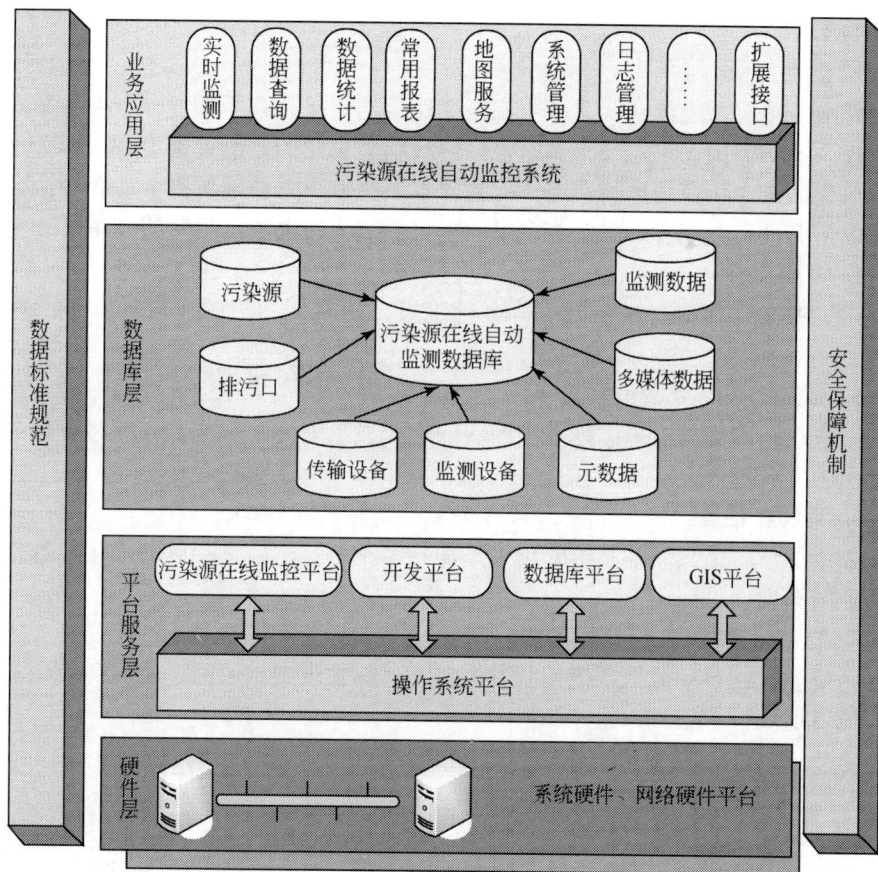

图 4-1　污染源在线自动监控系统总体架构

系统包括四个部分，分别为业务应用层、数据库层、平台服务层和硬件层。

详细内容同本章第一节"系统框架"部分。

# 二、系统特点及关键技术

## （一）系统特点

### 1. 框架可移植性高

整个系统框架设计比较独立、灵活，权限管理模块通用性高，各个模块编码比较清晰，例如短信猫程序、Socket 传输等，可以很方便地移植到其他系统中。

### 2. 系统支持多种传输方式和具备反控功能

污染源在线自动监控系统在数据传输方面支持 TCP 和 UDP 传输，支持解析 TCP 方式传输的数据包和 UDP 方式传输的数据包，系统也支持对数据采集仪器设备的反控。

### 3. 查询方便

总结各地对污染源在线自动监控系统使用的情况，并了解各种污染源在线自动监控系统功能情况，发现很多系统只能对单个企业的监测数据进行查询，不方便用户查询多个企业污染物监测情况，而本系统能很方便地对单个或者多个企业的排放情况进行查询，并且在查询过程中可以很方便地显示想要的监测项。

### 4. 报表支持

污染源在线自动监控平台支持多种报表，能根据用户的需求现实不同格式报表。

### 5. 多方式显示数据和数据导出

系统在查询数据时能以列表和图表的形式显示查询的数据，并能将查询的数据导出为 EXCEL 格式。

### 6. 可配置性高

如添加新功能只需在系统管理中添加相关菜单，然后将菜单的连接地址指向编写好的页面即可。

### 7. 短信报警

污染源在线自动监控系统接收数据包时，如发现数据超标，将向各个企业相关人员发送短信。

## （二）关键技术

关键技术包括大数据流量处理、Ajax 技术应用、结合 GIS 展示和通用权限框架设计等。具体内容详见本章第一节"关键技术"内容。

# 三、系统主要功能

系统主要功能有实时数据监测、实时数据一览、原始数据查询、统计数据查询、超标数据查询、常用报表、污染源管理、达标率统计、状态一览、远程反控等。

**1. 实时数据监测**

实时数据监测是对污染源监控点上传的排污信息进行整理、统计，实时动态地展示污染源监控信息，供各级监控中心、相关环保部门的业务人员查询。监测主要以废气、废水监控为主。

废气的主要监控信息包括监测单位、监测点名称、监测时间、各类实时检测指标。检测指标划分为常规检测指标项和特殊检测指标项两类：常规项主要包含（不局限于）颗粒物（折算值、排放量）、$SO_2$（折算值、排放量）、$NO_x$（折算值、排放量）、CO（折算值、排放量）、氧量、标态流量、烟温、烟气净压等；特殊项包括（不局限于）含湿量、氯化氢、烟气汞等。

废水的主要监控信息也包括监测单位、监测点名称、监测时间、各类实时检测指标。检测指标划分为常规检测指标项和特殊检测指标项两类：常规项主要包含（不局限于）COD、pH 值、水温、溶解氧、浊度、电导率、高锰酸钾指数、氨氮、流速等；特殊项包括（不局限于）总磷、总氮、总有机碳、化学需氧量、生物毒性、水质类别、巴氏槽、三价铬、排放量、悬浮物等。

信息按照实际业务分组显示，实现按照时间段查询。以一定间隔对污染物排放进行采样，形成实时数据。对小时内数据进行加权平均形成小时数据，对每日数据进行加权平均形成日数据。展示各监测站点最新实时数据信息，分别以列表和曲线形式表现，并将超标异常数据标红加以突出显示。

**2. 实时数据一览**

显示各企业监测点位最新一条监测记录信息及点位当前运行状态，可按行政区划进行监测点位筛选。

**3. 原始数据查询**

对各点位的历史监测数据进行按条件筛选查看，可筛选条件有时间段范围、行政区划、企业名称、监测因子，并可以按月、日查询，并可将查询结果以报表形式导出。

**4. 统计数据查询**

对各监测点位的分钟监测因子数据、分钟排口数据、小时监测因子数据、小时排口数据等几种统计数据进行历史查看，可按企业关注程度、行政区划、企业名称等进行条件筛选过滤，并可将查询结果以报表形式导出。

**5. 超标数据查询**

对各点位的历史超标数据记录进行检索查询，并可按企业关注程度、行政区划等条件进行筛选过滤，并可将查询结果以报表形式导出。

### 6. 常用报表

对监测点位的监测数据分别按日、月、年进行统计，并生成统计报表导出。日、月、年报表可分别对单个企业和所有企业进行报表单和报表总统计。

### 7. 污染源管理

对污染源、排污口、监测设备的基本信息进行新增、修改、删除操作，同时对污染源的空间坐标数据操作。在修改污染源时，可在地图上进行相应定位。

### 8. 达标率统计

统计各企业监测点位在指定时间范围内的因子监测数据达标情况。

### 9. 连通率统计

统计各企业监测点位某一天内的设备连通情况，并将单个企业监测点位的连通率统计信息按时段进行划分展示。

### 10. 状态一览

实时呈现前端设备的数据包发送情况，可区分显示出不同数据包的类型，并可在设备列表中。

### 11. 远程反控

远程反控功能能够反向读取数采仪的设备运行参数、控制数采仪的配置参数，例如修订数据采集时间、修订标准时间等。

能够实现监控中心人员根据实际需要从数采仪补采数据的功能。可以在监控中心远程操作异地的污染源与环境设备，实现真正的无人监控，提高工作效率。

# 第四节　放射源自动监控系统建设

## 一、系统整体框架

放射源自动监控管理系统采用 B/S 和 C/S 相结合的方式来实施对放射源的监管，两种结构共用一台数据库服务器，其中后台部分为 C/S 结构，客户端部分为 B/S 结构。C/S 结构充分利用了客户机的资源，实现了许多复杂的运算和对数据库的有效管理；B/S 结构则为重服务器轻客户端方式，该结构使得客户使用方便，只需要一个浏览器就可以实现对放射源的监控。

放射源自动监控管理系统总体架构如图 4-2 所示。

### 1. 硬件/网络环境层

主要是环境主管部门内部电子化办公环境（PC 机、局域网）及放射源监控指挥中心、信息中心、机房的硬件和网络基础建设。

### 2. 基础软件层

主要提供系统开发建设工具、GIS 软件平台和数据库软件。

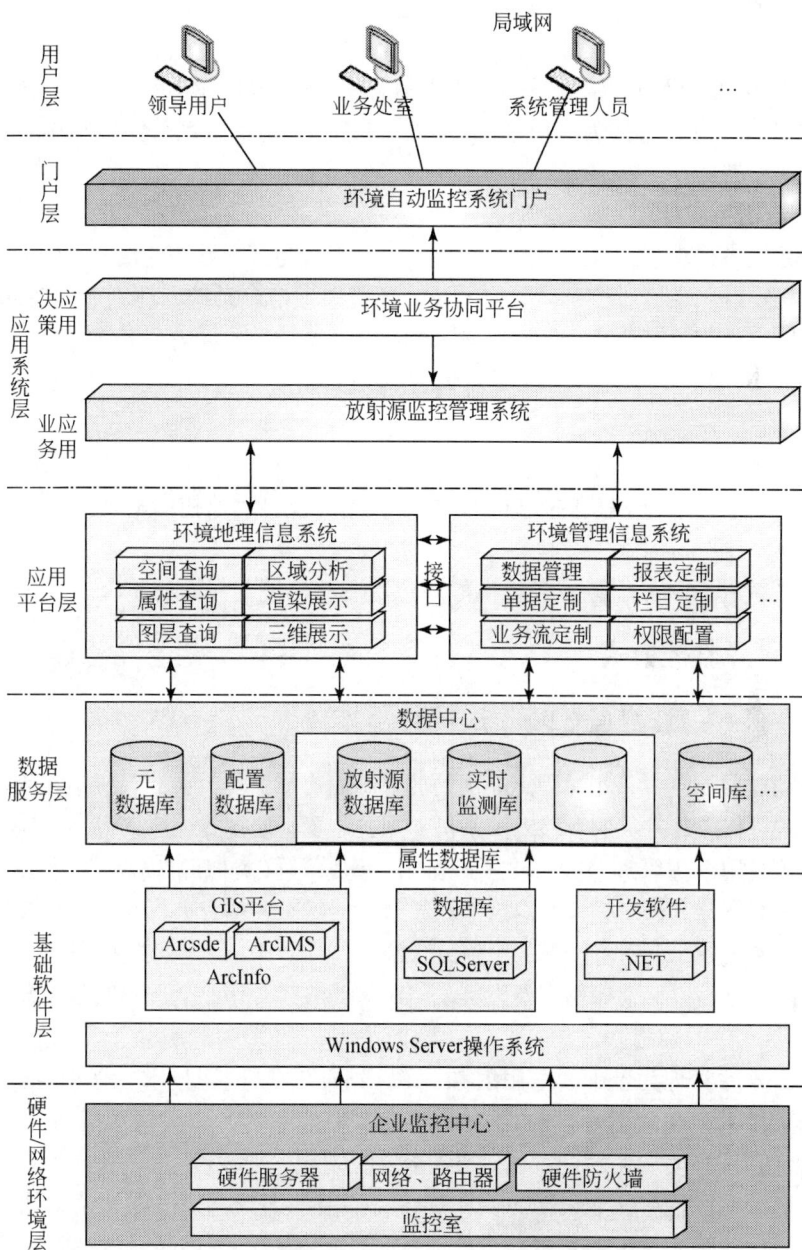

图 4-2 放射源自动监控管理系统总体架构

## 3. 数据服务层

是系统的数据支撑层，包括了系统的数据资源及数据资源管理功能，它为系统提供基础数据支持。

### 4. 应用平台层

主要是由一组地理信息系统和管理信息系统的中间件构成，它是整个系统的业务逻辑集中点，直接为应用系统层提供服务，在整个系统总体架构中处于非常重要的地位。

### 5. 应用系统层

是系统各个功能模块的整合与实现，主要考虑与其他系统的整合，例如污染源自动监控系统、环境质量自动监控系统、环境地理信息系统、环境业务协同平台、突发环境事件应急管理平台等。放射源监控管理系统是业务应用系统之一，也需要为以上两个系统提供决策支持所需信息，并能与其他应用系统协同工作、应急联动。

### 6. 门户层

是系统各个功能模块的入口整合界面，是环境自动监控的整体门户。

### 7. 用户层

是系统针对领导、各业务处室等用户定制的功能与界面的整合。

## 二、放射源监控方式

### （一）移动放射源监控

移动放射源主要是相对固定使用的放射源而言，这类放射源一般不在固定的工作场所进行作业，常见的有移动探伤机、测井装置、便携式测厚仪等。对这类移动源的监控采用全程管理监控，除了进行出入库管理（类似源库监管）之外，还通过 GPS、剂量监测、射频、通信技术对放射源的状态和位置进行实时跟踪管理。

如图 4-3 所示，对移动源的监控分为源库监控阶段、运输监控阶段和在作业区监控阶段。下面以移动探伤设备为例说明对移动放射源作业全过程的监管方案。

### 1. 源库中的监控

以出入库管理为基础，采用射频标识技术、视频监控技术、移动定位技术、辐射剂量技术，在放射源运行的关键环节设置读卡器，以放射源管理系统为基础，结合管理移动源使用的制度，建立放射源监控管理内容。

放射源在源库中：放射源本身附属设备安装的射频标识可以和读卡器之间形成数据通信链路，读卡器可把信息实时的传入监控中心，还能通过视频进行实时远程监控。

放射源离开源库：读卡器在获取最后可探测信息后，监控中心软件可以自动进行数据处理，结合管理制度，填报放射源出库信息，要求记录可探测的辐射剂量水平信息，同时上传至放射源监控管理系统。

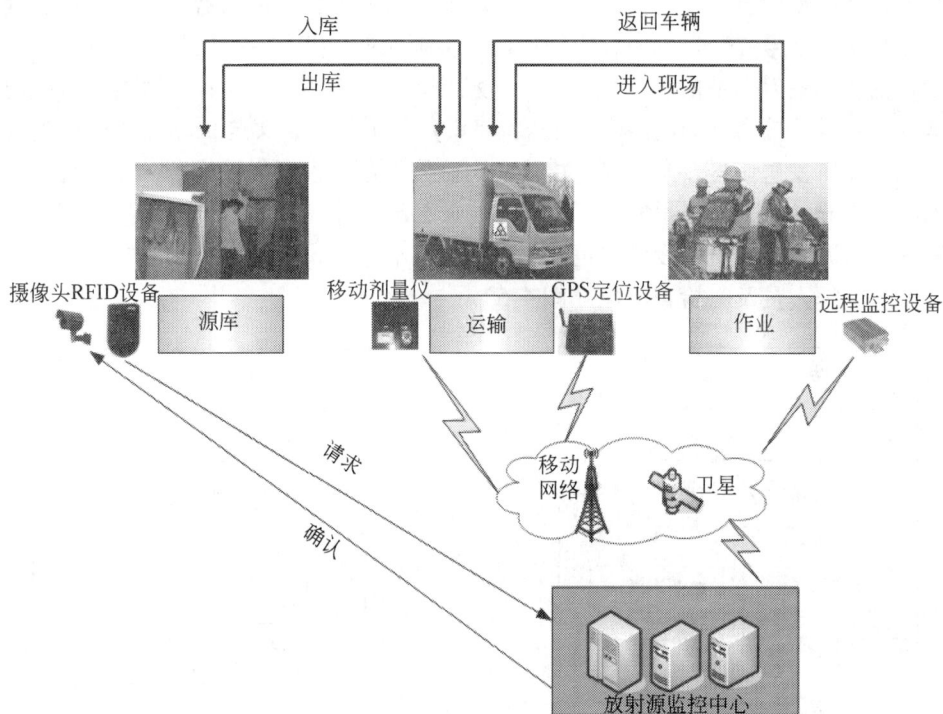

图 4-3　移动源基本表现形式

　　放射源回到源库：读卡器获取放射源进入可探测数据范围信息之后，监控中心软件可以自动进行数据处理，结合管理制度，填报放射源入库信息，要求记录可探测的辐射剂量水平信息，同时上传至放射源监控管理系统。

**2. 运输过程监控**

　　放射源在运输过程中的监控主要关注放射源的位置信息和放射源的状态信息。放射源的位置信息可以通过移动剂量仪与 GPS 定位监控的功能实现，放射源的状态信息可以通过检测放射源的辐射剂量率水平实现。

**3. 作业过程中的监控**

　　作业区警戒线内，系统主要依据监控设备或者放射源设备的状态信息进行监控，系统获取设备工作状态信息，上传至监控中心，实现对放射源的实时监控。

## （二）监控放射源设备的方式

　　对移动源的监控包括两个方面，一方面是对这些设备使用的放射源的安全性进行监控，另一方面是对这些仪器设备活动的位置进行监控。

　　监控放射源设备的原理是：正常状态下，辐射探测器将移动放射源基本信息、表面剂量信息发送给数据采集与传输器，数据采集与传输器通过信息接收处理模块接收信号并分析判断，假如有信号，则通过 GPRS 给监控平台传输放射源基本信息和辐射剂量信息（图 4-4）；假如出现异常状况（放射源远离载体或与数据采集及传输器之间的距离超出限制距离），则数据采集与传输器接收不到辐射探测器所发送信号，激活报警模块。当监控平台接收到报警信号，或系统自主判断出现异常时，发出报警，可以声音、放射源载体高亮显示、短信报警等形式通知放射源管理人员；设备上也发出声、光、电等形式报警，提醒监控中心的辐射安全管理人员及时检查情况（图 4-5）。

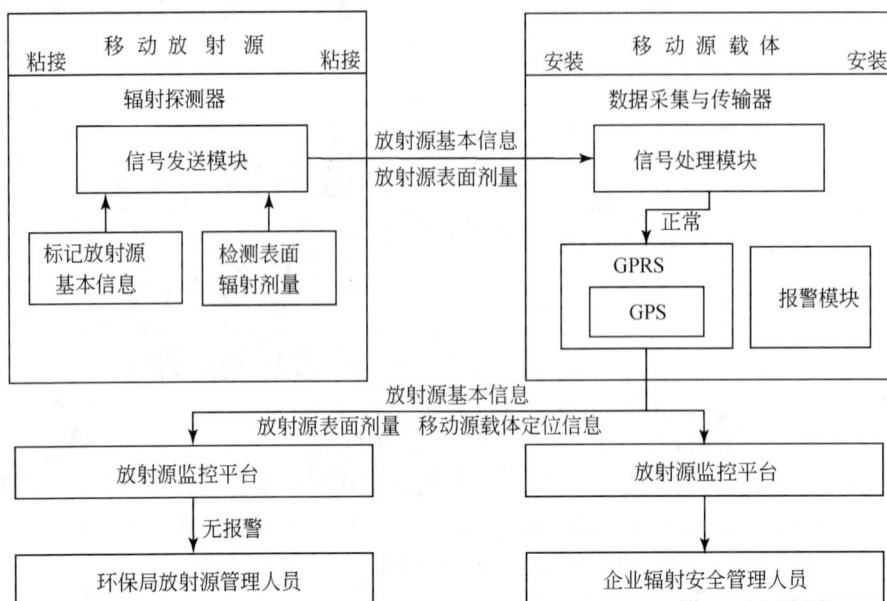

图 4-4　正常情况下移动源监控原理图

前端监控设备由辐射探测器和数据采集传输器构成。辐射探测器可以安装在放射源附属设备的表面，负责对辐射水平的探测并通过无线发射装置把探测的数据发送到数据采集与传输器，其他监控方式集成现有的监控手段。数据采集传输器包括数据接收模块、数据处理模块、GPS 定位模块、数据传输模块 4 个部分，数据接收模块接收辐射探测器传输的辐射剂量数据，数据处理模块负责接收辐射探测器发射的数据并对数据进行处理，GPS 定位模块用来获取 GPS 定位数据，数据传输模块负责对监测数据和 GPS 数据进行数据传输，数据通过网络传输到监控中心。辐射探测器主要用来标记各放射源的基础信息（编号、出厂、使用单位、监管人等），还可以检测放射源装置的表面剂量的水平。由于它是"粘接"绑缚在放射源罐上，标记器内置的无线发射装置可以保持与数据采集与传输器的通

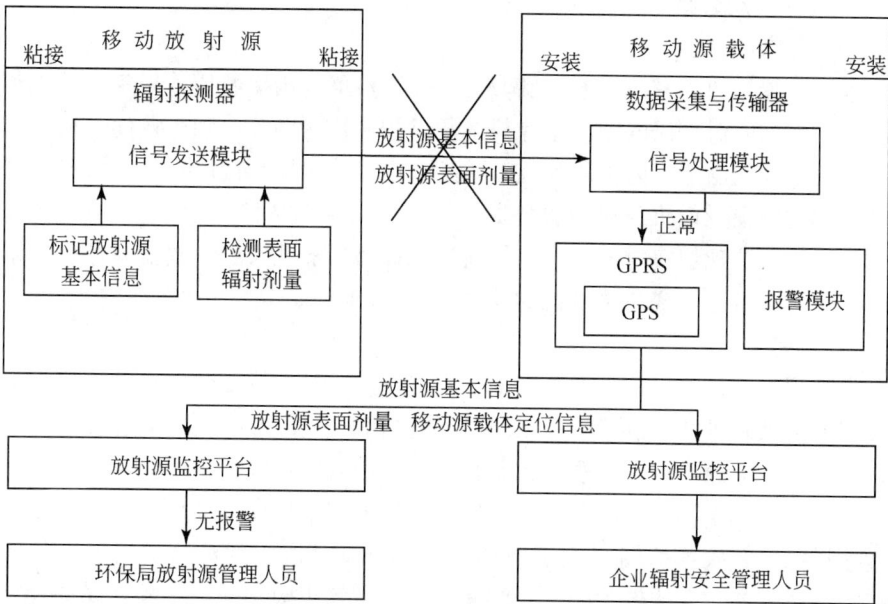

图4-5　非正常状态下移动监控原理图

信，使掌握控制器的人员能够知道放射源是否在监控人员的控制之下。通常情况下，当放射源标记器与放射源罐出现脱离或放射源罐发生泄露时，放射源标记器将会报警，同时将报警或泄露信息传输给数据采集传输器。

## （三）辐照装置监控

由于历史原因，我国辐照装置普遍安全性能比较差，无论从规模、集约程度还是从自身安全设计方面，与国际先进水平国家相差甚远。安全监管力度不够也导致近年来发生多起重大的辐照事故。通过安装在线监控系统，监管部门便可以及时发现违法使用的情况，避免事故的发生。γ辐照装置的设计、建造和运行必须严格遵循国家标准《γ辐照装置设计建造和使用规范》（GB 17568—1998）、《水池贮源型γ辐照装置设计安全准则》（GB 17279—1998）、《钴-60辐照装置的辐射防护与安全标准》（GB 10252—1996）等的要求。γ辐照装置的辐射安全应符合纵深防御的原则，安全联锁装置应符合冗余性（多重性）、多样性和独立性要求，包括8项目基本要求和7项一般要求。

### 1. 辐照装置采用的监控手段

目前在用的辐照装置基本建有放射源安全和使用制度，放射源安全已有一定保障。根据现有监控系统应用情况，对于辐照室的动态监控以安全巡检为主，放射源自动监控系统主要由视频监控和通道门及控制台连锁的剂量监测报警系统构成。

**2. 具体实施方案**

1）视频监控

辐照装置周边和密道内安装摄像头，位置对准进出口通道，采集到的视频信号保存到现场安保部门的硬盘录像机，硬盘录像机用网线连到企业的交换机或路由器，在企业路由上、防火墙作端口映射，使得外网能通过该企业的固定 IP 和端口访问到硬盘录像机或视频服务器。监控中心通过固定 IP 和端口访问企业硬盘录像机，调取现场实时图像，并能通过监控软件实现对远程硬盘录像机的录像回放以及对前端云台变焦摄像机的控制。

2）剂量监控

安装辐射剂量监测仪，位置在辐照室入口以内区域及货物出口处。辐射剂量仪设定监测数据的上下限范围，采集到的电信号分成四路，一路送入数据采集仪，一路控制通道门，一路联通控制台，一路送入数字辐射报警器。

当放射源发生移位或泄漏时，其周围的辐射剂量场发生变化，当变化量出现超过预设的报警阈值区间（大于或小于）的异常情况，剂量监测仪发出的信号一路控制通道门打开或者关闭，一路通知控制台禁止操作，一路触发现场数字辐射报警器声光报警。

数据采集仪接收辐射剂量数据，将模拟信号转换为数字信号，输出到上位机数据库，数据经过分析处理后传送至监控平台软件，为监控管理人员提供查询管理依据，并在异常情况响应时发出预警信息。

3）安全巡检

辐照室周边指定地点安装电子巡更感应卡，卡上载有不同场所的标识。当放射源管理人员进行安全巡检时，巡查到该标识点时巡查人员用手持式巡检机读卡，把代表该点的卡号、时间等信息记录下来。巡查完成后巡检机通过 GPRS 把数据传给计算机软件处理，就可以对巡查情况（人员、地点、时间、事件等）进行记录和考核。

（四）放射源库监控

对于从事探伤、辐照、测井、教学以及其他需要使用移动放射源设备进行相关工作的企业和科研院所，按照《放射性物品库风险等级和安全防范要求》的要求规定建设。

对于放射源库的监控，采用视频、剂量、门禁、射频标签 4 种必要监控手段，可增加安全巡检等辅助监控手段（图 4-6）。

1）视频监控

放射源库安装摄像头，位置对准进出口通道和放射源所在地，采集到的视频

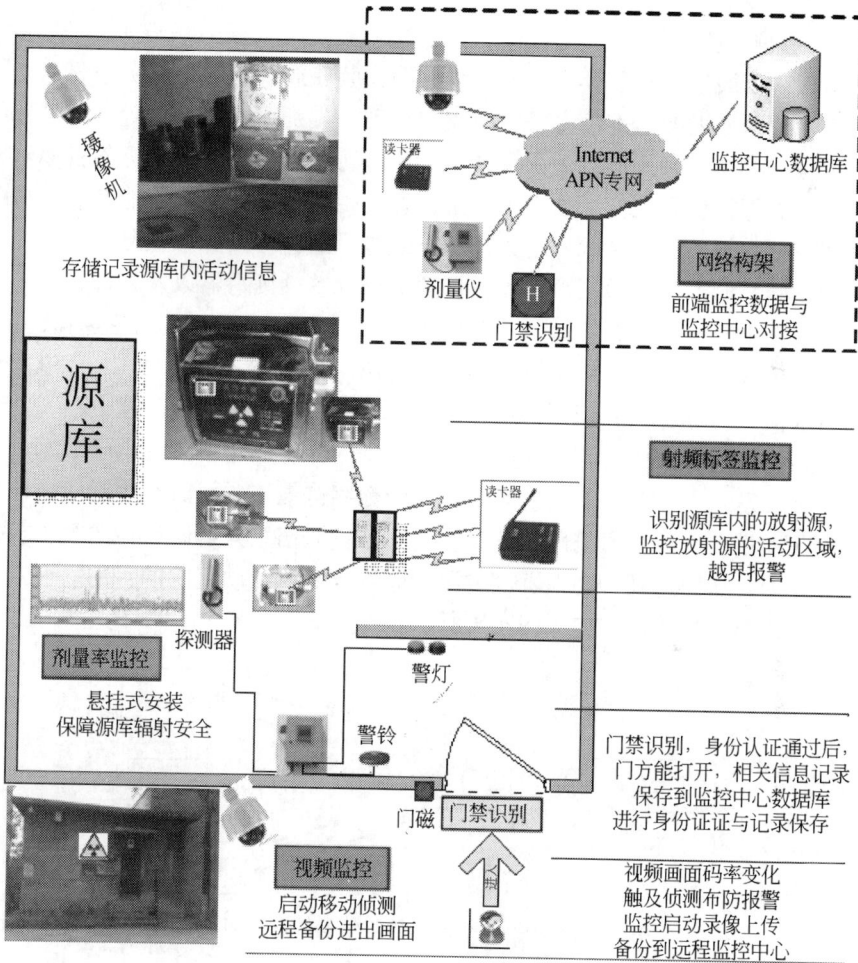

图 4-6　放射源库监控物理配置与逻辑关系效果图

信号保存到现场安保部门的硬盘录像机，硬盘录像机用网线连到企业的交换机或路由器，在企业路由上、防火墙作端口映射，使得外网能通过该企业的固定 IP 和端口访问到硬盘录像机监控中心通过固定 IP 和端口访问企业硬盘录像机，调取现场实时图像，并能通过监控软件实现对远程硬盘录像机的录像回放。监控中心通过对捕捉到的视频图像进行码率对比分析，自动判断异常并发出报警信息。

　2）门禁监控

　　源库安装门禁系统，进入人员需进行身份认证识别，认证通过后门方可打开。门磁采集的信息（身份信息、开启时间信息等）输入数据采集仪，上传至监控中心数据备份。

3）射频标签监控

源库内安装射频标签读卡器，射频标签安装在放射源的外壳屏蔽材质上。射频标签中记载放射源基本信息——源码、活动、类别、所属单位等。射频标签监控技术是一种非接触式的自动识别技术，通过射频信号自动识别标签目标对象并获取相关数据，识别工作无须人工干预，识别距离可达几十米，能有效对源库内的安装有射频标签的放射源进行识别、出入源库的管理、异常状况报警。

射频标签监控系统包括可编程数据的电子标签、读写器以及处理数据的远端监控中心三个部分。射频标签也就是射频卡，具有智能读写及加密通信的能力，读写器由无线收发模块、控制模块和接口电路组成，通过调制的 RF 通道向标签发出请求信号，标签回答识别信息，然后由读写器把信号送到监控中心。

射频标签附着在放射源外壳的表面，其中保存有约定格式的电子数据。读写器通过天线发送出一定频率的射频信号，当标签进入该磁场时产生感应电流，同时利用此能量发送出自身编码等信息，读写器读取信息并解码后传送至主机并进行相关处理，从而达到自动识别放射源和监管放射源活动范围的目的。射频识别系统的结构与信息传递方向如图 4-7 所示。

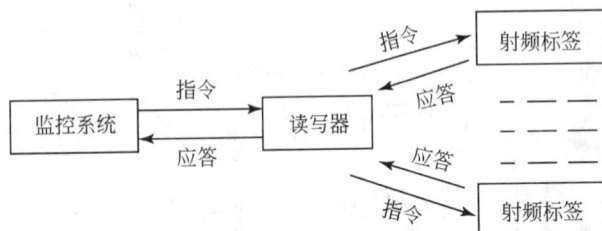

图 4-7　射频识别系统的结构与信息传递方向示意图

当放射源出库时，阅读器读取标签信息，将读出的放射源基本信息传送到放射源监控管理系统进行出库记录，同时记录出库时间。放射源入库时，阅读器读取该放射源基本信息并传送到放射源监控管理系统进行入库记录，同时与出库记录进行比对，确定同一放射源安全归还。如比对结果与出库记录不符，或者放射源在规定入库时间内没有入库，都会作为异常情况触发提示或报警，提醒放射源管理人员查询异常原因。可与门禁联动，记录相关出入库操作人员信息。

4）剂量率监控

增加辐射剂量仪监控设备，通过检测放射源对环境的"放射水平"（泄露量）达到监控放射源的目的，在其他监控放射源监控的基础上，建立以剂量率为检测单元和基础的在线监测体系。将辐射防护检测技术与 IT 技术融合为一体，既满足环保对放射源的监控技术要求，也满足公共安全的监控追踪要求。

辐射剂量仪实时监测源库剂量率值，通过网络定期向环保局监控平台发送数据，数据长期存储与服务器数据库中。设备具备 3 个工作状态显示灯，监视现场辐射水平，同时剂量率数据作为联动视频布防的判断依据。剂量仪连接警灯警铃等报警装置，当剂量值超越报警阈值时，警灯警铃同时工作，用以保障源库的辐射安全。

5）安全巡检系统

在每个巡查点设一个信息钮（它是一种无电源的只有纽扣大小不锈钢外封装的存储设备），信息钮中储存了巡查点的地理信息；巡查员手持不锈钢巡更棒，到达巡查点只需用巡更棒轻轻一碰嵌在墙上（树上或其他支撑物上）的信息纽扣，即把到达该巡查点的时间地理位置等资料自动记录在巡更棒上。巡查员完成巡查后，把巡更棒插入通信器，将所有巡查记录传送到计算机，系统管理软件立即显示出该巡查员巡查的路线、到达每个巡查点的时间和名称及漏查的巡查点，并按照要求生成巡检报告。放射源库安装电子巡更感应卡，卡上载有不同场所的标识。当放射源管理人员进行安全巡检时，巡查到该标识点时用手持式巡检机读卡，把代表该点的卡号、时间等信息记录下来。巡查完成后巡检机通过 GPRS 把数据传给计算机软件处理，就可以对巡查情况（人员、地点、时间、事件等）进行记录和考核。

## 三、放射源综合数据库

放射源数据库为地方环境保护部门放射源监控系统的基础数据平台，用于统一组织、存储和管理放射源的全部工作数据，从底层实现环保基础数据、地理信息数据和业务数据的共享。

放射源数据库采用四层设计，主要有标准层、采集层、数据库层、服务层。

数据库根据存储的信息数据类型主要分为元数据库、配置数据库、属性数据库、空间数据库四种。

### 1. 元数据库

元数据库是服务于空间数据库的数据库，存储的元数据是关于数据的描述性数据信息，确保使用数据的可信度，方便用户对数据集的准确、高效与充分的开发与利用。通过元数据可以检索、访问数据库，可以有效利用计算机的系统资源。

核心元数据概念，指描述更广义范围内的对象、规则的数据资源。它不仅仅包含描述数据的数据，更多地包含了描述业务规则的数据、描述元数据的数据（元元数据）、描述服务的数据等。

### 2. 配置数据库

配置数据库对业务信息的所有可配置信息进行存储，为业务系统面对数据中心提供的所有资源建立使用规则，并通过该规则进行选择和使用资源。比如空间信息发布配置中的每个专题图，它记录着空间数据中的图层及特性和符号等信息。应用系统只通过选择使用某个专题图，来获得空间信息服务。配置数据库包括空间数据库发布配置、业务查询配置、业务界面定制、工作流流程配置等。

**3. 属性数据库**

属性数据库用于存储放射源业务属性数据。放射源属性数据库建立需要遵循放射源相关的行政审批过程、放射源基本数据信息及其动态变化过程、监管部门与放射源相关的核与辐射的监督执法过程、核与辐射事故应急处理过程以及上述四种过程的相关技术支持体系。

**4. 空间数据库**

在充分考虑空间数据的数据格式以及地图比例尺、地图投影、地理坐标系统等地图特殊因素，以及整个数据库的冗余度、一致性和完整性等问题基础上，建立空间数据库，存放各种与环境管理相关的空间数据。

根据空间数据的分类和属性，进行分层和分幅存储与管理，允许用户在多种数据库管理系统中管理并使用这些空间数据。利用空间索引技术与传统的数据检索相结合，调用各类空间数据。

空间数据包括如下内容：基础地形图（基础地形数据、水系空间数据、道路交通数据、地质土壤数据、地区矢量数据、遥感影像、航片资料、遥感动态解析数据等），环境专题图（单位分布、放射源分布、监测站分布等各种环境业务专题数据），以及 DEM 数据。

## 四、放射源基础信息管理系统

### （一）放射源信息管理

系统提供放射源信息的管理功能，用户可以方便地查看指定放射源的属性信息和地理信息，以及相关的行业、企业等信息。放射源管理模块实现对各种类型放射源的登记、管理、涉源单位管理以及辐射安全事故应急事件的管理，实现信息的登记、查询、统计、管理（增、删、改）、分析报告、报表输出以及结合GIS 的管理功能。放射源管理包括放射源登记管理、涉源单位管理、GIS 综合管理等模块。

放射源登记管理对各种不同类型放射源进行登记管理。因为不同类型的源所登记的信息有所不同，因此，当选择完放射源类型时，系统会自动跳到该种类型源的登记表格，输入或选择相应信息，完成放射源信息登记。

放射源登记管理即许可证副本台账明细登记的放射源管理项目，包括序号、核素名称、出厂日期、出厂活度、标号、编码、编码卡等。

其他信息包括型号、仪器名称、生产厂家、放射源用途、放射源编码卡（有/无）、放射源图片、工作场所、放射源相关批准文件号（有审批经办程序实现）、备注。

在许可证上对使用单位要求记录现有放射源的信息，同时对该单位历史上使用过的放射源记录其去向。

### （二）涉源单位管理

**1. 信息登记管理**

1）涉源单位基本信息管理

放射性工作单位按照使用情况即许可证正、副本登记的活动种类和范围登记分为：只含放射源工作单位；只含纯射线装置单位；两者共有单位。

2）通讯录基本管理

通讯录基本管理分为两种格式：一种是邮局下发格式，方便设计、可打印输出（信息从数据库单位信息中选择），基本信息有邮编、地址、单位名称、所在部门、收信人（根据需要填写）等；另一种是设计涉源单位便携式通讯录（信息从数据库单位信息中选择），基本信息有单位名称、许可证号、单位编号、邮编、地址、所在部门、联系人、联系电话、手机、E-mail 等格式。

**2. 信息查询统计**

主要内容包括按照单位、放射源、射线装置、非密封放射性物质工作场所等不同数据项，根据固定模板进行查询、自定义查询、定位查询检索，根据统计模板进行统计并生成统计报告、自定义统计内容进行统计并生成统计报告。

### （三）与地理信息系统结合的综合管理

GIS 主要支持地图基本操作及查询（点选、多边形选择、缩放、移动、动态增删标注、图层控制、地图量算、查询和统计、地图编辑及输出等）、最佳路径分析、地图信息多媒体演示、放射源在线监控管理、污染源管理、应急调度、信息查询等功能。可以在电子地图上自动搜寻放射源单位位置，直观查看企业等基本信息及预览企业图片；查看空间范围内放射源的种类、数量及分布，导出报表。

## 五、放射源动态监控体系

放射源监控系统，通过对遥感技术、地理信息系统技术、全球定位技术、数据库技术、通信技术、网络技术等的综合集成，转换为系统专有的定位、视频、管理等多种功能并提供多种监控手段，全天候、全方位实现对每个放射源的视频监控、定位、辐射计量等监控；实现辖下所有放射源属性信息的统一管理；多种报警方式，确保放射源发生任何异常时管理人员在第一时间即被告知；明确各行政部门职能，分配不同等级的系统使用权限，实现放射源的分级管理；建立放射源应急处理预案库，当发生放射源丢失或泄漏时，生成应急处理方案和报表；统一管理放射源各相关数据库，建立统计申报机制，并生成相应的业务数据报表。

**1. 定位监控**

全球定位技术和无线传输技术已经广泛地应用于监控行业和通信行业，我们将两种技术相结合，再加上遥感、地理信息系统等先进的技术，成功实现了不限室内、室外高精确度地实时定位。该项技术的使用，成功地解决了放射源种类复杂、现场安装环境多变的问题，将分布在各工厂企业的危险放射源信息实现完整地监控。

系统将全球定位技术、空间技术、遥感技术与最新的通信技术相结合，做到了不论在室内还是室外都能精确定位。下端设备实时上传放射源的位置信息，中心处理上传的信息并判断监控源是否存在异常，是则通过定制的预案进行报警处理。

**2. 视频监控**

通过视频监控的方式对放射源使用现场进行实时监控是该系统的核心功能之一，为整个系统平台提供可共享的远程视频资源，同时可实现与各个子系统有机联动。

前端视频采集系统主要由各监测点的摄像机组成，完成视频图像信号采集。硬盘录像机或视频服务器实现对每个采集点的视频图像处理，完成对视频信号的数字化处理、图像信号的显示、图像信号的存储及图像信号的远程传输。

以视频的方式对放射源进行实时监控，监控者可以实时查看放射源的使用情况图像，一旦有不明物体进入放射源警戒范围内或放射源被移开正常使用位置，系统可自动将原存储在现场的前一段时间的视频图像传送至监控中心，并实时传送放射源事故现场的视频图像，同时自动启动放射源短信报警和音频报警，所监控的放射源现场画面应在显示器上自动弹出，实现多种报警方式的联动。系统同时可接收公安部门安装的红外报警器信号。

**3. 辐射剂量监控**

工作场所的辐射剂量监控是通过辐射剂量仪器探测工作场所的辐射剂量率，通过辐射剂量率的变化对放射性工作场所的辐射安全进行监控。

辐射剂量仪包括辐射探头、数据采集（含有数据信息的电信号）模块、数据传输模块，以及可根据需求增加的备用电源、门禁等其他监控设备关联的继电控制器。

辐射剂量监控模块接收探测器传输来的辐射剂量数据，并判断该值是否处于报警、失效状态。如放射源出现异常情况，如某一时间或者某一时段的辐射剂量率超过该源点设置的最高阈值，将自动将该数据标记为超标数据并且自动识别此类数据，然后在监控点位和中心监控平台界面上进行报警，该放射源的现场画面也自动弹出。

**4. 入侵报警系统**

入侵报警系统采用的是红外探测技术，分为周界防护子系统及入侵报警子系统。周界防护子系统在放射源区外周界、屋顶、所有风管和建筑开口处均设置相应的周界防护装置。周界防护子系统与摄像监控子系统、出入口控制及相应的实体阻挡装置联动。入侵报警子系统利用传感器技术和电子技术探测和指示非法进入或试图非法进入受控区域的行为并发出报警信息。系统可对设防区域的非法入侵、盗窃、破坏和抢劫等进行实时有效的探测与报警。

通过红外等手段对入侵数据的采集，结合视频、门禁及报警联动系统，将报警信号传送到系统监控软件平台，记录报警信息并实现监控平台报警，对非法入侵事件迅速响应。

**5. 门禁系统**

门禁系统具有循环记录、读卡记录、进出门记录、非法闯入记录多种记录方式，可对容量报警、非法闯入报警、门不关报警、读卡头防撬报警、挂失报警等多种报警事件实时监控记录。

在放射源区安装门禁/出入口控制系统，确保放射源区高度安全性、管理的科学性和对灾害及人为破坏的抵抗和防御能力，加大放射源区的安全防范力度。

**6. 安全巡检系统**

放射源安全巡检系统由前端放射源安全巡检设备和后端放射源监控管理平台组成。放射源安全巡检和放射源监控管理平台之间通过无线网络进行数据通信，安全巡检信息实时传输至放射源监控管理平台数据中心，进行记录处理。环保监管人员通过放射源监控管理平台提供的自动化功能，实现对放射源的动态监管。

**7. 射频识别系统**

射频识别系统一般由电子标签、阅读器、软件管理系统及数据交换系统构成。电子标签安装在放射源的外壳包装上，数量由放射源的数量来确定；阅读器为便携设备，一个阅读器对应监控多个标签；信息存储、管理、处理平台可从阅读器中读取阅读器从外部电子标签中获取的信息，通过对这些信息的统一存储、分析以实现系统的监控管理目的，并为上级信息平台或管理系统提供信息收集和决策支撑。射频识别系统组成如图4-8所示。

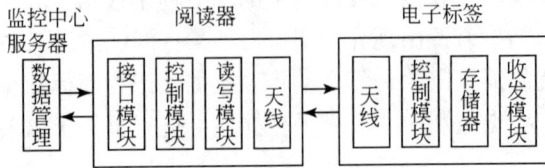

图 4-8　射频识别系统组成

使用射频识别技术后，每个放射源都将拥有一个独一无二的"身份证"。将这种技术使用在放射源标识的识别上，可实现放射源出入库监管，有效防止放射源失控、遗失。配合管理软件的使用，可以为放射源管理部门提供放射源信息的快速获取、查询、综合存储、信息分析、分级管理等功能，为环境保护相关部门实现准确监控和决策管理提供信息支撑。

## 六、知识库

知识库主要内容包括专业词汇、核素物理参数、核素在环境中转移相关参数、核素放射源类别分类、核素毒性、各类转换系数、法律、法规、条例、标准、规范、导则、通知、通告文档等，主要功能包括对知识库文件的添加、删除、查询、编辑、分类等。

## 七、系统维护管理

系统维护管理包括远程中心数据库参数配置、短信报警参数设置、录像参数设置、用户权限管理、仪器配置管理等功能。

## 八、GIS 应用

地图管理模块能够直观展示辖区内各放射源点的位置和状态，还可以实现专题图分析展示等功能。空间分析的功能提供给用户丰富的监控点周边信息，方便地为管理人员提供决策参考。同时在对放射源进行跟踪监控时，能实时提供源的航迹，并且能给出到达该监控点的最佳方案。

## 九、系统特点

### 1. 基于数据中心的系统架构

在数据中心设计上，将业务和数据完全剥离，当业务变化时不影响数据的归档与调用。对数据库的常规管理，由数据管理中心完成。设计极大地增强了数据库的可操作性、可维护性。数据库用于存储系统运行所需的数据包括元数据库、配置数据库、属性数据库和空间数据库四种类型。

**2. 基于 GIS 的放射源管理监控综合业务平台**

GIS 为自动监控业务系统提供了应用程序接口，为需要挂接地图服务的放射源监控管理系统提供针对地图的各类功能。

**3. 多种监控手段的系统集成**

系统集成了辐射剂量监控、视频监控、门禁系统、红外监控、电子标识、巡检系统等对放射源的多种有效监控方式，各种监控方式之间实现联动。

**4. 多级别用户权限管理模式**

根据管理需要可将用户划分成不同级别，最上层是超级管理员。明确各行政部门职能，分配不同等级的系统使用权限，实现放射源的分级管理。不同级别的管理员被赋予不同的管理权限和操作权限。管理员可以创建用户，分配初始密码，也可以将用户划分为用户组进行管理。系统将控制权限分为多个等级，可根据需要灵活地分配给相应的用户和用户组。

**5. 高优化系统架构**

放射源监控管理系统采用 B/S 和 C/S 相结合的系统架构设计，其中后台部分为 C/S 结构，充分利用客户机的资源，客户服务端采用 B/S 结构，使得用户只需网络浏览器就可以实现对放射源的监控与管理。

# 第五节　环境综合移动信息平台建设

社会经济的不断进步与发展，居民对城市环境质量要求的日益提高，尤其是跨越式的增长型经济战略给当今的城市环境治理带来了前所未有的压力，针对城市环境的综合治理显得尤为突出。对环保部门，在发生环境应急事件时第一时间到现场，第一时间传回音、视频、数据，第一时间上报，成了首要任务。而通信3G、微波、卫星技术的发展及改装车辆的规范，为环保执法部门在现场获取一手资料提供了技术保障。

## 一、3G 视频终端

3G 音频、视频终端，采用便携式设计，可单兵背负，无需指挥车的配合即可独立工作，在现场通过无线移动网络（3G 无线网络）和海事卫星 BGAN 直接与指挥中心建立话音、数据联系，报送现场情况，上传现场视频图像，供相关领导及时了解现场情况，获取第一手资料（图 4-9）。

中科宇图天下科技有限公司生产的移动执法采集通信终端，基于 3G 通信网络，采用先进的 NMVS-UH.264 视频压缩算法、媒体视频处理技术，整合了 3G 数据通信功能（图 4-10）。该系统可把摄像机采集到的图像，经视频压缩编码，

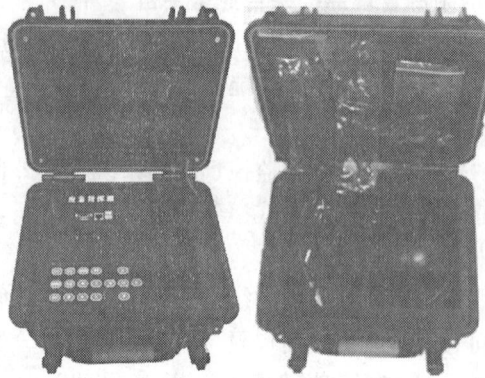

图4-9  3G应急箱

通过3G智能无线通信模块，实时地把动态图像传输到距离用户最近的3G通信网络，用户可方便地通过 Internet/Intranet 访问中心管理服务器，通过计算机、PDA 和监控指挥中心监控实时图像，在总体上实现了视频数据的编解码、加解密、交互、发送/接收和远程控制等功能。3G 通信网络和 Internet 的优势，使客户无论在何时、何地都可以迅速地与该系统连接，方便地实现远程监控管理。

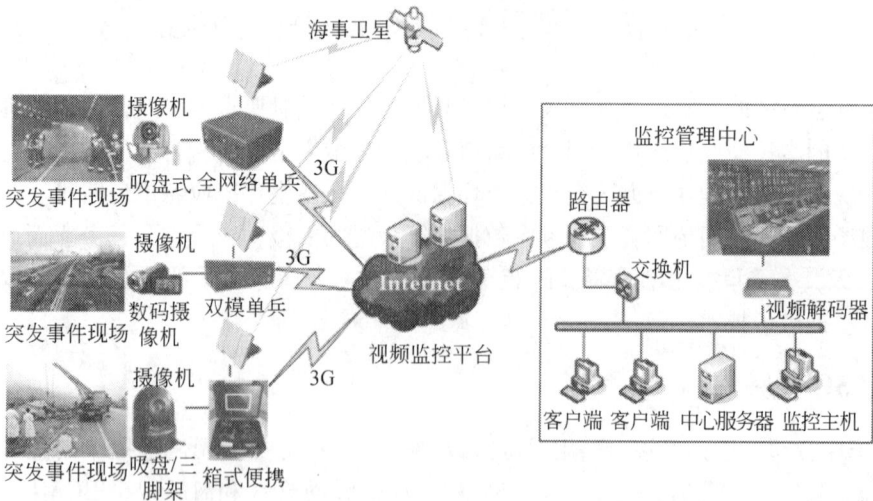

图4-10  移动终端拓扑示意图

（一）产品介绍

移动执法采集通信终端设备采用 IP65 标准便携箱，支持 2 卡 3G 传输，3G

无线网络可选中国电信 EVDO、中国联通 WCDMA 或中国移动 TDSCDMA。内置吸盘式摄像机，通过高铁电池或锂电池供电，供电时间大于 6 小时（可定制供电时间）。便携箱式无线 3G 视频监控系统设备是根据地形条件复杂或监控地点随时变化的场合而特别开发的，完全适用于在突发性事件发生时对事故现场的应急保卫、移动监控、移动指挥活动。

便携箱式无线 3G 视频监控系统适用各种应急救援指挥过程、抢险现场或其他特殊情况的现场处理和控制。现场情况需要实时而迅速地传回监控中心，而事发地点又通常具有不确定性，便携实时监控系统发挥出强劲的技术优势和灵活反应能力，通过无线视频技术将现场情况及时传回监控中心，便于远程指挥和调度，可以极大地缩短反应时间，便于快速远程调度指挥。

## （二）主要功能

### 1. 调度指挥功能

实现紧急突发事件处理过程现场视频图像采集上报、实时音视频交互、应急现场支持，使得相关政府部门对应急突发事件的情况了解更加全面、对突发事件的反应更加迅速、对相关人员之间的协调更加充分、决策更加有依据。同时，系统还大大降低了工作人员的工作难度。

### 2. 现场的实时视频监控和采集

通过配置高质量的摄像机和耳麦，对现场进行高质量的视频采集以及数据的实时采集和交互。

### 3. 监控信息的存储和备份

启动监控指挥中心的计算机中心管理服务器录像功能，前端现场的音、视频信号经过模数转换、编码压缩，传送到应急指挥中心的中心管理服务器，通过中心管理服务器进行集中录像。

正在运行的监视器可对当前监视的视频图像进行实时录像。

该功能为事后取证提供依据，同时可对典型事件进行编辑，为环保部门对同类型应急事件处理处置提供参考。

### 4. 电子地图

系统支持电子地图访问，以空间数据库为基础，将应用数据与地图有机结合，提供强大的空间分析和查询功能，以丰富的表达方式直观地显示结果。

### 5. GPS 定位

系统支持 GPS 定位功能。

### 6. 无线上网

把视频采集传输终端和笔记本电脑连接，就可以利用双网络视频采集传输终端的 1 卡 3G 无线数据传输功能，实现笔记本电脑的 1 卡 3G 无线上网。

### （三）产品特点

（1）嵌入式模块化设计，内置硬件狗，保证系统运行稳定可靠。支持视频、数据业务，双向语音通信，音、视频同步。

（2）2 卡 3G 无线网络传输，可选中国电信 EVDO、中国联通 WCDMA 或中国移动 TDSCDMA 。

（3）超强、高效的 NMVS-UH.264 编码，带宽自适应和独有的前处理技术，把握视觉细节，保证了高品质的图像（352×288 或 704×576）和流畅性的视频（最高可达 25 帧/s）。

（4）独有的可靠连接技术，针对 3G 无线网络设计，在恶劣网络条件下保障视频流畅传输。

（5）支持多种 PTZ 协议，协议可扩展。

（6）支持本机硬盘录像、中心计算机服务器集中录像、客户端录像。

（7）采用高铁电池或锂电池供电。

（8）设备体积小，重量轻，便于携带使用。

## 二、工业三防手机

工业式"环保通"移动执法终端是一款采用 Windows Mobile 开放操作系统的专业型多共功能移动 GIS 平台。它具有高度集成化的功能设计，工业级的防尘、防水、防震性能，高端的硬件配置，提供丰富的软、硬件接口和多种无线数据通信模式；支持野外恶劣环境下作业；内置蓝牙、GPRS、摄像头，大容量锂电池，支持高容量存储卡；实现真正的移动执法及办公（图 4-11）。

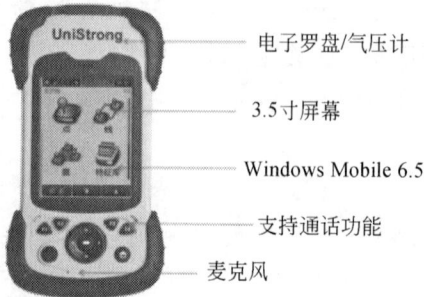

电子罗盘/气压计

3.5寸屏幕

Windows Mobile 6.5

支持通话功能

麦克风

图 4-11 工业式"环保通"移动执法终端

## （一）产品介绍

### 1. 操作平台

开放式 Windows Mobile 操作系统的移动执法平台。

### 2. 采用工业级三防设计

防水、防尘、防震；任意方向直接受到水的喷射也不会对设备造成损害，完全防止灰尘的进入。配合 1.5m 的防摔抗震能力，非常适应恶劣的户外工作环境。

### 3. 屏幕设计

专业的户外光源漫反射设计，在强光下依然可以清晰地看见屏幕内容。

### 4. 手机配置

内置蓝牙、语音通信（手机）、摄像头，大容量锂电池，支持高容量存储卡，带正版详细地图的导航软件以及重力传感器、电子罗盘、气压计，可以进行数码摄像、照相。

### 5. 定制模块

内置业务表单定制模块，根据不同的业务可以灵活定制各种业务应用表单。

## （二）产品优势

### 1. CPU 核心，全能极速

采用专业级定制的 UniStrong MG7 Pro 处理芯片，具备了全硬件的视频 Codec、图形加速和硬件 DSP 等处理器核，类似于 PC 的多核设计理念，MG7 Pro 处理器实际计算能力是其他平台 4~6 倍。应该说 MG7 Pro 已经不再是一个 CPU，而是一个 CPU、显卡、声卡俱全的单芯片微型 PC（PC on a Chip），内置 2D 图形系统硬件加速引擎，几何绘图时硬件加速，加载地图迅速。体验极速工作，不必再为了加载地图时的等待而烦恼。

### 2. 工业三防，坚固耐用

工业级 IP66 的防水、防尘、防震设计。

### 3. 电子罗盘，气压测高

内置重力传感器、电子罗盘和气压高度计，即使在卫星信号不佳的情况下，也可为用户准确提供方向、气压以及高程等信息。气压高度计，简明的图像方式表现地形坡度变化，使人迅速掌握地形地貌。不论身在何处，密林还是隧道，都能够通过电子罗盘掌握正确的前进方向。

### 4. 蓝牙扩展，无线互联

内置蓝牙，Bluetooth V2.0 无线技术，支持 EDR，方便了设备之间的数据共享和备份。支持连接蓝牙条码扫描器、蓝牙 RFID 阅读器和蓝牙现场打印机，极大地丰富了扩展应用。

**5. 高清摄像，全景属性**

内置 300 万像素摄像头，搭配 6 倍数码变焦及自动对焦能力，具备丰富的功能设置，配合 3.5 英寸液晶屏取景，为使用者带来更清晰便利的使用感受。可以实现拍摄带有经纬度信息的图片，为地物提供最直观的图片描述，可以非常方便地将地物的位置数据、属性数据和图片进行关联。支持视频拍摄功能，更好地还原野外地形地貌及工作情况。配合大容量 Micro SD 卡，拍照的数量和摄像的时间可以无限量扩充。

**6. GPS 引擎，专业可靠**

内置专业 GPS 引擎和高性能 GPS 天线，收星灵敏稳定，可以最大限度地提高在不利环境下的定位速度，具有良好的野外和城区工作能力。支持外接 GPS 接收天线，从而保证在恶劣环境下不间断进行作业。内置 A-GPS，大大缩短了首次捕获 GPS 信号的时间，工作效率倍增。

**7. 触控屏幕，一指操作**

采用国际液晶屏专家 Casio 的最新一代 3.5 寸 QVGA TFT 显示屏，阳光下清晰可见，采用全新的 BlanView 技术，户外效果更优于传统半反半透屏幕。支持触摸功能，长达 50 000 小时的超长寿命设计，为野外工作提供良好的显示效果。配合 Windows Mobile 6.5 操作系统，所有界面操作更简单、更直观。

**8. 支持通话，随时沟通**

支持 GPRS，为无线数据传输和网络通信提供了便捷的途径。支持通话功能，野外联系更方便。

**9. 路网导航，一机多能**

搭载了成熟高效的 Windows Mobile 智能操作系统，经过工程师的精心优化，反应速度更为出色。强劲的扩展性能不仅可让使用者自行安装丰富的 GIS 应用软件，更支持安装正版 UniStrong 征途导航软件，专业的导航能力可以带领使用者穿梭于不同的工作地点，再也不会为了找不到目标地物而烦恼。

**10. 高容电池，超长待机**

采用 3000mA 的超大容量锂聚合物电池，配合整机的低功耗设计，待机时间长达一周以上，典型的工作环境下，能提供超过 18 个小时的电池支持，完全能够保证一天的野外工作。

# 三、单兵应急通信设备

系统可以集成单兵 3G 和微波两种监控传输方式的应急通信设备，并提供详细配套单兵系统集成解决方案（图 4-12）。

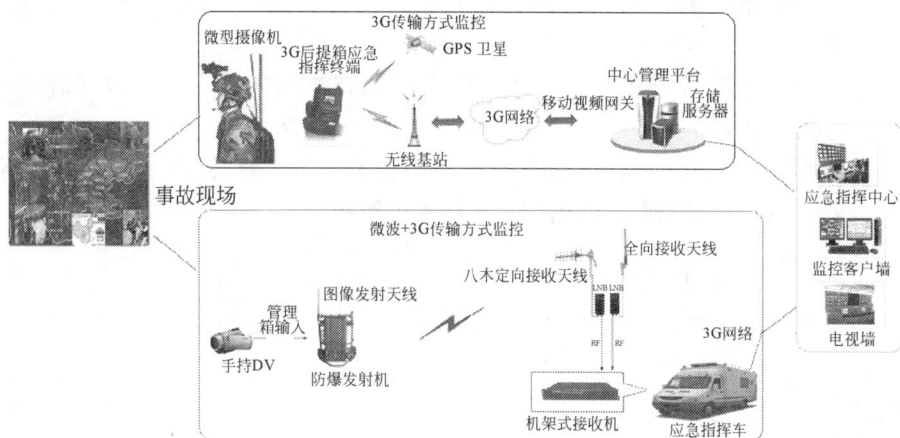

图 4-12 单兵监控系统示意图

## （一）微波单兵系统

单兵监控系统适用于突发性事件或其他特殊场景的现场处理和控制，可实现多功能、多媒体、多单位的协同指挥，便于远程指挥和调度，缩短了处理反应时间。

防爆专用发射机系统可以采用固定地点摄像（机动）和运动跟踪摄像（移动）相结合的方式，在城市环境、郊区环境和山地环境等不同位置、不同角度对重要场景和主要部位进行高质量图像拍摄，并将所拍摄的图像、声音信号通过无线电或微波的传输方式传输到各接收地点，再通过其他路由传输到指挥中心，进行视频信号的分发和处理。

发射机采用全封闭防爆设计，具有防爆、防震等特点，而且符合爆炸性气体环境用电气设备第 1 部分：通用要求（GB 3836.1—2000）和第 2 部分：隔爆型"d"（GB 3836.2—2000）防爆标准，特别适合化工、油田、矿山等野外恶劣环境使用。

本系统的单兵通信设备，具备如下功能特点：

➢ 图像传输前端设备可固定、便携、车载使用；

➢ 采用 COFDM 调制技术和 MPEG-2 图像压缩技术，可以确保传输的高性能和图像的高质量；

➢ 所有前端都具有非视距、运动中传输的功能；

➢ 前端设备使用通用视频接口，即可以连接专业防爆摄像机，还可以连接普通模拟摄像机和数码摄像头（包括头盔式摄像机）；

➢ 设备采用国家检验合格的 PH-G0401 防爆机壳，采用壳体散热方式的结构，为系统带来更高的安全性，机壳具有防爆、防震功能；

➤ 设备的电源充电接口使用军用防水插头，电源采用下压打开有指示灯显示的开关，方便实用；

➤ 设备前端内带可充电锂电池，可在电池充满电的情况下独立工作 3 个小时；

➤ 该系统主要用于地面人员在易燃易爆场所进行实时视频和声音信号的传输，也可在水面航行的船舶上进行实况传输。

## （二）"3G"单兵系统

应急指挥系统就是针对突发紧急事件如地震、火灾、洪水、流行性疾病爆发等而开发的一整套系统，为政府进行应急对策、应急指挥提供相关信息，具有灾情信息获取、信息共享查询、快速评估、辅助决策、命令发布、现场指挥、动态显示、信息公告等功能，并为实现应急指挥的"通信畅通、现场及时、数据完备、指挥到位"提供技术保障。

本系统基于 3G 无线传输的视频监控系统，将便携应急指挥终端和子弹式摄像机配备在前端单兵身上，通过两者将事故发生地点的图像进行压缩、编码传输到后端指挥中心的监控平台上面，方便后方领导的观看与指挥调度工作。

3G 无线传输视频监控系统流程如图 4-13 所示。

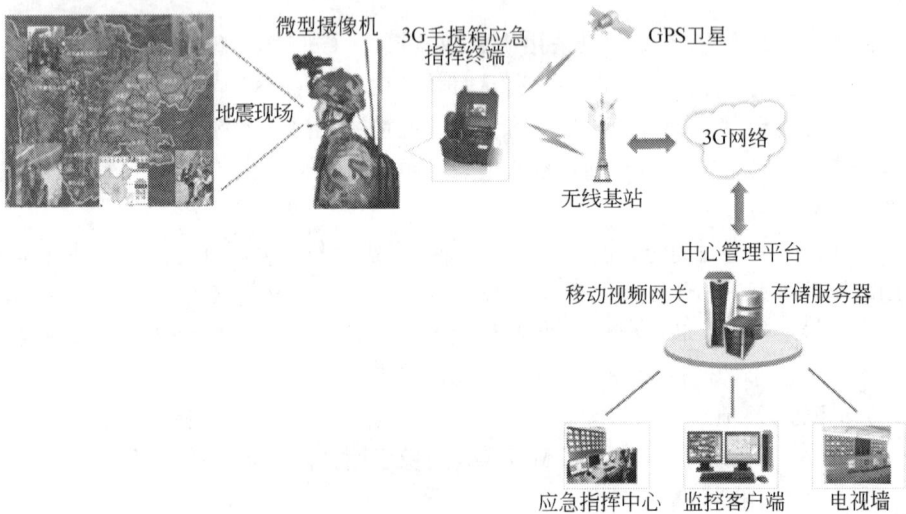

图 4-13　系统连接示意图

系统分为前端子系统、承载网络、监控客户端三个部分。

1）前端子系统

前端视频采集系统由便携应急指挥终端、子弹式摄像机等组成。其中便携应急指挥终端作为核心设备，负责将摄像机采集的各监控点视频图像压缩编码后通过3G无线网络上传到监控中心，实现视频的远程观看。当然内置的GPS模块还可以将单兵所在的位置准确可靠的实时上传到应急指挥中心，使指挥中心时刻了解以便快速调度。

2）承载网络

通过3G无线网络把前端的视频数据传输到后端应急指挥中心的监控平台上。

3）监控客户端

通过应急指挥中心的PC上面的监控平台或者一部安装了手机监控客户端的3G手机来观看现场的情况、指挥和调度前端单兵执行任务，保证整套应急指挥任务顺利完成。

## 四、执法记录仪

执法记录仪是满足环境管理执法部门实际需求的一类高科技全天候单兵产品，适用于各个执法单位及执法人员。此类产品集数码摄像、数码照相、对讲送话器功能于一身，能够对执法过程中的现场情况进行动态及静态数字化记录。执法记录仪产品一般具有重量轻、体积小、存储空间大、便于佩戴和防水、防震、抗摔等优点，同时部分产品内置红外灯，可保证在全黑环境中清晰记录执法图像，便于环境执法人员在各种环境中全班制执法使用。

现有执法记录仪又可细分为无线头盔式、肩配式、一体化手电式等多种类型，简要介绍如下：

### 1. 无线头盔式

无线头盔现场执法记录仪，由无线头盔摄像机和无线高清晰DVR录像机组成，是现代化执法有效产品，在处理一些需要取证或者争执较大的社会纠纷时发挥重要作用。

为提高执法公信力，减少执法争议，使用电子设备记录执法者执法过程已逐渐成为各级管理部门的共识。无线头盔现场执法记录仪的出现，很好地解决了以上问题。巧妙地集高清晰录像、录音、现场浏览回放功能于一体，摄像机与主机分开，摄像机重量仅为15g左右，有效减轻了执法者负担；固定在头盔上，无需手持操作，与人眼同步录像，解放了双手，使工作效率和专业形象得到提升。在遇到突发情况时，能第一时间进入工作状态，避免误操作，便捷可靠。

### 2. 肩佩式

肩佩式执法记录仪可以对执法现场进行静态、动态音频视频记录，还可以与对讲机连接，作为肩咪使用，此类产品具有超大容量、超长使用时间、超大广角摄像头、超强稳定性、功能完善的后台记录程序等优点，使监督管理更轻松。

### 3. 一体化手电式

手电筒式现场执法记录仪是一款专用的夜间取证设备，具有独特精巧的隐形外观设计。此类产品体积小、重量轻，时尚耐磨；方便各种场合轻松录影。支持夜晚 LED 摄像或 LED 强光照明，是夜间取证必备工具。

手电式产品广泛应用于巡特警、治安警察、行政执法取证、保安夜间巡逻及各种夜间执法取证等。

常用的产品如下特点：

（1）高清晰夜间录像、照相；

（2）高速动态录影，明暗环境瞬间适应；

（3）视频分辨率：640×480；

（4）照片分辨率：1600×1200；

（5）先进的图像压缩技术，节省存储空间；

（6）2400mAh 大容量可充电锂电池；

（7）可以用作电脑摄像头，便携式优盘；

（8）内置大容量存储器，2G/4G/8G 可选；

（9）操作简单，一体化灯控指示；

（10）强光 LED 夜间照明。

产品配备主要有手电筒式现场执法记录仪（强光型）、专用充电器（DC5V/1A）、USB 数据线等。

## 五、环境应急指挥车、监测车

### （一）环境应急指挥车

#### 1. 概述

环境应急指挥车是一种适用于在突发环境应急事故情况下应急指挥的工具和手段。在发生环境应急事故时，部署多媒体调度系统和视频回传系统的环境应急指挥车快速到达现场后，将现场的视频通过卫星回传至指挥中心。通过车载指挥调度系统，调度现场人员对讲机、手机用户、固定电话等终端，并将现场处理情况实时上报给领导决策。同时现场人员或领导可通过手机、对讲机等终端发起应急会议。

通过在环境应急指挥车内部署无线图传基站，可做到现场环境应急指挥车覆盖 2~5km 无线信号，单兵人员可携带音、视频终端奔赴前方突发事件现场，将拍摄的实时图像回传至环境应急指挥车，环境应急指挥车可开通回传通道，将事故地点的最新视频图像实时回传至指挥中心，指挥中心可根据现场事故的最新进展调度车辆及安排救护、疏散等工作。

在环境应急指挥车与总部的数据链路传输方式上，我们推荐使用卫星联网方式，通过之前的环境应急指挥车的部署经验，即便发生地震、洪水以及冰冻雨雪等严重自然灾害的情况下，依然可采用卫星数据链路回传音、视频数据，保证环境应急指挥车可以在恶劣环境下运行工作。

### 2. 系统拓扑图

从图 4-14 可以看出，整套应急指挥系统主要由指挥中心和环境应急指挥车两部分组成，中心和环境应急指挥车通过卫星网络进行通信。

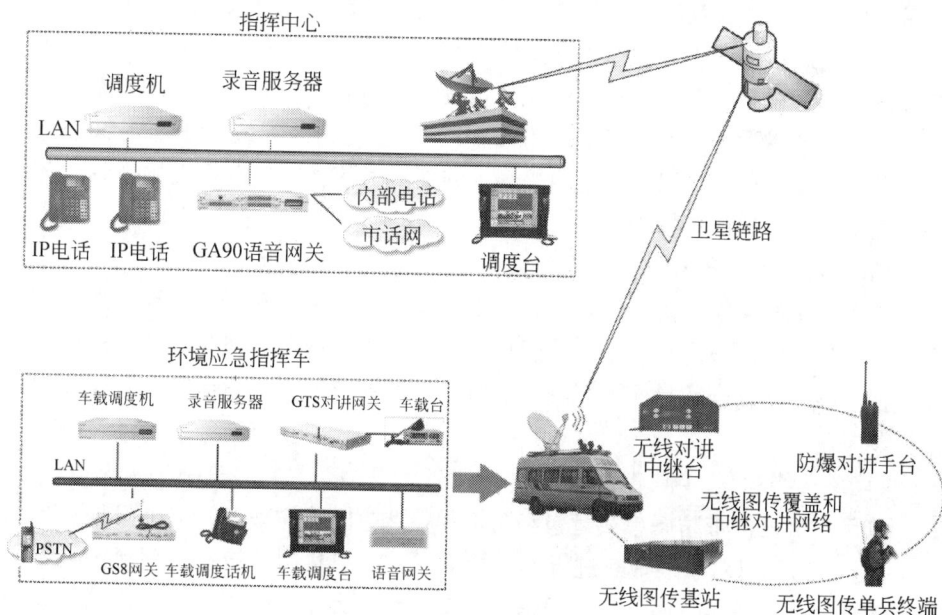

图 4-14  系统拓扑图

指挥中心主要部署调度机、调度台、录音服务器、中继语音网关、卫星收发装置、终端话机等设备，完成各个环境应急指挥车收集的信息汇总，并负责协助指挥车联系相关单位、领导、专家等人员，远程指挥现场人员工作。

环境应急指挥车主要负责连接现场多种网络，包括宽带无线图传网络、短波集群网络、IP 电话、GSM/CDMA 网络、卫星网络等电话设备，使用各种终端的工作人员可以统一协同工作。通过环境应急指挥车有效整合各种不同网络下的终端设备，不同制式的通信终端真正做到了多网融合、通信无死角，大大提高现场应急通信效率。

### 3. 环境应急指挥车组成

环境应急指挥车是通过对车辆的内部进行合理布局以适应环境应急指挥工作需求的工具。整个指挥车系统以通信系统为核心，包括数据通信、语音和视频通信。车载卫星地面站提供 512Kbps ~ 4Mbps 的卫星数据链路，作为目的地通信（快速通）；路由器、集线器、无线路由器组成车载局域网，实现多台设备连接。

从功能上划分，环境应急指挥车包括无线接入台、语音调度系统、视频回传系统等。

环境应急指挥车通过卫星和指挥中心连接，以实现应急现场话音、视频、数据的互联互通。主要用于现场的应急指挥，总体技术要求是：主要安装宽带卫星、无线通信、数据通信、视频采集设备及服务器、调度主机和调度台及无线等设备。在行进中，实现实时调度并实现语音通、数据通、图像通。

环境应急指挥车视频通信系统主要由车顶云台、支持夜视拍摄功能摄像机及其控制器、音视频分配器等设备组成，负责将采集的实时图像传送到指挥中心。

环境应急指挥车上部署无线系统，用于应急现场的无线覆盖。在这个范围内，环境应急指挥车可以在车群内进行无线对讲通信，并可以将现场视频、环境采集数据上传给地面指挥中心。

1）宽带无线图传网络覆盖

适用于车载系统的无线覆盖设备，支持多远端与多中心组网，满足多个移动台与中心站之间的双向宽带多媒体通信，适合要求高清晰度视频传输、双向语音和数据交互、移动台数目多、无线环境复杂、覆盖范围大、通信质量有保障的特定行业应用。

2）单兵终端

单兵人员可携带防爆单兵背包和防爆 DV 摄像机前往现场，在事发地点单兵人员可打开 DV 机对事故地点进行详细拍摄，通过单兵图传设备将现场的视频信号回传至移动通信车，回传移动通信车的有效距离大于 2 公里。在拍摄的过程中摄像机和后方视频服务器要存储现场视频数据，为后期事故分析保存第一手资料。单兵设备终端具有 IP 接口，可供笔记本等设备通过 IP 和卫星链路访问指挥中心数据库。

3）车载视频监控系统

通过在通信车顶部加装架式云台摄像头的方式使调度员可以多角度观察现场通信车周围的实时情况。云台摄像头支持夜视功能，可支持透雾拍摄 500m，同时将图传系统接入。

4）视频回传系统

视频回传系统可以将现场的图形实时传回总部，通过音视频编解码器将现场监控头、摄像机等设备的图像通过卫星通道回传指挥中心。

应急车的视频处理系统完全可以独立工作，可以及时处理单兵设备回传的视频信息并发送至指挥中心，为总部提供及时、有效的现场信息。

音视频编解码器采用 H.264 视频压缩技术，能在现有的连接速率下显著提升视频质量，或者以一半的连接速率，获得现有的视频效果。

H.264 为用户带来的另一个好处是大大改进了网络出错时系统的性能，其压缩性能的显著提升将使现有的应用方式（如视频会议、Internet 上的视频流应用、卫星数字电视和有线数字电视）以更低的成本提供更高质量的视频效果，并将开发出更多以前由于资金和技术问题无法实现的新的视频应用方式。

5）语音调度系统

该系统将标准的语音信号（包括无线 、电话、传真等）转换成 IP 格式，通过卫星系统传到车载卫星系统，可以使指挥中心、应急现场人员实时交流，从而能够使指挥中心人员实时了解现场的情况，对救援行动进行快速、有效的指挥。

应急车内的语音调度系统，本身自成体系，完全可以独立对现场进行指挥调度，可以进行灵活的分级分组处理，可快速配置多种调度方案。

调度台具有语音调度功能，可以对系统进行配置和管理，并通过触摸屏进行调度操作。由于车载系统的移动性较强，用户可以选择手台、车载台或车载调度话机进行调度通信。

各种终端之间可灵活分组，每个终端均可发起本组的集群对讲和发起应急会议，包括对讲机、手机、固话、车载话机等。

**4. 环境应急指挥车优势**

1）分布式调度（环境应急指挥车需配备车载调度机）

地面指挥中心和应急车分别配备独立的调度系统，调度机和视频服务器可作为主从关系存在，现场应急车中的设备可以实时将现场数据上传至指挥中心总服务器。在卫星链路有压力或失效的情况下，现场应急车调度系统自成体系，完全可以独立对现场进行指挥调度，可通过现场应急车的视频服务器召开局部视频会议、对本地视频信息进行录像和保存，很大程度可减少卫星链路压力。二级分布式调度系统，可协同工作，可互为备份，可分担压力，是整套系统的优势所在。

2）协同调度

系统支持多调度台协同调度，可以让现场人员和远端指挥中心的人员实现异地协同调度，极大提高工作协同的能力。

3）专用技术，保障语音

调度机采用专门的优化技术，使得整个语音和传真在单卫星、双卫星的情况下都有非常好的表现。

4）多种接口确保对外通信的畅通

调度系统支持卫星通道、本地无线通道、现场 PSTN 接口、GSM/CDMA 无线网关等多种对外通信的接口，可以在不同情况下，最大地保障通信畅通；并且可以和无线对讲系统对接。

5）全面的调度功能

调度系统不仅仅提供简单的通话能力，还提供了丰富的调度功能，例如强拆、强插、监听、禁话、通播、组播、会议等调度功能，在紧急时刻争分夺秒，保障信息的上报和任务下达。

6）全IP通信平台，视频语音调度融合

采用先进的全IP平台，将视频、语音调度等融合为一，在同一个无线、有线、卫星通道上实现了视频回传、应急语音调度等多种功能。

7）多种应急指挥方式并存

以指挥调度中心为核心的平台下，依托各个车站的有线网络、无线网络，形成现场二级调度，将实时的图像回传到指挥中心；并快速建立起现场指挥调度的通信平台。

8）无阻塞通信

无线对讲调度中，调度机提供所有调度成员的无障碍通信能力，在调度作业中，所有成员可以同时并发通信。针对所有调度成员使用无线手机，无线图传系统同样提供了大容量用户并发能力，全力配合调度作业。

## （二）环境应急监测车

### 1. 概述

环境应急监测车是一种适用于在突发环境污染事故情况下的应急指挥监测的工具和手段。环境应急监测车不受地点、时间、季节的限制，在突发性环境污染事故发生时，可迅速进入污染现场，监测人员在正压防护服和呼吸装置的保护下立即开展工作，应用监测仪器在第一时间查明污染物的种类、污染程度，同时结合车载气象系统确定污染范围以及污染扩散趋势，为政府管理部门的应对措施、预警机制决策以及环境管理需求提供技术支持。

### 2. 类型与配置

常见的环境应急监测车主要包括大气应急监测车、水质应急监测车以及集成了大气应急监测和水质监测功能的大气、水质应急监测车。此外，还有一些专用监测车，如用于放射源泄露等辐射环境污染事故现场应急监测的辐射应急监测车。

环境应急监测车通常由车体、车载气象参数测试系统、车载环境污染自动监测系统、应急软件支持系统、车载实验平台、GPS定位系统、车载电源和应急防护设施等组成。

### 3. 性能的基本要求

环境应急监测车的建设，从技术角度看，其难度是相当大的。环境应急监测车必须满足以下性能需求：

（1）监测技术能力覆盖面足够广。起码能覆盖本地区可预见的主要污染事故监测和完成管理需求的特定监测。

（2）响应启动时间足够快。应能在最短时间内提供监测结果，至少包括污染性质、程度及可能的扩展等定性监测结果。由于监测对象的种类、浓度不可预期，检测仪器的选型存在一个很大的问题。要完成快速检测，对检测仪器的快速稳定性也有很高的要求。针对当前分析技术和监测仪器发展的现状，比较现实的方法，就是选用通用型多参数分析仪器和快速检测仪。

（3）车辆内部仪器布置要合理。在样品的采集、前处理和典型样品的保存方法上，由于车内空间和条件所限，需要对车内仪器设备的布置进行合理设计。

（4）有一定的自我防护和对恶劣条件的适应能力。为保证监测结果的真实性、代表性和有指导意义，通常应急监测点位必须选择在监测现场的下游区域，而这里也是条件比较恶劣和复杂的区域，这又产生对监测人员的安全保护和提供仪器正常工作必需的电源、水源、气源等方面的问题，除必须保证机动车自身技术性能外，对应急监测车的工艺技术和防护技术也就提出更高的要求。

（5）有较完善的信息传输和通信功能。为了保证应急响应决策部门能够快速、准确掌握事故地点的情况，为决策部门提供准确、及时的信息，应急监测车必须有完善的信息传输和通信功能。

**4. 车体与车载仪器设备配置**

（1）软件系统及其平台：服务器、交换机、串口服务器；

（2）辅助设备：交流明供电系统、UPS电源系统、发电机（5kW）、车载备用电池组、洗手池、福星车顶（含爆闪灯）、净水箱（30L）、污水箱（30L）、沙发座椅、顶置冷暖驻车空调系统、工具箱、车载理化垃圾试验台、倒车监视系统、减震系统、电动水泵、车载冰箱、DVD影像系统、强光防爆手电、便携式强光防爆灯；

（3）安防设施：洗眼器、急救包、灭火器、车内正压装置、半封闭化学防护服、全封闭化学防护服、全面具、自给式空气呼吸器；

（4）视频传输和通信设备：防爆无线对讲机、车载电话、GPS全球卫星定位系统、车载静/动中通卫星、卫星路由器。

**5. 环境监测车优势**

（1）全天候连续监测；

（2）整车采用正压装置控制车内压力，有效预防环境有害气体对操作人员造成损害；

（3）顶置式空调系统和排风系统，保证车内仪器和工作人员适宜的工作环境；

（4）车外设有防水外接电源插座，整个电路系统采用国际标准电缆；

（5）车载大功率 UPS 备用电源，可在到达现场前提前预热设备，当外部电网停电后可迅速提供后备电源供电；

（6）配备独立式发电系统和净化稳压电源，适合野外长时间不间断供电使用。

# 六、无人机

无人机即无人驾驶飞机（unmanned aerial vehicle，UAV）。它自 20 世纪初诞生以来，至今已有 80 多年历史。特别是在电子和航空技术飞速发展的推动下，无人机的发展受到了各国的重视。

目前无人机在环境领域的应用主要集中在两个方面：一方面采用无人机对水污染范围、垃圾分布范围、烟囱废气排放状况等进行大面积调查；另一方面通过搭载环境空气质量监测仪器，进行气体（或粒子）浓度的监测。

现有以环境应急监测车、环境应急监测船和便携式环境应急监测设备为主构成的环境应急监控体系存在复杂地形条件下难以到达、响应速度不高、监控范围有限的问题。在突发环境事件发生时，通过在无人机上搭载图像或视频监控设备，快速了解环境现场信息，实现空中全景接入；通过搭载气体监测设备和气象参数监测设备，在低空快速飞行过程中，掌握污染物浓度分布情况，能够有效弥补现有环境应急监测体系的不足，极大提升环境应急响应速度。

针对目前我国环境应急监测的研究现状和需求，中科宇图天下科技有限公司研发了多功能环境应急监测系统。目的在于通过对无人机飞行器平台的改造和对任务载荷组件模块化开发以及软硬件集成，实现一架无人机平台可搭载数码相机、摄像头、有毒有害气体检测仪和气象参数监测仪中的一项或多项任务载荷。在环境事件发生时，通过采用这种环境应急无人机可实现空中全景接入，快速大范围进行气态染物浓度分布情况调查以及气象监测，并保障监测数据的实时传输和快速处理分析，为环境应急响应提供决策依据。

## （一）系统组成

多功能环境应急监测无人机系统包括无人机平台、地面测控与数据处理系统和任务载荷。无人机平台包括固定翼无人机、无人直升机等；地面测控与数据处理系统包括遥测电台、计算机、显示器、遥控电台、硬盘录像机等；任务载荷包括航拍设备、视频监控设备、气象参数监测仪和多参数有毒有害气体检测仪四类（图4-15）。

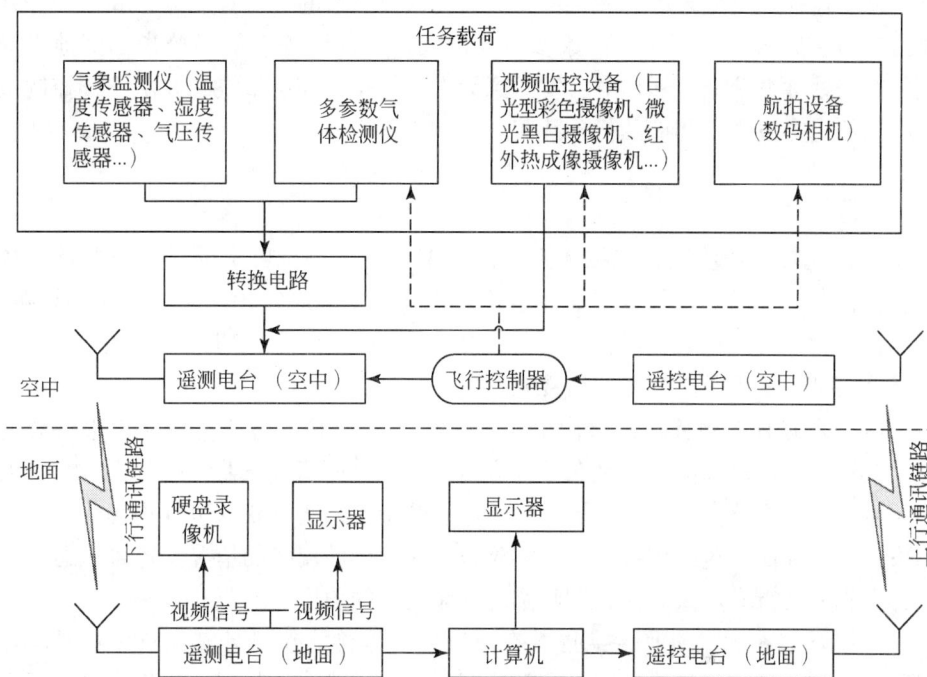

图 4-15　多功能环境应急无人机系统结构图

　　航拍设备、视频监控设备、气象参数监测仪和多参数有毒有害气体检测仪这四类任务载荷均以组件式模块化设计，可根据需要方便地在无人机平台上灵活选用也可以同时搭载，从而实现航拍、视频监控、有毒有害气体检测和气象监测多项功能。

　　视频监控设备可以是摄像头、日光型彩色摄像机、微光黑白摄像机、红外热成像摄像机等多种航拍设备。视频监控信息通过遥测电台可实时传输到地面测控与数据处理系统，并进而由地面测控与数据处理系统的显示器进行显示，同时将视频数据存储到硬盘录像机中。

　　气象参数监测仪包括温度传感器、湿度传感器、压力传感器等多种气象参数监测传感器。气象参数监测仪监测到的温度、湿度、压力等气象数据通过数据转换电路转换后，经遥测电台实时发送到地面测控与数据处理系统，并进而由地面测控与数据处理系统的计算机进行处理分析。

　　多参数有毒有害气体检测仪，可以同时搭载多种气体检测传感器，并可根据需要进行灵活更换。具体检测内容包括 $CO$、$H_2S$、$SO_2$、$NO_2$、$NO$、$Cl_2$、$HCN$、$NH_3$、$PH_3$、$ClO_2$、$HCl$、$VOC$ 等。

　　地面测控与数据处理系统，其特征在于可实现对飞行控制、任务载荷设备控制、环境监控数据处理等一体化操作。对无人机平台的飞行控制命令和对任务载荷（有毒有害气体检测仪、气象参数监测仪、航拍设备）的操控指令由地面测控与数据处理系统通过遥控电台发送到无人机的飞行控制系统，并由飞行控制系统将相关指令发送给相应的任务载荷。

## （二）系统功能

（1）航拍是环境应急监测无人机的基本功能之一。可实现对各类事件现场的航拍作业，地面测控与数据处理系统的软件可实现对航拍影像的校正和拼接，从而快速为事件处理处置提供必要的高精度影像资料。同时也可以为生态调查、电子地图生产等提供必要的数据资源。

（2）所述任务载荷换做摄像机（或摄像头）可在应急指挥中实现事件现场空中全景接入。该功能主要是在环境应急监测车、环境应急监测船和人员难以到达的情况下，充分发挥无人机平台灵活机动的特点，实时获取事件现场信息。现场决策者在地面通过测控系统可以实时查看污染事件现场的情况，还可以通过控制无人机的飞行高度及方位，调整实时视频监控的角度。

（3）通过在无人机平台上搭载有毒有害气体检测仪，可实现对飞行器所在场所空气中的特定污染物进行检测和浓度测量。所获取的数据通过遥测电台以无线传输的方式实时发送到地面测控与数据处理系统，并进行处理分析，为应急响应提供决策依据。

（4）通过在飞行器上搭载气象参数检测传感器，可实现对温度、压强、湿度等气象参数的监测，所获取的监测数据通过遥测电台以无线传输的方式实时发送到地面测控与数据处理系统，并进行处理分析，为应急响应提供决策依据。

（5）地面测控与数据处理系统可实现对无人机平台的飞行控制，并对监测、监控数据进行分析处理。地面测控与数据处理系统是基于 GIS 平台开发的，可实现对无人机的航迹显示与远程控制，接收无人机传输的数据，对接收到的数据基于 GIS 进行展示与空间分析。并结合软件系统的辅助决策分析功能，为应急响应方案（如人员疏散范围）的制定提供依据。

## （三）仪器设备性能

### 1. 无人机飞行器

无人机飞行器可采用固定翼无人机和无人直升机两种。

（1）固定翼无人机：标准任务载荷>15kg、起降抗风能力>5 级、升限 5000m、通信距离（无中继）可达 20km 以上（无遮挡）、带最大任务载荷续航时间>1.5h。

（2）无人直升机：最大飞行高度可达 2500m 以上，最大载荷大于可达 20kg、带最大任务载荷续航时间>1h。

**2. 多参数有毒有害气体检测仪**

连续工作电池工作时间>8 小时，泵吸式采样，采样流速 400cc/min，温度 -10 ~ +45℃、工作湿度 0% ~95% 相对湿度（无冷凝）。

监测指标包括 CO、$H_2S$、$SO_2$、$NO_2$、NO、$Cl_2$、HCN、$NH_3$、$PH_3$、$ClO_2$、HCl、VOC，指标可扩展，精度 1ppm，量程可调节。

**3. 气象参数监测传感器**

温度测量范围 -90 ~ 50℃；测量精度 <0.3℃；湿度测量范围为 0% ~ 100%；测量精度 <5%；气压测量范围为 500 ~ 1050hPa；测量精度 <0.5hPa。

# 第五章　环境应急处置调度体系建设

## 第一节　环境应急联动体系建设

我国突发环境污染事件根据事件的性质及污染程度分为四个级别，事件的发生级别不同，应急响应的级别也不同。作为地方环保部门，在处置污染事件时，一般纵向涉及省、市、县三级联动，横向涉及当地政府的多个职能部门，应急联动体系建设是保障快速应急响应的重要前提。地方环境应急联动体系建设重点是做好市、县两级的应急联动网络及调度指挥系统建设。

### 一、环境应急监控网络建设

环境应急监控网络包括环境监控网络及环境应急视频调度网络两方面。环境监控网络包括地表水自动监控系统、地下水自动监控系统、饮用水源地自动监控系统、污染源自动监控系统、12369污染举报系统、网络举报系统，还有企业值机人员信息反馈系统、日常巡查巡检信息反馈系统等。各系统均与各级环境监控指挥中心相连接，形成覆盖辖区内环境质量与污染源及日常巡查、举报的全方位环境监控网络体系。环境应急视频调度网络包括国家、省、市、县、事故现场及相关职能部门的纵横应急联动网络体系。一般环境监控网络通过无线传输+VPN方式相连接，环境应急处置网络通过光纤相连接。

### 二、市环境应急调度指挥中心建设

市级环保部门是面向企业具体落实环境监管的重要一级环境管理机构，承担着重点企业及环境质量的监测、监察及执法等任务，是连接省、县环保部门的中间机构，也是应对突发环境污染事件、协调调度应急处置的重要部门。市级环境应急调度中心建设对于快速应对突发环境事件，避免或最大程度减少事故损失具有重要的作用。

市环境应急调度指挥中心最少应由以下几个系统组成：监控显示系统、视频调度系统、声音控制系统、移动调度系统、应用软件系统。

监控显示系统包括显示屏、投影及矩阵控制单元。显示屏一般应大于$9m^2$，显示屏分辨率应达到 1024×728；矩阵控制单元支持灵活多变的拼接处理功能，控制显示的屏数，实现一屏或多屏显示，各种显示内容之间可灵活切换，使监控显示系统具有处理计算机 RGB 信号、视频信号及网络信号的同时显示和不同类型信号的混合显示的功能。网络、视频、RGB 信号均能够以开窗口方式任意位置、缩放、拖动、拼接、整屏显示，达到完全动态实时。显示屏目前一般采用 LED、液晶屏和投影等几种，前两种的清晰度比较高，但是造价都比较高，投影比较而言清晰度稍微有些差距，但是配合 DLP 显示单元，既没有前二者的高造价又弥补了清晰度问题，性价比高，是目前常规采用的。

视频调度系统包括市监控中心到区县的视频系统及到移动应急指挥车的视频系统。市环境应急调度指挥中心需配置高清 MCU、视频会议终端、两台以上高清摄像机及传输系统。在会场前方和正上方顶处设置摄像机组合，能够摄制全场以及不同角度的画面。

声音控制系统包括收音、扩音，调音设备及与区县的语音通信系统。音箱功率要能保证全场声音清晰。为提高整个系统的性能及可靠性，配置音箱信号处理器、数字调音台、无线话筒系统各一套，同时配置硬盘录像机。

移动调度系统重点是指市环境应急调度中心对现场应急指挥车的通信能力建设，主要用于市环境应急调度中心对事故现场的应急调度指挥。指挥车通过卫星或 3G 方式与市环境应急调度中心连接。移动指挥车上安装视频会议终端，以实现应急现场话音、视频、数据与市环境应急调度中心的互联互通。通过移动车顶的可升缩云台摄像机和车载视频终端，将现场图像实时上传至应急车或市环境应急调度中心的视频服务器，再输出至监控台实时显示。图像清晰、画面流畅，市环境应急调度中心领导可依据现场图像做出实时决策。

应用软件系统重点包括污染源自动监控系统、地表水自动监控系统、企业污染治理设施视频监控系统、环境应急处置决策支持系统等。

## 三、区县环境应急调度指挥中心建设

区县环境应急调度指挥主要功能实现与市环境应急调度指挥中心的音、视频互通，在应急事件处置中能够及时向市应急调度指挥中心汇报事件处置进展情况，并接受市应急调度指挥中心的调度指挥，同时实现市县视频会议及日常业务专网办公的功能。建设内容包括市到区县的通信线路及区县应急调度指挥中心视频终端、摄像机及显示系统等的建设。通信线路为满足视频的传输最少采用 2 兆光纤，视频终端及摄像机能够满足高清接收就可以，为满足一场多用功能，显示系统最好配置一套投影设备和一套电视设备。

# 四、环境应急预案及环境应急响应机制建设

## （一）突发环境事件应急预案

环境污染事件具备以下特点：一是突发性强，造成急性伤害；二是污染物慢性积累导致突然爆发。为在突发污染事件发生后能快速、有序组织处置工作，县级以上人民政府环境保护行政主管部门及具有风险企事业单位均应制订"突发环境事件应急预案"。

### 1. 地方环境保护行政主管部门应急预案

地方环境保护行政主管部门应急预案包括市、县两级环境保护行政主管部门的应急预案。市、县两级环保行政主管部门应根据有关法律、法规、规定及相关应急预案，按相应的环境应急预案编制指南，结合本地区的情况编制本部门突发环境事件应急预案，由本部门主要负责人批准后发布实施。市、县环境保护行政主管部门应急预案主要包括以下内容：应急组织指挥体系与职责，包括领导机构、工作机构、地方机构或者现场指挥机构、环境应急专家组等；预防与预警机制，包括应急准备措施、环境风险隐患排查和整治措施、预警分级指标、预警发布或者解除程序、预警相应措施等；应急处置，包括应急预案启动条件、信息报告、先期处置、分级响应、指挥与协调、信息发布、应急终止等程序和措施；后期处置，包括善后处置、调查与评估、恢复重建等；应急保障，包括人力资源保障、财力保障、物资保障、医疗卫生保障、交通运输保障、治安维护、通信保障、科技支撑等；监督管理，包括应急预案演练、宣教培训、责任与奖惩。

### 2. 企事业单位应急预案

1）制订应急预案的单位

制订环境应急预案的企事业单位主要包括向环境排放污染物的企事业单位，生产、储存、经营、使用、运输危险废物的企事业单位，产生、收集、储存、运输、利用、处置危险废物的企事业单位，以及其他可能发生突发环境事件的企事业单位。企事业单位的环境应急预案包括综合环境应急预案、专项环境应急预案和现场处置预案。

2）应急预案的类型及内容

企事业单位的环境应急预案包括综合环境应急预案、专项环境应急预案和现场处置预案。

对环境风险种类较多、可能发生多种类型突发事件的，企事业单位应当编制综合环境应急预案。综合环境应急预案应当包括本单位的应急组织机构及其职责、预案体系及响应程序、事件预防及应急保障、应急培训及预案演练等内容。

对某一种类的环境风险，企事业单位应当根据存在的重大危险源和可能发生

的突发事件类型，编制相应的专项环境应急预案。专项环境应急预案应当包括危险性分析、可能发生的事件特征、主要污染物种类、应急组织机构与职责、预防措施、应急处置程序和应急保障等内容。

对危险性较大的重点岗位，企事业单位应当编制重点工作岗位的现场处置预案。现场处置预案应当包括危险性分析、可能发生的事件特征、应急处置程序、应急处置要点和注意事项等内容。

企事业单位编制的综合环境应急预案、专项环境应急预案和现场处置预案之间应当相互协调，并与所涉及的其他应急预案相互衔接。

### （二）应急响应机制建设

突发环境事件是事关人民群众生命财产安全和社会稳定的大事。建立和完善应急响应机制是有效处置突发环境事件的保障。因此，各级政府及企事业单位均要编制突发环境事件应急预案，建立健全信息沟通、重大应急事件情况通报等长效机制，共同做好突发环境事件处置工作。

（1）严格突发环境事件上报机制。严格按照国家 IV 级突发环境事件上报规定要求上报。

（2）建立部门联动机制。针对危险化学品生产、运输、使用中的突发环境安全隐患问题，建立环保与安监、交通、消防、卫生、公安、水务等部门的应急联动机制。

（3）建立应急救援联动机制。结合实际，依托大中型企业建立专业环境应急救援队伍，促进环境应急救援工作专业化和社会化。

（4）建立环境应急物资储备。督促指导风险较高的工业园区和重点企业建立环境应急物资储备，提高应对和处置突发环境事件能力水平。

（5）建立环境应急处置储备信息库。结合实际，建立环境应急处置储备信息库，就环境应急物资共同储备使用、最大程度发挥应急物资作用、应急专家库资源共享、应急指挥平台联网及信息共享、互相加强装备物资等能力建设。

（6）建立网络互动机制。建立 119 火警与 12369 环保举报热线互联互通等方面的应急联动机制。

## 第二节　环境移动应急通信平台建设

### 一、概述

环境应急事件时有发生，加强对环境应急事件的快速反应，提高环境监控指挥中心对事故现场的实时情景指挥，是减少环境污染、保护生命财产安全的迫切需求。环境应急通信平台建设作为处理处置应急事故的有效工具应运而生，它对于增强事故现场和环境监控指挥中心的协调联动、提高处置环境应急事件的效能具有重要的作用。

传统的应急调度系统只是在事故发生后，现场指挥人员通过移动电话、卫星电话等传统通信手段将事故现场的情况向环境监控指挥中心报告，这种传递手段只听声音、不见现场，限制了事故现场情景信息向环境监控指挥中心决策层的传递，给指挥者实施及时、有效的指挥带来了很大的困难。随着现代通信技术包括计算机及网络技术、卫星通信技术、3G 技术、UPS 不间断电源技术、车载微型发电机技术、无线网络技术、视频压缩编解码及传输等技术的发展，可以将这些技术完美应用于移动应急通信平台中，使应急指挥车成为集通信、指挥、调度及数据传输于一体的高度智能化移动应急指挥通信平台，从而使环境应急事故处理能够更方便、更快捷，最大程度地避免或减轻事故危害，保证人民群众的生命财产安全。

## 二、环境应急车队及现场虚拟网络建设

### （一）环境应急车队

环境应急事故的处置往往需要人在现场从事指挥调度、现场监测并出具报告、现场进行应急处置，需要现场有与环境监控指挥中心通信的设备、开展监测分析的设备及应急处置的物质等。建设环境应急指挥车、环境应急监测车和环境应急保障车等车辆是有效应对环境污染事故的最大保障，环境应急车队由此而生。

#### 1. 应急指挥车

应急指挥车主要作用是实现事故现场与环境监控指挥中心的实时指挥调度功能。车辆可根据设计空间大小及车辆性能要求选配，应急指挥车必须配备在偏僻的地方能实现信号传输的通信系统，实现和环境监控指挥中心的音、视频传输。同时指挥车要设置监控指挥平台，能在现场调用环境监控指挥中心的各类软件系统，为现场指挥提供技术支持。应急指挥车应具备如下功能：

（1）车辆选择应可容纳 5~10 人，同时应有足够的会商、设备安装空间，车辆机动性能优秀；

（2）车上有与环境指挥中心互联互通的网络，可采有卫星或 3G 通信方式，实现指挥车与环境监控指挥中心的音、视频互通；

（3）车内应安装有会商桌椅、电子显示屏及办公用的笔记本电脑、打印机、传真机等办公设备，便于现场指挥部人员会商及处理公务；

（4）车内应安装有与环境监控中心联通的中控平台、视频终端，与环境监

控指挥中心建立视频连接，进行视频通话，共同商讨并对现场应急处置进行指挥；

（5）车顶要安装可转动可升降的摄像机、照明灯及高音喇叭等设备，车内安装有控制装置，能控制车顶摄像机进行现场实时图像采集，并且通过有线传输方式传送到指挥车上。车内设有显示切换矩阵、视频/音频切换矩阵，可将视频会议终端、云台摄像机、其他车辆画面及工控机画面集中控制，分别切入环境监控指挥中心；

（6）车内具有与其他应急车辆（物资保障车、应急监测车）视频通信装置，可通过无线网桥与应急保障车和应急监测车相互通信；

（7）具有车载 UPS 蓄电池及微型汽油发电机，可在无电情况下正常工作，蓄电池在工作时间内耗尽可以启动车载发电机进行供电；

（8）可对车内配电状况进行监测，包括供电电压、电流、输出电压与电流等各项供电参数，对车内工作空间环境温度、湿度进行实时监测；

（9）可配备单兵装备。

**2. 应急保障车**

应急保障车主要功能为应急物质及人员运输，应具备如下性能：

（1）车辆应设置人员区和物质区两个分区，两个区要隔离开。人员区应能容纳 5~8 人，物质区要分药品试剂区、工具区、处置试验物质区，以免相互影响；

（2）能利用无线网桥与应急指挥车实现网络互通；

（3）具有车载 UPS 蓄电池及微型汽油发电机，可在无电情况下正常工作，蓄电池在工作时间内耗尽可以启动车载发电机进行供电；

（4）应配备高程照明设备，以便夜间提供现场处置所需照明；

（5）可实现车载配电状况监测，包括供电电压、电流、输出电压与电流等各项供电参数，能对车内工作空间环境温度、湿度进行实时监测。

**3. 应急监测车**

应急监测车配备监测所需的采样工具、仪器设备、化学试剂、实验用水、动力设备、防护设备、生活保障物资等。应急监测车性能应满足如下要求：

（1）监测车车型要相对宽些，以便人员操作有足够的空间。车辆的平衡性要强，保证仪器的稳定。

（2）车内监测设备的配置要根据当地企业的排污特征及风险类型选择。

（3）能利用无线网桥与应急指挥车互通。

（4）具有车载 UPS 蓄电池及微型汽油发电机，可在无电情况下正常工作，蓄电池在工作时间内耗尽可以启动车载发电机进行供电。

（5）车内要留有监测人员洗浴及休息的空间及设备。

（6）可实现车载配电状况监测，包括供电电压、电流、输出电压与电流等各项供电参数，能对车内工作空间环境温度、湿度进行实时监测。

## （二）环境应急卫星通信指挥系统

环境应急指挥车卫星通信系统可采用车载静中通或车载动中通方式实现，一般情况事故处置是一个固定的现场，指挥车到达现场后停在一个便于视频观察的位置，静中通系统就能满足现场通信要求。静中通系统的配置包括天线和馈源组合、双工器、LNB、上变频及功率放大器（BUC）、伺服随动机构、室外控制单元、室内控制单元、调制解调器、电源、RF 信号线缆、控制和供电线缆、安装附件等。静中通系统具有高度的控制智能化，使用者只需一键操作就能在 1.5 分钟内对卫星进行快速、准确的跟踪锁定。产品的伺服系统紧凑、轻便、灵巧和牢靠，完全实现了自动化，包括自动水平补偿、寻北、定位、寻星、自动收藏等。

应急指挥车与应急指挥中心连接的拓扑结构如图 5-1 所示。应急指挥车到达应急现场，可通过车内的卫星天线控制设备控制卫星天线，全自动找星，找到后，自动通过静中通的线路与卫星建立通信传输信道，车内数据可通过 IPSTAR

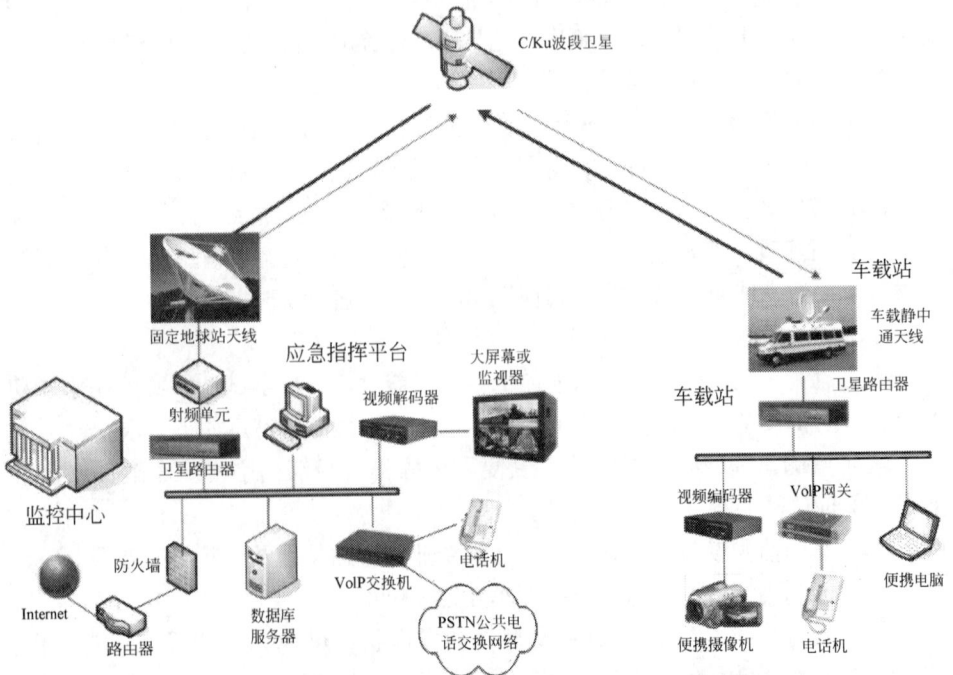

图 5-1　环境应急卫星通信指挥系统

的终端设备及调制解调器（IDU）传输到位于车顶的各种室外单元（ODU），然后通过卫通的 2 兆静中通线路进行通信；环境监控指挥中心具有固定的卫星天线，也同样是采用 IPSTAR 的终端设备及调制解调器接入地面站内部的千兆局域网络，双方的通信线路建立，可以利用即有带宽进行数据、图像、音频进行通信。与 IPSTAR 卫星调制解调器配合工作的各种室外单元，都是经过特别设计与定制的，符合 IPSTAR 规格要求。IPSTAR 室外单元包含天线（直径为 0.84 ~ 1.8m）、上变频器模块（1-2W）、LNB 和馈源。

通过卫星网络及 VPN 技术，可以实现应急车队与环境监控指挥中心建立虚拟网络，指挥车队之间同样可以实现语音、视频数据传输及互动，调用移动指挥平台各项功能软件，实现网络互联、数据共享、应急指挥。

### （三）环境应急3G移动通信指挥系统

如管辖区范围内有较好的 3G 网络，环境应急指挥车也可使用 3G 通信系统。该系统基于联通、移动或电信的 3G VPDN 网络，可实现高质量音、视频及数据传输功能，是除卫星通信线路外的一条可靠的传输通道，同固网系统融合。

3G VPDN 是基于 VPDN 和 3G 技术实现的无线移动企业网技术，用户可在国内任何地区通过 CDMA 1X 手机、PDA、CDMA 无线上网卡等移动终端，高速、安全、方便、快捷地连接企业内部网络，实现全国无缝连接的无线移动企业办公网络。

指挥车队可通过 3G VPDN 技术通过相应设备与环境监控指挥中心建立虚拟网络，通过此网络，指挥车队之间同样可以实现语音、视频数据传输及互动，调用移动指挥平台各项功能软件，实现网络互联、数据共享。

在应急的情况下，3G VPDN 和卫星网络都可以使用，如一条通道出现障碍可以自动切到另外一条通道，互为补充，为实现可靠的应急通信提供坚实的保证。

如上所述，现代化的应急车队可以为应急处置提供坚实的保障，不断发展的科学技术为应急指挥车队的建设提供了可能。车队的出现会为处理应急事故提供更加方便、快捷、科学的方法，从而使环境应急事故处理能够更方便、更快捷，最大程度地避免或减轻事故危害，保证人民群众的生命财产安全。

# 第三节　环境应急处置调度平台建设

## 一、业务需求分析

环境应急工作是由事前预防、事中处置和事后处理组成的密不可分的连续整体，并以预防为主（图5-2）。事前控制基于排污申报、排污许可、污染源自动监控等工作环节，动态监管污染源及污染排放情况，防范异常情况污染源及污染排放。事中应急反应是发生事故时，整合环保系统信息资源，采取正确的、有针对性的反应措施，包括接警甄别、预案启动、指挥调度、调查处置、监测预警、信息报送、预案关闭等环节。发生突发环境事件后，环保部门将立即启动应急预案，根据掌握的污染源监管信息分析污染状况，采取措施切断源头、组织监测污染成分、控制污染物扩散、疏散周围群众等。事后处理包括总结升级预案，对责任人进行经济、行政直至法律责任的处理。在严峻的环境形势下，环保部门迫切需要将环境污染事故应急管理从过去重视已发生事故的处置向事前预防、事中处置和事后处理全过程环境应急管理转变，实行综合的环境安全管理。

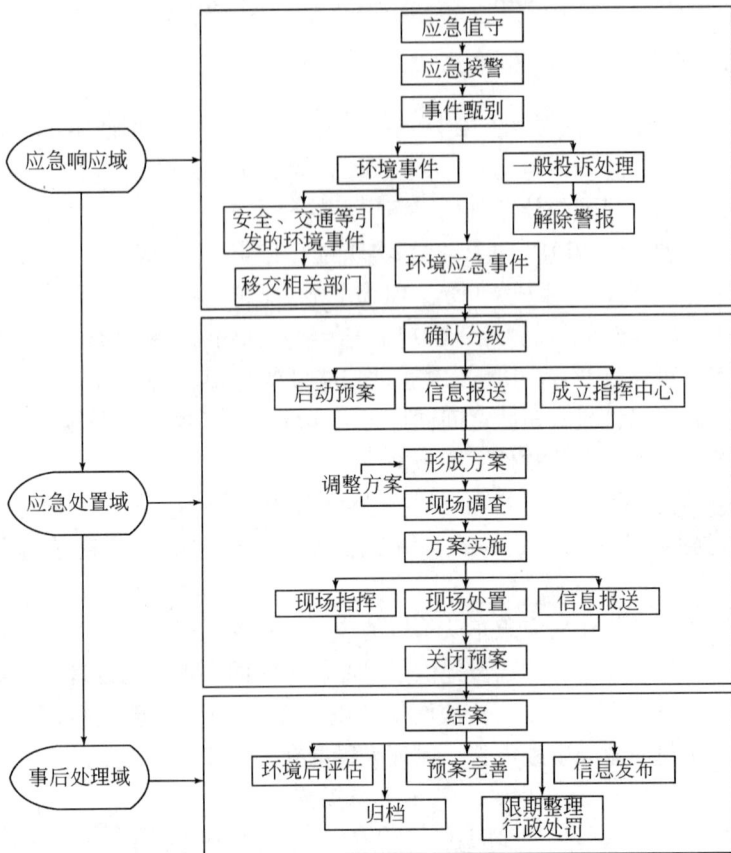

图 5-2　应急响应工作流程

## 1. 日常管理工作业务

环保局环境风险源日常管理业务主要是通过对风险源企业综合情况调查，重点了解企业化学物质情况、环境风险单元及其风险防范措施、环境应急处置及救援资源、企业周边水环境状况及环境保护目标、企业周边大气环境状况及环境保护目标。在此基础上，按照企业环境风险三级防范要求对企业环境风险防范制度措施落实情况及隐患进行排查、整改，对应急预案的处置技术的可操作性、实用性和培训演练情况进行检查，提出整改意见督促企业及时修订应急预案、添置工程措施，增强处置技术的可靠性。环保局系统风险源日常管理业务环节主要包括风险源管理、隐患整治、预案管理等环节。

**2. 突发环境事件应急业务**

发生突发环境事件后环保系统各部门需根据各自职能职责，按照各类环境应急预案及《突发环境事件应急预案管理暂行办法》（环发［2010］113号）所规定的程序，为防止事态扩大、控制污染蔓延、消除事故现场环境安全隐患采取有效行动。

突发环境事件应急处置业务主要包括接警甄别、预案启动、指挥调度、调查处置、监测预警、信息报送、预案关闭、事后评估、结案归档等环节。

## 二、平台建设目标

根据环境应急管理工作平战结合的总体要求，结合环境应急管理业务的实际需求，建立环境应急指挥系统，全面提升环境应急管理能力，为实现环境应急的全过程管理提供支持。具体目标包括：

（1）实现对环境风险源信息的分类分级动态监管；

（2）实现对突发环境应急事件的接警预警管理与指挥调度管理，实现应急指挥中心对环境应急现场的调度指挥，为处置环境应急事件提供支持。

（3）为环境应急事件提供准确可靠的监测数据，通过使用必要的监测设备，实施应急监测，确定污染物质、污染范围、污染程度，提供处置技术支持。

（4）实现对环境应急重要环节的辅助支持能力和后期的监控及评估能力。

## 三、建设内容

建设内容包括移动应急指挥平台和应急指挥中心平台两部分。其中移动应急指挥平台包括基于PDA和野外工作笔记本电脑的小型移动应急指挥平台和基于应急指挥车（船）、无人机、应急通信车等的大型指挥平台。其总体结构如图5-3所示。

### （一）大型移动应急平台

2009年4月，环境保护部为突发应急监测项目配发给各省市第一批环境应急监测车。为应对突发性环境污染事件，满足进行现场空气和水质快速的监测要

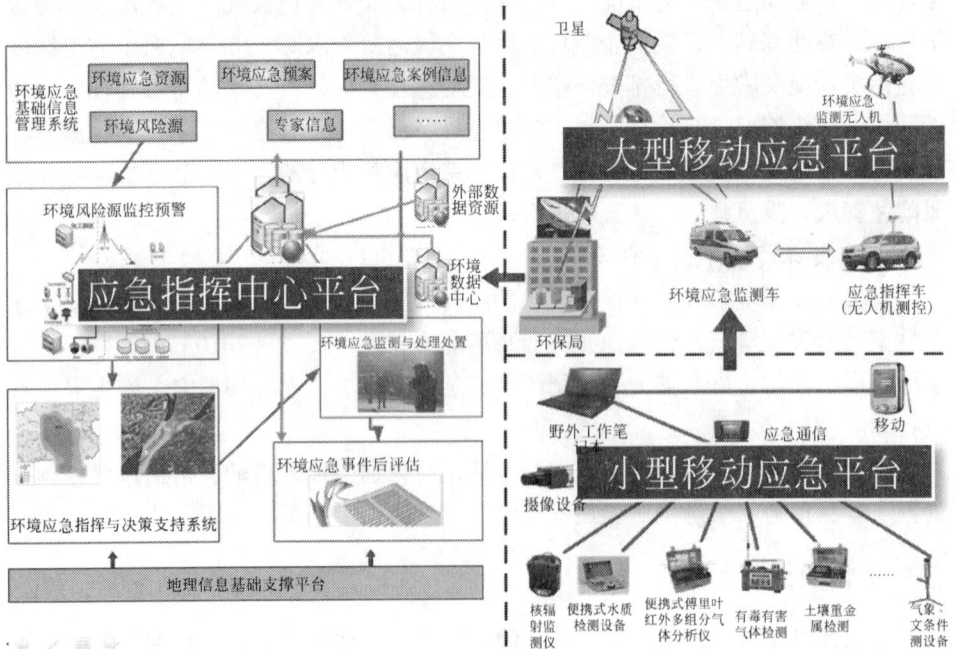

图 5-3　环境应急处置调度平台总体结构

求，所有车辆都装备了高水平的监测仪器，且配备了正压系统、电动支撑、自动找平系统、车载发电机和直流电源系统、气象五参数系统等环境监测的标准配置。环境应急监测车的配备为提升环境应急响应能力起到了积极的推动作用。但是目前的环境应急监测车主要起到现场快速检测监测的作用，在数据的实施获取和应急决策支持能力方面存在不足。

以现有环境应急监测车为基础，建立大型移动环境应急平台，需要进一步完善环境应急通信系统，配备通信指挥车、环境应急无人机，并配备必要的计算机硬件设备，安装环境应急管理信息系统软件，形成现场决策支持能力。引入的环境应急无人机应具有快速获取事件现场有毒有害气体浓度信息、现场图像（或视频）信息和气象信息的能力。

大型移动环境应急平台具有相对完善的基础信息数据库，并能够直接与市环境监控中心的环境应急平台互联互通，可从省环境应急指挥数据中心快速下载事件发生地区的高分辨率的空间数据、重大环境风险源的相关信息、环境敏感点信息；具有可视会议决策系统，具备会商平台和现场指挥调度系统能力。

大型移动应急平台如图 5-4 所示。

图5-4　大中型移动应急平台结构

## （二）小型移动应急平台

从类型上看，小型应急平台主要有基于便携式电脑的和基于 PDA 或智能手机的两类。其总体结构如图5-5所示。

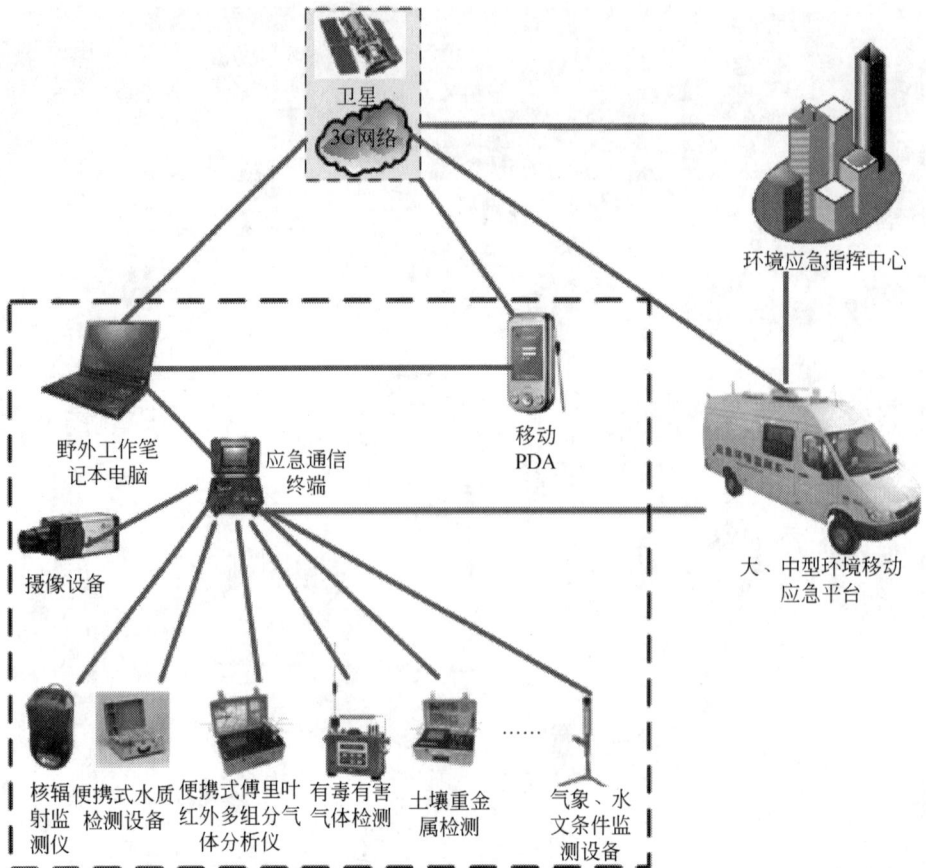

图 5-5  小型移动应急平台结构

小型移动应急平台建设可以和移动执法系统建设结合起来，将便携式环境应急监测设备、无线自组网络通信设备与移动执法的 PDA 终端进行整合。小型移动应急平台的软件系统以移动 GIS 技术为依托，采用 M/S（Mobile/Server）模式，能够方便地为应急人员提供综合查询、监测监控、短信息收发、GPS 定位导航、周边地图浏览查询以及现场办公等功能。可提供的查询信息包括环境风险源、危险源、事件接警信息、救援队伍信息、应急资源信息、应急预案以及环境质量监测、污染源监控等综合信息。同时可实现与现场应急指挥车和环境监控指挥平台之间的对接与联动，实现应急协同。

（三）应急指挥中心平台

环境应急指挥中心平台框架如图 5-6 所示。

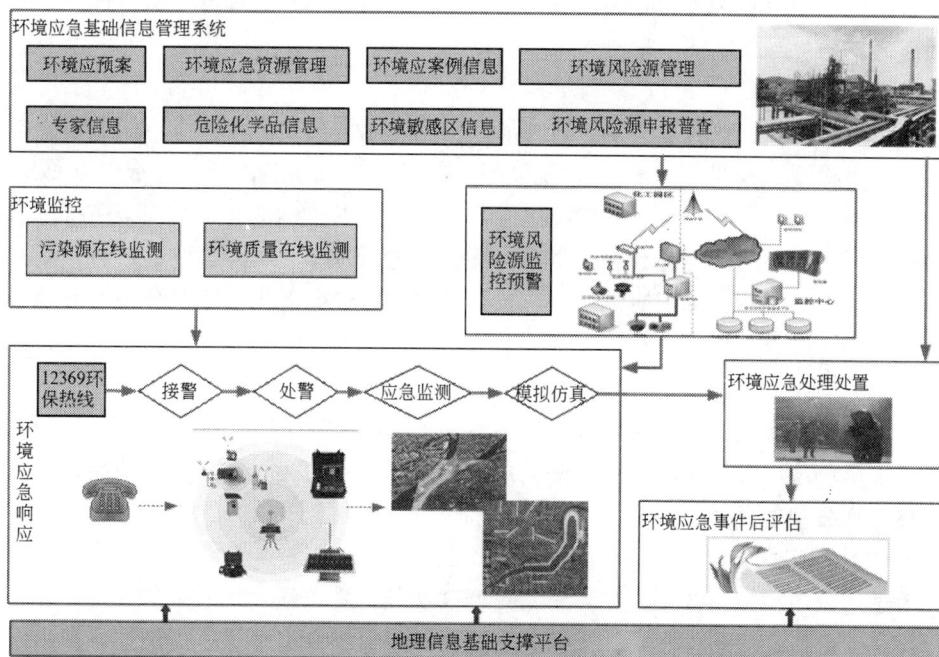

图 5-6 环境应急指挥中心平台框架

其软件系统的功能结构包括：建立地方的环境风险源数据库和应急资源数据库，实现环境风险源信息的分类分级管理，建立环境风险源信息和应急资源信息的动态更新机制；全面、准确地掌握环境风险源和应急资源分布的基本情况，提升对风险源的识别、评估与监控能力，为环境风险管理的科学决策提供技术支持。

**1. 环境应急指挥中心平台**

1）应急接警

与 12369 环保热线结合，应急指挥中心在接到相关报警之后，对发生的事件进行快速登记。并通知到相关的部门，及时处理事件，防止由于不及时通报引起事件的进一步扩大，造成更大的损失。

（1）应急事件登记。通过应急事件登记模块，系统根据权限判断，针对不同级别的机构和操作人员，将会自动生成不同的操作视图和模板。系统操作人员可以将事件的主要内容填入模板的相应位置，系统根据操作人员输入的内容，将相关的信息自动存储在数据库中。对于可能发生的重复记录情况，系统将利用数据库的自动查询与关联技术，及时给出提示。

（2）应急事件查询。通过应急事件查询模块，操作人员可以对数据库中的所有已记录应急事件进行相关的查询检索操作。输入相关的查询检索条件，系统能够提供满足其要求的结果。

2）应急预案

经过相关部门核实事件是否属实后，提交专家评估委员会分析，根据事件性质、危害程度、涉及范围等方面的因素，评定事故的标准，分为一般（Ⅳ级）、较大（Ⅲ级）、重大（Ⅱ级）和特别重大（Ⅰ级）四个标准，调用预案系统，启动相应级别的预案（蓝色预警、黄色预警、橙色预警、红色预警），并通知到具体的相关部门。相关部门应按照应急预案的要求，做好落实应急预案各项措施的具体工作，及时处理突发环境事件。

（1）预案启动。

下发预案启动命令。需要提供预案启动下达的输入页面，记录预案下发的内容、发送单位以及发送时间等，并调用应急指挥平台的实时指挥调度功能，进行预案启动命令的发送。

（2）预案终止。

通过调用应急指挥平台的实时指挥调度功能，发送预案终止命令。

一般突发环境事件由县级人民政府环保部门组织专家进行分析论证，提出终止建议，报请县级人民政府或县级处置化学与核恐怖袭击事件应急处理指挥部批准后实施。

较大突发环境事件由地市级人民政府环保部门组织专家进行分析论证，提出终止建议，报地市级人民政府或地市级处置化学与核恐怖袭击事件应急处理指挥部批准后实施，并向上一级人民政府报告。

重大突发环境事件事件由省级人民政府环保部门组织专家进行分析论证，提出终止建议，报省级人民政府或省级处置化学与核恐怖袭击事件应急处理指挥部批准后实施，并向国务院报告。

特别严重化学与核恐怖袭击事件由环境保护部组织国家有关专家进行分析论证，提出终结建议，报国务院或国家处置化学与核恐怖袭击事件应急处理指挥部批准后实施。

3）实时指挥调度

实时指挥调度模块提供反恐应急指挥与调度系统中指挥命令的传输功能，可以在指挥中心和其他的各个机构之间传递信息，包括以下几种方式：指令传输、文书传输、传真传输和邮件传输。

（1）指令传输。

指令下达：指令下达模块提供指令录入界面和接收单位列表，系统操作人员通过录入指令的相关内容，然后选择发送对象并进行发送。

指令查询：提供按照查询条件进行指令的查询。通过该查询模块，可以根据用户要求定制查询条件。

指令反馈：指令反馈模块提供指令反馈录入界面，用以记录下达指令的反馈结果。并提供指令反馈的查询界面，可以根据用户要求订制查询条件，查询到用户所需要的结果。

指令管理：提供对指令基本属性的维护管理，包括指令的增加、指令的修改、指令的删除等操作，并可以把操作的结果存入数据库中。

（2）文书传输。

文书拟制：提供文书的录入界面，可以进行新建文书的拟制。可以将拟制人、文书内容等相关资料在数据库中进行保存。

文书发送：提供文书的发送界面，选择发送对象进行发送，可将该文书发送到发送对象所在机器，并可以将发送地址、接收地址、发送内容等相关资料在数据库中进行保存。

文书接收：提供文书的接收界面，可以接收到发送到本机的文书。

文书查询：文书查询模块中，提供列表显示已经发送和接收到的文书。可以根据用户要求定制查询条件，查询已有的文书。

（3）传真传输。

传真发送：提供传真录入界面，用户可以在其中录入传真内容。系统提供列表显示发送单位列表，操作人员可以从中选择需要发送的单位进行群发或者单发。之后将该传真对应的内容、发送单位以及发送时间等主要内容保存到数据库中。

传真接收：传真接收模块提供接收传真功能，并显示传真内容。同时将接收到的传真内容、接收时间等信息保存到数据库中。

传真查询：传真查询模块中，系统对接收和发送的邮件进行列表显示。用户可以通过查询条件，查询需要的传真并显示传真内容。

（4）邮件传输。

邮件发送：提供邮件录入界面，用户可以在其中录入邮件内容。系统提供列表显示发送单位列表，操作人员可以从中选择需要发送的单位进行群发或者单发。之后将该邮件对应的内容、发送单位以及发送时间等主要内容保存到数据库中。

邮件接收：提供接收邮件功能，并显示邮件内容。同时将接收到的邮件内容、接收时间等信息保存到数据库中。

邮件查询：邮件查询模块中，系统对接收和发送的邮件进行列表显示。用户可以通过查询条件，查询需要的邮件并显示邮件内容。

4）应急视频指挥系统

应急指挥与调度系统中，应急视频指挥系统主要提供指挥中心与各相关单位对各个监测点的监测功能。通过应急视频指挥系统可以实时监测被监测地的情况，并以视频的方式显示出来，以方便指挥中心与各相关单位对情况的了解，并作出正确的判断。

**2. 环境应急监测系统**

环境应急监测承担着判明污染物种类、分析污染物的可能来源、预计污染扩散范围和可能造成的危害程度等重要任务，直接为环境事件应急指挥部提供科学决策的依据。建立环境应急监测系统，实现监测数据采集、分析等的一体化集成，支持应急监测向导的动态生成和监测布点的辅助决策。

1）污染监测

系统将对应急监测车（船）配备的各类环境应急监测仪器设备和便携式环境检测设备的检测数据进行采集和处理分析，并通过无线自组网络通信技术，力求实现水质监测数据、有毒有害气体检测数据、气象数据的实时获取。

（1）应急监测向导。

根据初步确定的监测项目，系统自动从专家知识库里选定监测分析方法，从监测仪器数据库中确定相应的监测仪器和采样设备，从应急专家库中选择针对该监测项目的应急专家，从应急监测人员数据库中调出应急监测仪器维护人员的联系方式，快速生成应急监测指导书。

（2）现场周边分析。

根据中心系统文字屏上显示相应警情的发生地，在图形屏上显示起警情点位置指定范围内的详细地图，譬如500m以内的详细地图，对敏感点在图形屏上突出显示，支持地图打印功能。联机打印事故地周边的详细地图，用于指导事故应急监测。

（3）应急监测布点。

根据污染情况初步确定监测点位的布设，在地图上标出应急现场监测点的布置情况，确定采样方式和频次。

（4）应急监测数据分析。

根据现场采集回来的数据，录入系统中，系统在地图上标出监测点实时监测的值，以浓度变化折线图预测污染物浓度变化的趋势。

2）现场视频监控

指挥中心最需要了解的不仅是发生突发环境事件的各种环境数据，更需要现场视频和语音的相互沟通。使用无线视频设备传送视频、音频以及数据信息，使指挥中心能在第一时间掌握第一手材料，使领导和专家作出快速判断，争取时间下达指示。

**3. 环境应急辅助决策支持系统**

利用信息化手段，建立环境应急辅助决策支持系统，提供各类环境模型分析功能，提升环境应急决策的科学化水平。

1）模型预测

对于突发性环境事件的准确模拟与预测，是进行环境应急决策的重要依据。并非所有的环境模型都适用于环境应急响应。例如，如美国能源部（DOE）要求应急响应大气扩散模型能够提供 DOE Order 5500. 3A(11). c. (5)所规定的初始或连续评估。目前我国在环境应急模型技术方面尚未形成统一的标准规范，相关的模型技术研究与国外存在很大差距。GIS 与专业模型结合是目前最主要的应用方式，其实现方法包括基于数据传输的松散式结合、基于共同用户界面的表面无缝结合、内嵌式结合等。我们将选用先进、成熟、适用于环境应急管理的环境模拟技术并进行 GIS 集成，为环境应急决策提供展示效果好、精度高、响应快的水质模型、气体扩散模型和重气扩散模型。

采用重气扩散模型、非重气扩散模型和水污染扩散模型，对污染事件进行模拟预测，显示污染区域监测点污染物浓度随时间变化空间分布图和数据表，直观提供污染事件扩散的时间空间分布特征（图5-7）。

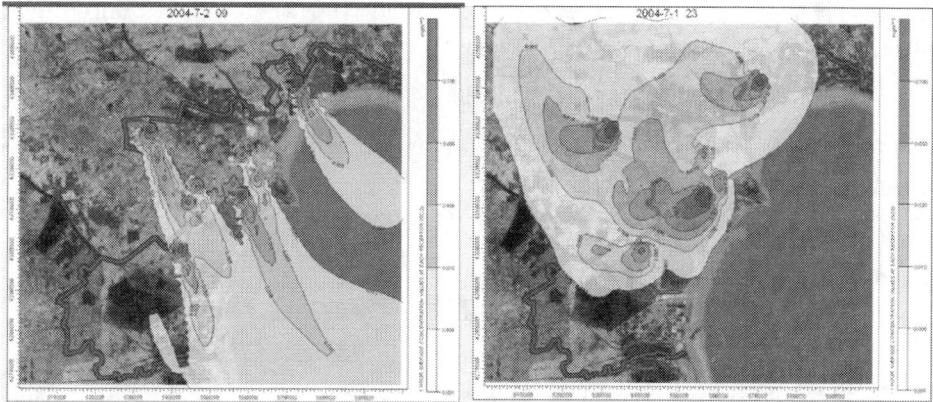

图 5-7　污染物扩散模拟结果展示

2）处理处置方案生成

建立环境事件处理处置方法库，实现事件信息与处理处置方法的自动匹配，包括大气环境污染事件风险源控制与处置方法、环境污染事件液态污染物快速处理处置方法等。应急处理处置子系统可实现处理处置方案的自动生成，可对处理处置的效果进行预评估。

**4. 环境应急处置后期监控评价系统**

后评估工作的目的是实现环境突发环境事件处置完成后的后期评估，掌握应急突发环境事件对环境的影响，为环境的恢复提供依据；对处置的方法进行效果评估，形成新的处置预案或对原有的处置预案进行改善，为避免同类应急突发环境事件和处置类似的突发环境事件提供决策依据。

突发环境事件后评估系统的建设包括环境应急处置后期监控评价系统和环境污染事件后期监控评价系统，同时还应对系统所使用的评估方法、评估措施及善后方法进行深入的研究，以此来形成对突发环境事件的后期监测和评估能力。其组成包括四个方面的内容，分别是评估标准维护、环境影响评估、应急处置效果评估和善后方案制定。

1）评估标准维护

评估是以一定的评估指标作为标准进行判断的过程。指标是用来计算和衡量效能的准绳，是确保评定工作客观、全面、科学的前提和基础。具体的指标是对评估对象的某一方面、某一环节进行评估，而将这些互相关联的单一指标进行系统的组合，形成一个完成的指标体系后，就能对评估对象进行全面的评估。确定了指标体系中所包括的具体指标子项后，就要对这些具体子指标的主次顺序进行具体的量化，即设定指标的权重值。在确定权重值时，要以该指标所代表的环节或方面对评估对象产生的影响为依据。对于不同的评估对象，同一指标的权重值是不一样的，要根据情况的变化适时调整，以满足评估的需要。

评估标准包括环境影响的评估标准和应急处置效果的评估标准，其中与环境影响相关的标准又包括水、大气、噪声、核辐射等因素，而与应急处置效果相关的标准又包括效能的、效益的等等。

评估标准维护为用户提供了建立评估指标体系的手段，包括以下功能：

➢ 新建标准：提供新建评估指标体系的功能，可根据领域专家提供的数据模型生成相应的指标体系。提供新建评估标准的功能，可结合不同领域的评估指标体系及相应的专家意见和建议，生成新的评估标准。

➢ 修改标准：提供对现有的评估指标体系及评估标准进行修改的功能，同时生成相应的标准修改日志。

➢ 查询标准：提供对现有的评估标准进行查询的功能，有分级查询、日期查询、模糊查询等多种查询方式。

➢ 删除标准：提供对现有的评估标准进行删除的功能，可删除的评估标准必须是经过审核的还未启用或停止使用的标准。

➢ 审核标准：提供对现有评估标准进行审核的功能，可记录审核意见、修改建议、审核结果及是否启用等信息。

2) 环境影响评估

➢ 环境数据处理：首先通过应急环境监测评价及辅助决策支持系统完成环境数据的采集，根据提供的数学模型对环境数据进行分析和处理，并提供处理后数据的查询功能。

➢ 环境影响评估：根据环境相关的评估指标体系，对由环境数据处理得到的数据进行定量评估，也可由不同领域的专家根据相关的专业知识对应急处理后的环境影响进行评估，这两种评估方法可以综合进行。

➢ 评估结果调阅：提供环境影响评估结果的查询和评估报告生成功能。

3) 应急处置效果评估

通过对应急处置的效果进行分析评估，总结经验教训，以形成新的处置预案或对原有的处置预案进行改善，包括以下功能：

➢ 应急处置情况调阅：提供对应急处置过程中各阶段的环境影响数据、应急处置方案、方案的实施情况等信息的调阅功能。

➢ 应急处置评估：根据提供的相关数学模型和方法对应急处置过程记录的数据和状态进行分析和处理，并根据应急处置方案、应急处置相关的评估指标体系进行定量评估；也可由不同领域的专家根据相关的专业知识来对应急处置的情况进行评估，这两种评估方法可以综合进行。

➢ 评估结果调阅：提供应急处置评估结果的查询和评估报告生成功能。

4) 善后方案制定

善后方案是对突发环境事件应急处置善后工作的计划和部署，是突发环境事件后评估系统的关键部分。善后方案主要包含以下几方面的内容：

➢ 适用范围：定义对怎样的突发环境事件处置进行善后时才启用该方案，如什么类型什么级别的事件、什么时间什么地方发生的等；

➢ 组织结构：定义善后工作的组织结构和人员，如善后工作实施所涉及的部门和人员及其职责；

➢ 资源：善后方案实施过程所涉及的对象集合，这些对象的状态或状态变化是善后方案实施所关注的，可能会引起对善后方案的修订；

➢ 其他内容：包括方案目标、方案原则等其他说明。

善后方案拟制后通过审核才能启动实施，在方案的实施过程中需要对实施的情况进行监测、评估，以便及时修改方案。善后方案制定功能为善后方案的拟制、管理、审核及实施提供了电子化的实现手段，包括以下功能：

➢ 方案拟制：提供新建善后方案的功能，可结合突发环境事件的性质和级别、应急处置效果以及对环境造成的影响，生成相应的善后方案。

➢ 方案管理：提供对现有的善后方案的修改、查询、删除及文档生成等功能。

➤ 方案审核：提供对现有善后方案进行审核的功能，可记录审核意见、修改建议、审核结果及是否启用等信息。

➤ 方案实施：提供对方案实施情况进行监测、评估的功能，将结果作为修改方案的依据。其具体的监测和评估由应急环境监测评价及辅助决策支持系统完成，该模块实现数据的导入。

# 第六章  环境信息应用系统研发

## 第一节  环境业务综合办公系统

### 一、建设项目审批管理

建设项目管理是一个系统化的管理过程。以企业项目为中心，从开发建设前期到项目验收，对建设项目涉及的环保事项要进行综合性的管理。建设项目管理系统实现了从项目登记、申请、受理、环评审批、三同时检查、试运行、项目验收和公式等全过程管理，实现对整个项目管理的全面监控。

建设对环境有影响的项目，必须向环保部门提出环境影响评价文件审批申请。所谓对环境有影响的建设项目，即在建设过程中或建成后产生废水、废气、废渣、噪声、振动、电磁辐射、放射性物质等影响环境质量的建设项目及其他影响自然生态环境的建设项目和各类区域开发项目等。

平台提供了跨流程的业务时限设定及计算功能，用户可以针对业务进行时限设定，时间节点可以跨多个流程、涵盖多个节点。根据流程过程时间节点的控制与设置实现流程风险点的控制，满足多部门、多流程协作办理的需要，同时业务时限设定具有强大的灵活性。系统在受理业务前不计时，待材料准备齐全后再开始计时，这样即可满足向企业用户公开和承诺行政审批办理阶段时限要求，又可自动从系统运行库中提取实际办理消耗时间，以告知用户，达到相关要求。

建设项目审批主要包括五个阶段：建设项目受理、环境影响评价管理、"三同时"设计、建设项目试运行管理、建设项目验收管理。

#### （一）建设项目受理

##### 1. 项目登记

建设项目申请人到受理窗口填写企业和建设项目相关的基本信息，由受理人登记录入，填写《环境保护行政许可事项登记表》，同时可打印《环境保护行政许可申报事项办事指南》交给申请人，以便申请人准备整理需提交的必需资料及相关证件。

**2. 预审表录入**

对于决定受理的建设项目，当事人应提交更详细的申请材料。环保局工作人员进行文件目录登记，填写相应的《行政许可（服务）申请材料接受凭证》，并对提交的相关资料的形式进行审核，如形式不符合要求则不予受理，并书面告知，待建设单位补充完善后重新进行申请受理。反之，环保局将出示相关的《行政许可（服务）申请受理通知书》。

**3. 现场勘察**

建设项目行政许可申请受理后，相关部门需要对申请材料的实质内容进行审查，内容不符合要求的，环保局将出具《行政许可（服务）申请材料补正通知书》，待补充完善后重新审核。此外，审批单位应当指派两名以上工作人员于受理之日起到现场进行勘察。勘察后由受理人填写《行政许可现场核查记录》，然后逐级提交给本处领导、局领导审批，然后逐级退给受理人。

**4. 批文管理**

审批单位按照内部审批权限，自受理申请之日起，对提交的相关文件资料在规定的工作日内作出审批决定。作出不予行政许可决定的，受理人填写《环境保护不予行政许可决定书》，经由部门领导、局领导逐级审核确认后下达给当事人，并及时上网公示。

依法作出同意建设的申请项目，受理人需要填写《建设项目环境保护审批登记表》，经由部门领导、局领导逐级审核确认，最后形成综合意见，对形成的文档可进行打印，然后下达给当事人。送达当事人后，受理人应及时填写《行政许可文书送达回证》。对于报告书，需要另外形成正式文件，在综合意见中加以说明即可。

**5. 项目签批**

相关主管人员有系统赋予的不同的审批权限，根据建设项目登记信息对建设项目逐级审批。

**6. 网上公示**

实现建设项目审批结果、状态的网上公示。

**7. 综合查询**

系统可以对已审批的建设项目、正在审批的建设项目或搬迁的项目、违规项目等进行综合查询，全面反映各种项目情况。

**8. 统计报表**

系统对进行环境评价的项目按照某些关键字段进行汇总形成汇总报表或统计图表，全面反映评价执行情况。统计报表主要包括：

（1）按照建设性质对建设项目进行汇总。

（2）对建设项目汇总的结果生成项目统计表，反映建设项目情况，供用户查看。

（3）对建设项目的审批效率进行统计，结果供用户查看。反映建设项目的审批效率情况，为环保局工作人员改进工作效率或改进审批方法提供信息。

（4）提供日常报表的录入、打印、汇总功能。

系统提供了常用格式的数据文件之间的转换功能，例如 Excel 等格式的建设项目审批数据的导入、导出，为与已有系统数据格式的转换提供了接口，保证最大限度地与环保局已有系统兼容。

## （二）环境影响评价管理

环境影响评价管理是按照环境影响评价法的规定，对项目的环境影响评价大纲进行管理，对环评的各项数据进行复核和管理，对环评实际结果进行评估。

环境影响评价管理主要包括对环评数据的管理和环评单位的管理。

项目业主开展环评工作前，先申报项目基本情况，环保部门对项目选址合理性、产业政策、环保政策以及规划的符合性提出初步意见，并明确环评形式和要求，提前介入项目服务工作。

环保部门通过规范环评审批，制定环评文件审批规程，明确项目审批条件，规定办理时限、程序及标准。对符合审批条件的项目及时办结，对不符合审批条件的项目，书面说明不予审批的理由。

**1. 环境影响评价流程**

1）评审通知

建设单位向环保局提交环境影响评价申请，并填写评审申请。申请通过后，环保局需对要进行环境评价的项目下发评审通知，并登记环评信息。将环评人员的认证备案，同时环评单位要参加审查，并将环评单位认证记录备案，以进行环境评价。公示建设项目环境影响评价的审批、建设项目竣工环境保护验收、环境影响评价单位资质认可及其他环境保护审批、审核、核准、备案等情况。

2）大纲批复

建设单位委托有评价权的单位编制评价大纲，由环保局实行审查后，建设单位与评价单位签订合同，开展评价工作，编制环境影响报告书。实现评价大纲文档的录入、审查以及环境影响报告书的录入。

3）环评批复

环评批复实现了对环境影响登记表/报告表/报告书的预审和审批。

建设单位编制环境影响登记表/报告表/报告书申请报批，工作窗口将对其进行文书形式的审核，形式不符合将不予受理，并以书面形式告知，待重新补充完善后重新进行审核。形式符合，则流转到开发部进行内容审核，工作人员将对其实质内容进行审查，内容不符合要求的，环保局将出具《行政许可（服务）申请材料补正通知书》，待补充完善后重新审核；内容符合要求但所申请的建设项目对环境可能造成重大影响时，环保局工作人员将召开项目审查委员会，组织相关人员对建设项目进行审查，并填写《关于召开项目审查委员会的通知》。

如果审批中途出现歧义，建设单位可以填写《环境保护行政许可听证申请书》申请组织听证会。环保局工作人员根据用户申请，对须听证项目组织听证会，在外网发布《环境保护行政许可听证公告》，并下发《环境保护行政许可听证通知单》及《环境保护行政许可听证告知书》。听证会结束后，相关部门拟定环评批复初步意见，并填写《项目采纳意见》，经多级领导审定、签发，最终下发《批文签发单》。

环境影响登记表/报告表/报告书先由主管部门预审，再由环保部门审批。

与此同时，实现与其他相关业务模块集成，在内网审批进行到相应的阶段时自动将相关信息组织并发布到外网上。

4）补收资料

对环境评价登记信息不完整的项目，发出补收资料通知单，收取补收的资料。

**2. 环评结论管理**

实现对环评结论的管理，主要包括环评单位填报所申请项目的环评结论、环评联系人信息及环评单位对该项目上报需做的有关说明和建议等。

**3. 审批登记表管理**

实现对审批登记表的编辑管理。环评单位填报各项污染物排放量控制数量。项目提交到环保局后，将不可进行控制量的修改。

**4. 环评报告上传**

环评单位将该项目的环评报告通过附件的形式进行上传。提交到环保局后，将不可进行报告下载等操作，只能查看浏览。

**5. 环评单位管理**

实现环评单位信息的管理。环评单位管理由环保局内部工作人员进行维护，主要内容包括环评单位名称、联系人、联系电话、资质等级等。

（三）"三同时"设计

"三同时"制度适用于在中国领域内进行的新建、改建、扩建项目（含小型建设项目）和技术改造项目，以及其他一切可能对环境造成污染和破坏的工程建设项目和自然开发项目。它与环境影响评价制度相辅相成，是防止新污染和破坏的两大"法宝",是中国预防为主方针的具体化、制度化。

凡是通过环境影响评价确认可以开发建设的项目,建设时必须按照"三同时"规定,把环境保护措施落到实处,防止建设项目建成投产使用后产生新的环境问题,同时在项目建设过程中也要防止环境污染和生态破坏。

建设项目的设计、施工、竣工验收等主要环节落实环境保护措施,关键是保证环境保护的投资、设备、材料等与主体工程同时安排,使环境保护要求在基本建设程序的各个阶段得到落实。"三同时"制度分别明确了建设单位、主管部门和环境保护部门的职责,有利于具体管理和监督执法。

加强建设项目"三同时"管理和廉政建设,保证建设项目环境保护管理工作依法依规、廉洁、高效、系统。"三同时"设计管理主要包括项目检查、竣工检查、试运行、验收检查四部分内容。

**1. 项目检查**

建设单位同施工单位做好环保工程设施的施工建设、资金使用情况等有关资料及文件的整理建档工作审查,以季报的形式将环保工程进度情况上报政府环保部门。环保部门检查环保报批手续是否完备,环保工程是否纳入施工计划及建设进度和资金落实情况,并提出意见。

建设单位与施工单位负责落实环保部门对施工阶段的环保要求以及施工过程中的环保措施,主要是保护施工现场周围的环境,防止对自然环境造成不应有的破坏,防止环境风险源对周围生活居住区的污染和危害。该模块实现了对环保工程进度情况上报、环保报批手续审批等功能。

**2. 竣工检查**

建设单位向环保部门提出竣工申请报告,环保部门进行竣工审批。该模块实现了对竣工申请报告的上报和审批功能。

实施安全审查就是要保证在早期设计阶段尽可能将危险降到最低程度。审查的本身包含着对工程项目安全性的分析、评价、监督和检查。现代化生产对安全审查提出了新的更高的要求,即必须运用科学和工程原理、标准和技术知识鉴别、消除或控制系统中的危险,建立必要的系统安全管理组织,制定出系统安全程序计划,应用科学的分析方法保证系统安全目标的实现。所以做好工程项目的安全审查工作,是管理部门、设计部门、监督检查部门和建设单位的共同责任,也是广大工程技术人员、安全专业工作者的重要使命。

**3. 试运行**

企业申请环保审批项目试运行,根据其申请的内容给予试运行批复。

试运行管理主要包括对试运行申请后的跟踪管理和对试运行日期的预警管理,并通过具体方式将相关信息通知企业。试运行结束日期到期后,企业可申请试运行延期业务。

**4. 验收检查**

对企业申请环保审批项目的项目验收业务进行管理。

## （四）建设项目试运行管理

试运行流程：窗口收文，审批员接到任务后，在企业的协助下举行竣工检查会议。根据会议的结果，拟定试运行批复，交由科长审核、局长签批后，打印试运行批复，由窗口发放给企业。

窗口收文：从建设项目表中提取项目基本情况（注意一般是三同时跟踪企业申请投入试运行）。另外按要求扫描上载有关申请文件。

试运行批复的处理同建设项目批复处理，只是不需要对标准语句的性质进行处理。

## （五）建设项目验收管理

对企业申请环保审批的项目验收业务进行管理，通过现场勘察及根据该企业的监测报告进行项目验收业务审批。项目验收通过后可直接进入排污许可证等其他业务管理系统中；项目验收未通过或有其他违法行为，可直接根据情况进行处理，直接与行政处罚等业务管理系统结合。

环保设施验收包括窗口收文、录入验收表、审批员举行验收会议、拟定验收批复，科长审核、局长签批后，交由窗口发送给企业。

环保设施验收属于行政许可事项，需要同监察系统、窗口大厅办文系统进行信息互通。

建设单位提出"三同时"项目验收监测申请，监测站组织现场勘察并制定监测方案。

# 二、排污许可证管理

排污许可证管理的目标是完善现有系统，并开发基于总量控制的排污许可证管理子系统，实现对排污单位综合、系统、全面、长效的统一管理。

系统主要以排污许可证管理模块为中心，以许可证编码为关键字段，实现已发许可证按区域、流域等对污染物总量进行统计，对新发许可证进行总量分析评估，为控制和削减污染提供依据。同时，系统确定一套合理的工业污染源管理指标体系，包含工业污染源的基本情况、竣工验收、排污许可证、排污口、主要污染物、总量、排放量、监测报告、主要产品和工艺、原材料、历史整改与处罚等数据。

### （一）排污申报登记

通过验收的单位或者日常检查中发现无排污许可证的单位需要进行排污许可证申报。排污申报主要包括排污申报登记、排污申报受理、排污申报审核、登记注册建档等阶段。

**1. 排污申报登记**

一般排污者必须在每年固定时间如实申报正常生产和作业情况下的排污情况。建设项目试产前 3 个月内，建设单位向地方环境监察大队办理排污申报登记手续。建筑施工单位必须在施工项目开工前 15 日内向地方环境监察大队办理排污申报登记手续。

环保局工作人员对上报的申报登记表进行审查、核实，确保填报的数据规范、准确、详细和完整。同时排污单位提交与排污情况有关的资料，如自来水收费票据复印件及排放污水、大气和噪声等污染物的监测报告复印件等。

**2. 排污申报受理**

监察部门主办人员受理排污者申报，对符合申报要求的按受理编号向申报者签发受理回条。对不符合要求的退回排污者重新填写，并要求在限定期内重新申报。对未按时或未如实申报的限 10 个工作日内改正，超过期限不改的按环保法律法规进行处罚。对逾期不申报的，视为拒报并依法作出行政处罚。

**3. 排污申报审核**

排污申报审核主要包括申报表审核、监测复核以及现场监理复核三部分。

申报表审核：主要审核其数据及计算依据和有关技术资料是否齐全，逻辑是否合理，各种关系是否成立等。

监测复核：对申报数据和有关内容有疑问时，可以进行监测复核，并委托监理二站对申报登记单位进行监测；必要时，可对重点排污企业进行连续监测，通过一定时段的连续监测确定企业排污量，并与企业申报量核对。

现场监理复核：对申报数据明显有误或有必要进行现场核实的排污单位，监察人员要到排污单位进行现场检查，核实登记内容。检查人员必须为被检查单位保守技术及业务秘密。

**4. 登记注册建档**

经办人员对排污者申报的相关材料审核后，提出经办人审核意见，并把审核意见列表汇总，由监察大队负责人审核签名核对，根据证照办理意见生成《污染物排放许可证》和《污染物排放临时许可证》或限期整改决定，许可审查结果上报到监督处领导审核，最终签发《排污申报登记注册证》。经办人把已审核排污申报登记资料整理交内勤归档管理，并通知排污单位领取结果，同时在网上公示申报结果。

## （二）排污许可证办理管理

排污许可证办理管理主要实现对企业申请办理排污许可证业务受理、申请资料录入、现场勘查情况录入、排污许可证审核、审核通过后出示的统一排污许可证等整个办理过程的管理。该模块实现对污染源的排污口、主要污染物、总量、排放量、排放标准、主要产品和工艺、原材料进行管理。尚未通过"三同时"竣工验收（或环境保护达标核准）的新、扩、改建设项目，以及排放污染物超过排放标准或污染物排放总量指标的排污单位，在试产和限期治理期间，可以申领《临时排污许可证》。除无需提供环境保护设施验收意见（环境保护达标核准意见）外，其余所需材料与申领《排污许可证》相同。监督管理科将根据其试产期限或限期治理的时间要求，发给《临时排污许可证》。《临时排污许可证》的有效期最长不超过一年。

在排污许可证办理过程中如发现违法行为，根据违法情况进行相应的处理，自动生成流程任务，分发给相应职能处室、相关岗位和环节的办理人员。

## （三）排污许可证年检管理

对污染源的排污许可证进行年检管理，年检日期为每年的发证时间。

年检主要流程为：窗口收文→转监管科科长→转监管员进行处理→科长审批→局长签批→打印证件。

在企业申请排污许可证年检受理时，可直接调用该污染源的排污许可证资料，对将要到期或已到期的排污许可证进行预警或催办，并支持排污许可证打印。如果法人或者地址改变，需要重新打印许可证。排污许可证工业与饮食娱乐业的申请表格不同，需要进行特别处理。

在排污许可证年检办理过程中如发现违法行为，根据违法情况进行相应的处理，自动生成流程任务，分发给相应职能处室、相关岗位和环节的办理人员。

## （四）排污许可证换证管理

对企业因某种合法的原因（换法人等）申请排污许可证换证业务进行受理、申请资料录入、现场勘查情况录入及排污许可证换证进行管理，对符合业务要求的出具新的排污许可证，并保留原排污许可证信息。

排污许可证换证业务分两类，如为许可证延期，则需要根据工商执照的期限来确定其本次排污许可证的有效期限，不能超过工商执照的有效期限。排污许可证续办业务的许可证编号应为原排污许可证的编号。其流程与排污许可证办理的流程一致。

在排污许可证换证办理过程中如发现违法行为，根据违法情况进行相应的处理，自动生成流程任务，分发给相应职能处室、相关岗位和环节的办理人员。

## （五）排污许可证注销/吊销管理

对企业申请注销排污许可证或环保执法过程中发现该企业不存在等需要注销该污染源排污许可证的业务进行管理。在排污许可证注销时，需要保留原排污许可证所有的信息。

注销/吊销流程为：申请注销/吊销、科长任务分解、转监管员处理、科长审核，科长同意后就直接注销并结束任务。

## （六）排污许可证台账管理

建立统一的污染源排污许可证管理台账，包括污染源基本信息、排污口信息、主要排污因子信息、排污许可证办理情况信息、排污许可证年检信息、排污许可证换证信息、排污许可证注销信息等。通过某污染源可直接了解以上的信息，并可了解排污许可证各业务办理的具体流程情况。

## （七）查询统计

系统为环保局工作人员提供了查询统计功能，方便快速、高效的查询统计所需的排污许可证信息，主要包括基本情况统计、年审情况统计和监测数据统计。

**1. 基本情况统计**

按行业、区域、流域统计：例如查找电镀行业、宝安区或大沙河流域等类别的所有企业。

按排污量统计：例如统计日排放废水量 300~600t 的所有企业等。

按污染物统计：例如对排放 COD 污染物的企业进行统计。目前需统计的污染物类别是 COD、氨氮、BOD、铜、镍、SS、pH、六价铬、总氰化物、粪大肠菌群数、磷酸盐、动植物油、二氧化硫、烟尘、氮氧化物等。

**2. 年审情况统计**

年审到期报警：例如某企业在十月份到期，十月份该企业就有特定颜色的报警提示。

年审期限统计：例如十月份需参加年审的企业有哪些？

年审情况统计：例如十月份已参加年审或未参加年审的企业有哪些？

年审结果统计：例如十月份通过年审及未通过年审的企业有哪些？

**3. 监测数据统计**

一般情况统计：例如某月份所有企业超标情况统计（包括超标企业名称、超标污染物、超标数据等）。

企业特定时段超标报警：企业出现超标情况的，应当有报警提示。

企业特定时段数据统计：例如某企业某一时间段之间的监测数据统计。

特定污染物统计：例如要查询八月份所有企业"总铜"这类污染物的监测数据。

## 三、危险废物及固体废物管理

### （一）固废网上申报及审批管理

系统实现审批流程的建立、节点权限以及审批时限的设置。审批人员在进行审批时，系统能够实现信息的自动递交和传送。

废物相关的许可证主要包括危险废物经营许可证、医疗废物经营许可证和危险废物收集许可证。

企业按要求填写固废经营许可证相关的申请表单及表格，并按照要求准备整理所需的材料清单，进行网上固废经营许可证网上申报。

企业填报信息包括：企业基本信息、主要负责人、主要技术员、申请经营废物情况、主要经营设施及设备、废物的包装收集、废物的运输、废物的储存、废物的预处理、废物的处理工艺、污染防治措施及防治效果、事故预防、周边环境、厂区平面图等数据，其他材料以附件形式上传。

危险废物经营许可证申请材料清单主要包括：《危险废物经营许可证申请表》；企业法人营业执照；《危险废物经营能力评估报告书》；管理制度及台账记录样式；项目设计、建设的有关材料，包括工程竣工及环保"三同时"验收材料；现已建成并正常运行的危险废物经营单位，还须提交上年度排污申报登记表（复印件）及企业经营危险废物工作总结。

固废经营单位每年年底申报一次，由所在地环保局对申报信息初审，给出初审意见，再由处长审核，给出审核意见。新固废产生单位通过审核后进入产生单位名录。

固废经营单位申请领取固废经营许可证，接收联单并填写联单的处置单位部分、登记经营许可证信息、接收人、接收日期、废物处置方式、处置日期、接收情况、接收意见等，并填报处置情况，一并提交环保局审批。

### （二）进口废物管理

为了防治固体废物污染环境，保障人体健康，国家禁止进口不能用作原料的固体废物，而对进口可用作原料的固体废物实行限制管理和自动进口许可管理，也就是说，国家对废物实行分类管理，即禁止进口废物、限制进口的废物、限制进口类可用作原料的废物及自动进口许可管理类可用作原料的废物。

办理条件：申请进口废物作原料利用的单位必须是依法成立的企业法人，并具有利用进口废物的能力和相应的污染防治措施；申请进口的废物已被列入《国家限制进口的可用作原料的废物目录》（《废物进口环境保护管理暂行规定》附件一）；符合国家和地方的产业政策规定。

申请材料：《限制进口类可作原料的固体废物申请书》原件；委托有相应资质机构编的进口废物环境风险评价报告原件；废物利用单位营业执照复印件，查阅原件；废物利用单位组织机构代码证书复印件，查阅原件；废物进口单位组织机构代码证书复印件，查阅原件；废物进口单位的自理报关单位注册登记证明书复印件，查阅原件；废物出口者境外供货商注册证书复印件。

办事程序：申请单位按规定进行进口废物风险评估后，连同进口废物申请书等材料一并报审批窗口，在承诺的审批时限内凭收文回执到窗口领取初审意见。

进口废物许可总流程分为三个步骤：备案表、申请表和申请书。申请表和申请书流程是许可审批必走流程，如果进口废塑料或废五金需要走备案表流程。三个流程相互独立，完成一个流程后才开始进入下一个流程。

## （三）废物转移备案管理

废物转移备案管理主要是指废物转移单位或者利用单位申请废物转移备案。该模块实现对固废转移过程的查询统计，实现按企业、按废物类别进行统计。

废物转移主要包含市内转移、跨市内转移、跨省转移。企业需填报《危废固废转移计划》和《危废固废转移实施方案》，并对废物转移相关的材料进行备案。企业填报信息主要包括企业基本信息、拟转移危废固废基本情况、危废固废包装运输情况、危废固废储存处理处置情况等。

## （四）废物转移联单管理

废物转移联单管理主要是对联单的领用情况、使用情况进行管理，并且可以实现联单网上填报、打印，第一阶段纸质和网上并行，第二阶段实现联单管理无纸化。产生单位、运输单位和接受单位可按顺序在网上填报联单数据，填报结果返回固管中心审阅。产生地环保局和接收地环保局可以查看联单数据。

### 1. 转移联单申请

危险废物产生单位在转移危险废物前，须按照国家有关规定报批危险废物转移计划；经批准后，产生单位应当向移出地环境保护行政主管部门申请领取联单。产生单位应当在危险废物转移前三日内报告移出地环境保护行政主管部门，并同时将预期到达时间报告接受地环境保护行政主管部门，便于对转移联单进行管理。

**2. 联单领用登记**

对固体废物的转移需要填写《危险废物转移联单》，首先要进行联单领用的登记，才能拿得到联单。系统对联单的领用情况登记入库，进行统一管理。

**3. 联单返回登记**

固体废物转入前，要进行联单返回登记。功能同联单领用登记。

**4. 联单内容登记**

在领取到联单或者联单返回后，进行联单内容的登记。此功能同以上两个功能是串联的环节，统一在联单管理功能中。

**5. 联单使用跟踪**

联单使用跟踪功能是对联单的使用情况如转出单位、转入单位、转出时间、转入时间进行跟踪监督。如果超过了转入时间到达转入地点，或者超过了转出时间移出转出地点，则提醒管理人员对其采取相应措施。此外，系统还提供对超出预期时间转出或转入联单的查询功能。

## （五）固废单位管理

**1. 产生固废单位管理**

固废产生单位每年年底申报一次，由环保局对申报信息审核，给出审核意见。新固废产生单位通过审核后进入产生单位名录。

产生固废单位管理包括产生固废单位的基本情况管理、产生固废的情况管理。另外建立废物产生量核算系统，根据行业或企业的产品特征、生产工艺和产值等因素，确定其废物产生量的基准范围。以此为基础，对企业申报的废物产生量进行审计，有效控制虚报和瞒报情况的发生。

1）产生固废单位基本情况管理

固体废物产生单位的基本情况包括：企业基本信息、基本生产情况、一般固体废物产生去向情况、危险（医疗）废物产生去向情况、水处理污泥产生情况、本年度预计危险废物产生转移情况等。

填报单位分为工业、危废、医疗三种。除企业基本信息每年更新外，其他表格数据保留历年数据。

系统实现了对企业基本信息（单位编码、单位名称、简称、地址、法人代表、联系电话、所属行政区域、所属行业等）、生产情况（投资规模、主要产品及产量、主要原料及用量、工艺流程说明）、固废产生情况、污染事故防治措施（措施名称、措施描述、搜索关键词）等有关信息的管理和查询统计，可保存每个固废的照片、三维实景图像等多媒体附加信息，供浏览查阅；同时对环评批复备案及固废处置合同备案（环评批复生产许可内容、允许固废产生类别、数量、处置方式、委托处置企业）、历史处罚信息进行管理，并提供对固体废物产生单位的登记、查询、管理等功能。

2）操作人员上岗证管理

对操作人员上岗证采取固定格式和统一样式，实现上岗证信息统一、规范入库。并对操作人员上岗证提供录入、查询、新增、删除等功能，支持打印输出。

3）生产许可证管理

企业单位从事生产经营，必须依照有关法律规定，经有关部门批准，取得生产许可证，实行正规作业，防止资源浪费，严禁破坏资源。生产许可证管理模块提供对生产许可证的录入、查询、管理的功能，方便对生产许可证的管理。相关部门对没有生产许可证就违法投入生产的单位进行处罚，保护环境。

4）废物处理合同管理

为更好地贯彻落实《中华人民共和国固体废物污染环境防治法》的规定，减少企业在生产过程中产生的固体废物对环境的污染，废物产生企业与废物处理企业签订的合同称为废物处理合同。该模块主要实现对废物处理合同的录入、查询、管理的功能。

5）处理方案实施管理

该模块对生产企业对固体废物处理方案的实施情况进行实时跟踪，监督企业处理方案的实施，提供对处理方案设施的录入、查询、管理的功能。

6）现场检查记录管理

该模块实时地反映现场检查记录，并及时根据检查情况进行更新，便于领导查询。

7）整改通知书

环保局下发给环境检查不合格企业的整改通知书，以附件的形式存入该模块，并提供对整改通知书的添加、查询、维护的功能。

8）处罚建议管理

环保局综合各种状况，对污染源企业提出处罚建议，经领导审批后录入数据库。与此同时还提供对处罚建议的查询、维护等功能。

**2. 运输固废单位管理**

固废运输单位每年年底申报一次，由所在地环保局对申报信息初审，给出初审意见，再由监督科审核，给出审核意见。新固废运输单位通过审核后进入产生单位名录。

该模块完成对运输企业基本信息（单位编码、单位名称、简称、地址、法人代表、联系电话、所属行政区域、所属行业等）、车辆编号、GPS信息、通信联系方案、年检情况、运输资质、等级、驾驶员、应急预案、历史处罚信息等有关信息的管理和查询统计，可保存每个车辆的照片等多媒体附加信息，供浏览查阅。

**3. 经营固废单位管理**

固废经营单位每年年底申报一次，由所在地环保局对申报信息初审，给出初审意见，再由监督科审核，给出审核意见。新固废经营单位通过审核后进入产生单位名录。

完成对处置基本信息（编码、名称、联系人、经度、纬度）、监控设备信息（可远程控制的设备列表 如 接口参数 报警范围等）、排污口及排污信息及监测设备（排放去向、通讯方式、GPRS 号码、IP 地址、数据采集仪类型）的管理，核准内容、处置方式、有效期、工艺图、应急预案等，实现分类查询、统计，其中经度、纬度信息可直接输入，也可在电子地图上直接标注获取照片、三维实景图像等多媒体附加信息，供浏览查阅。环评批复备案及固废处置合同备案管理（环评批复许可内容、允许固废产生类别、数量、处置方式、受委托产废企业），并同产废企业合同备案管理系统进行稽查，也可以查询所有处罚信息。

# 四、核与辐射管理

## （一）辐射安全许可证审批流程

根据《中华人民共和国放射性污染防治法》、《放射性同位素与射线装置安全和防护条例》、《放射性同位素与射线装置安全许可管理办法》，销售、使用 II、III、IV、V类放射源和生产、销售、使用 II、III 类射线装置，以及拥有乙级、丙级非密封放射性工作场所的单位要求申领辐射安全许可证的辐射工作单位，应当填报辐射安全许可申请表。

一个辐射工作单位生产、销售、使用多类放射源、射线装置或非密封放射性物质的，只需要申请一个许可证。

辐射工作单位需要同时分别向省级环境保护行政主管部门和省辖市环境保护行政主管部门申请许可证的，其许可证由省级环境保护行政主管部门审批颁发。

系统申报用户可通过市环保局官方网站相关链接登录申报系统，在线填写或离线填写后上传相关法定文件进行申请，系统实现了申请状态的查询以及表格的下载打印。

环保局工作人员通过市环保局综合业务平台相关链接登录系统，按流程进行操作，完成申报文件审批。

辐射安全许可证申请办理功能实现辐射安全许可证申请办理业务的信息化、电子化。

**1. 申请人申请**

所携带资料主要包括：

（1）辐射安全许可证申请表；

（2）企业法人执照正、副本或事业单位法人证书正、副本复印件及法人代表身份证原件及其复印件，审验后留存复印件；

（3）经审批的环境影响评价文件；

（4）辐射安全与环境保护机构及人员情况说明；

（5）辐射工作人员经辐射安全和防护专业知识及相关法律法规的培训和考核合格证明文件；

（6）使用放射性同位素的单位应当有满足辐射防护和实体保护要求的放射性同位素暂存库或设备；

（7）放射性同位素与射线装置使用场所有防止误操作、防止工作人员和公众受到意外照射的安全措施；

（8）有健全的操作规程、岗位职责、辐射防护和安全保卫制度、设备检修维护制度、放射性同位素使用登记制度、辐射事故处理和应急措施及职业健康监护档案管理等规章制度和人员培训计划、监测方案等。

**2. 行政审批中心受理**

不属于许可范畴或不属于本机关职权范围的不予受理，出具不予受理通知书；属于许可范畴或职权范围内的转入核与辐射安全监督管理处进行初步审查。材料不齐全或者不符合法定形式的，返回行政审批中心；材料齐全且符合法定形式的转入核与辐射安全监督管理处进行审批。

**3. 核与辐射安全监督管理处审查**

行政许可事项若直接关系他人重大利益的，应告知申请人和利害关系人陈述、申辩权并转由分管局长复审。

**4. 分管局长复审**

作出准予许可或不予许可的审批意见。不予许可的，作出书面决定，说明理由，并告知申请人复议、诉讼权；准予许可的作出审批决定，交予行政审批中心反馈给申请单位。

**5. 行政审批中心反馈**

审批员办理辐射安全许可证，并将结果反馈给申请单位。

（二）辐射安全许可证管理

系统实现了辐射安全许可证的有效管理。系统为用户提供了分类查询功能，用户可根据受理时间、经办人等业务信息分类进行分类查询，或按照辐射许可证审批、转让审批、备案等管理业务分类进行分类查询，形成相关统计图和表，并支持导出，实现辐射安全许可证的查询。

系统将用户申请资料的基本信息转化成基础数据，存入数据库，并为用户提供查询、统计功能。

系统保存所有申报记录以便备查，并实现结果汇总。

**1. 辐射安全许可证变更**

实现辐射安全许可证变更业务的信息化。根据国家相关环保法律法规，辐射工作单位变更单位名称、地址和法定代表人的，应当自变更登记之日起 20 日内，向原发证机关申请办理许可证变更手续，并提供相关材料。原发证机关审查同意后，换发许可证，流程与许可证办理相同，主要包括受理、审批、审核、签批等内容。

受理功能由窗口收文员操作，其功能与其他各个办理事项的收文操作一致。窗口收文后要打印收文回执。

审批功能由审批员操作，包括现场勘查、批复。

审批员对申请审批后转给处长进行审核。处长审核后可以转局长签批，也可以直接结束办文。

任务结束后，系统自动转到审批员工作台，审批员可以打印辐射安全许可证。

**2. 辐射安全许可证重新申领**

根据国家相关环保法律法规，有下列情形之一的，持证单位应当按照《放射性同位素与射线装置安全许可管理办法》规定的许可证申请程序，重新申请领取许可证：

（1）改变许可证规定的活动的种类或者范围的；

（2）新建、改建或扩建生产、销售、使用设施或者场所的。

辐射安全许可证重新申领功能实现辐射安全许可证重新申领业务的信息化，具体功能包括受理、审批、审核、签批等。申领流程同辐射安全许可证变更流程相同。

**3. 辐射安全许可证延续**

辐射安全许可证延续功能实现辐射安全许可证延续业务的信息化、电子化。辐射安全许可证延续流程与许可证变更流程类似。

根据国家相关环保法律法规，许可证有效期为 5 年。有效期届满，需要延续的，应当于许可证有效期届满 30 日前向原发证机关提出延续申请，并提供相关材料。

原发证机关应当自受理延续申请之日起，在许可证有效期限届满前，审查同意后，换发许可证，并使用原许可证的编号；不符合条件的，书面通知申请单位并说明理由。

**4. 辐射安全许可证注销**

辐射安全许可证注销实现辐射安全许可证注销业务的信息化。辐射安全许可证注销流程与许可证变更流程类似，主要包括受理、审批、审核、签批等内容。

根据国家相关环保法律法规，辐射工作单位部分终止或者全部终止生产、销售、使用放射性同位素与射线装置活动的，应当向原发证机关提出部分变更或者注销许可证申请，由原发证机关核查合格后，予以变更或者注销许可证。

**5. 辐射安全许可证终止**

辐射安全许可证终止与许可证注销类似，辐射工作单位向发证机关提出辐射安全许可证终止申请表。

**6. 辐射安全许可证补发**

辐射安全许可证补发功能实现辐射安全许可证补发业务的信息化、电子化，具体功能包括受理、审批、审核、签批、许可证打印等。

根据国家相关环保法律法规，辐射工作单位因故遗失许可证的，应当及时到省级报刊上刊登遗失公告，并于公告一定时限内持公告到原发证机关申请补发。

**（三）放射性同位素转让管理**

放射性同位素转让管理实现放射性同位素转让业务的信息化、电子化，具体功能包括受理、审批、审核、签批、发文等内容。

根据国家相关环保法律法规，转让是指除进出口、回收活动之外的放射性同位素所有权或者使用权在不同持有者之间的转移。

市环境保护行政主管部门负责其颁发辐射安全许可证单位放射性同位素转让审批，同时负责受委托颁发辐射安全许可证单位放射性同位素转让审批。

转入、转出放射性同位素的单位应当在转让活动完成之日起一定时限内，分别将一份填写完整的放射性同位素转让审批表报送市环境保护行政主管部门备案。备案时需携带含有放射源编码、活度等信息的放射性同位素出厂说明文件和辐射安全许可证副本。放射源编码等数据在审批时是没有的，备案时要填写齐全。

**（四）放射性同位素与射线装置转移备案管理**

放射性同位素与射线装置转移备案功能实现放射性同位素与射线装置转移备案业务的信息化、电子化，具体功能包括受理、审批、审核、签批、发文等内容。

（1）放射性同位素临时出市作业，须于活动实施前向市环境保护行政主管部门备案。

放射性同位素出市活动结束后，提供经使用地省级环境保护行政主管部门确认备案注销证明和省辖市或县（市）级环境保护行政主管部门现场核查意见，到市环境保护行政主管部门办理备案注销手续。

（2）外省放射性同位素临时入市作业，须于活动实施前到市环境保护行政主管部门备案。

放射性同位素转移活动结束后，提供使用地省辖市或县（市）级环境保护行政主管部门现场核查意见，到市环境保护行政主管部门办理备案注销手续。

（3）使用放射性同位素在市内跨区（县）转移的单位，须于活动实施前，以网上申请、邮寄、电子邮件或直接送达等方式提交市放射性同位素异地使用的相关备案表，分别报使用地和移出地区（县）环境保护行政主管部门备案。活动结束后电话办理备案注销手续。

（4）使用射线装置在市内跨区（县）转移的探伤单位，须于活动实施前，以网上申请、邮寄、电子邮件或直接送达等方式提交市探伤单位射线装置异地使用相关备案表，分别报使用地和移出地区（县）环境保护行政主管部门备案。

（五）放射性废源（物）送贮和回收备案管理

适用于市范围内放射性废源（物）送贮和回收活动，包括Ⅳ、Ⅴ类废旧放射源和放射性废物。该功能实现放射性废源（物）送贮和回收活动的信息化和电子化。

废旧放射源是指失去特定使用功能的废弃放射源，闲置 3 个月以上的放射源参照废旧放射源管理。

市内使用Ⅳ、Ⅴ类放射源的单位，在放射源闲置三个月或者废弃后，应当在一个月内按照有关规定将废旧放射源（物）尽可能退回放射源生产厂家或出口国，也可委托有相应资质的城市放射性废物库收贮，并承担处置费用。

放射性废源（物）的产生单位，应填写相应的放射性废源（物）送贮申请表，表中应包含：核素名称、活度或活度浓度（标明测量时间）、形态及其包装情况、体积、重量、包装体表面剂量率和包装体表面污染测量数据等信息，并与收贮单位省（直辖市）辐射环境监测管理站签订放射性废源（物）收贮的相关协议书。

涉源单位在废旧放射源送贮、回收活动完成后，应到原辐射安全许可证发证部门备案，并提交相关材料。

（六）涉源单位辐射安全等级评价管理

实现涉源单位辐射安全等级评价工作的信息化和电子化。系统根据设定好的评价方法和评分标准，自动计算涉源单位的安全等级评分。

辐射管理处从核技术利用项目环评和验收审批、辐射安全许可证核发、放射源转让审批和备案、放射源异地转移备案、放射源送储备案和监督、现场执法检查等环节收集涉源单位的相关信息，监测监督科从核技术利用项目验收监测、监督监测和投诉纠纷处理等环节收集涉源单位的相关信息，及时提交辐射管理处评价负责人。将涉源单位按照辐射安全风险从大到小性分为高风险、中风险和低风险三个等级，分别以红色、黄色和绿色代表。评价方法：采用直接判定法和综合评分法对涉源单位进行辐射安全等级评价。

**1. 直接判定法**

（1）以下情形直接评为高风险等级：近一年内发生辐射事故的，出本厂区移动使用放射源的，废旧源、闲置源未及时送储、返回生产厂家；

（2）以下情形直接评为中风险等级：近一年内受到辐射安全行政处罚的，在厂区内移动使用放射源的，废旧源、闲置源未及时放入符合要求的暂存库。

**2. 综合评分法**

按照规定计算涉源单位各项评价因子的辐射安全风险分值，相加得出总分值，再对照涉源单位计算辐射安全等级，依据评价出辐射安全等级。

对于某一涉源单位分别采用直接判定法和综合评分法进行辐射安全等级评价，如果评价结果不一致，则以等级高的为最终评价结果。

对于新发现存在重大辐射安全隐患的单位，辐射安全等级评价结果及时更新，并按照新的安全等级进行监督检查；其他情况，每半年更新一次，并通报相关市、区、县环保局。

## （七）核技术应用单位辐射安全管理

实现核技术应用单位辐射安全监督工作的信息化和电子化。系统记录执法人员对核技术应用单位的现场检查情况，并能对执法任务完成情况进行统计和考核。

市范围内的核技术应用单位，环保部明确规定监督检查频次的按照环保部规定执行，未明确规定监督检查频次的按下列原则执行：

（1）伴生矿利用企业每年监督检查 1 次；

（2）放射性同位素应用单位每年监督检查 1 次；

（3）射线装置应用单位每两年至少监督检查 1 次。

## （八）辐射监督管理

**1. 辐射源信息管理**

系统实现了辐射源单位及辐射源基本信息的录入、修改、查询、维护等功能。

对放射性同位素在生产、销售、使用、转让、进口、出口、备案各个环节进行监管，实现从生到死全过程的动态跟踪管理。

对射线装置在生产、销售、使用、备案各个环节进行监管，实现动态跟踪管理。

对电磁辐射设施的使用进行监管，实现动态跟踪管理。

**2. 查询统计**

实现辐射源单位、辐射源信息查询统计、监督执法管理查询统计，并形成相关统计图和表，且能够导出、打印。

**3. 辐射类信息发布**

在环保部门互联网网站上发布各种辐射类信息，包括辐射类建设项目的审批和验收、许可证发放等其他需要发布的信息。

# 五、执法监察管理

## （一）行政处罚管理

行政处罚管理系统实现案件处理部门业务管理的信息化，实现从立案、调查取证、处罚告知、陈述申辩听证、案件会审到处罚决定、执行结案整个流程的管理，实现对所有行政处罚案件的跟踪管理，以便随时了解案件执行情况、工作人员的案件办理情况、记录案件被复议情况、记录复议各区案件的情况等；同时系统能够延伸到各业务科室（包括审批窗口、监督部门、监察部门），实现各业务科室网上办理。

**1. 调查取证及立案管理**

调查取证根据实际情况分为三类：

（1）现场检查直接发现违法行为的，一般有现场检查记录表或者现场调查询问笔录，也有可能有现场监测报告（一般是噪声）；

（2）现场检查后采样经分析超标的，一般是执法人员现场采样交由监测站进行分析（一般是常规监测和监督性监测）；

（3）排污收费欠费不缴的，一般是监察大队提交核定通知书、缴费通知书、催缴通知书及送达证。一线调查部门根据实际情况以及企业或者个人违法行为的情节，拟定行政处罚建议书，连同现场取证的所有材料提交给立案部门。

现场执法部门有关现场取证资料提交给相关的立案部门，由立案部门签署相关意见后，送交宣法处。

**2. 案件受理**

宣法处在接到立案部门转来的案件时，首先根据立案部门提交的材料进行判断，违法事实是否界定清晰，处罚依据的法律法规是否恰当。如确定无误后，受理案件。

如果发现案件材料不齐全，则退回给立案部门，要求立案部门及现场执法部门补充相关材料。与经办人说明情况，签署意见后退回。

**3. 行政处罚办理**

宣法处在接到立案部门转来的案件后，首先确定是否受理。对于受理的案件，进行行政处罚办理，主要包括行政处罚告知申辩管理、听证告知管理、听证通知管理、听证笔录及报告管理、案件审议管理、处罚决定书管理六部分内容。

1）行政处罚告知申辩管理

宣法处受理案件后，根据被处罚对象以及金额的大小，对情节相对轻微的违法行为发放行政处罚告知申辩通知书，并送达企业。

一般要求企业在收到通知书3天之内给出书面申辩意见，如果企业不申辩，则视为没有异议。

如果收到企业的申辩意见，则要将意见返给一线调查部门。由一线调查部门对企业的申辩意见进行核实，以确定是否采纳企业的申辩意见。

2）听证告知管理

宣法处受理案件后，根据被处罚对象以及金额的大小，对情节严重的违法行为（责令停产停业、吊销许可证或执照）发放行政处罚听证告知书，并送达企业。

一般要求企业在收到听证告知书3天内给出书面申请，是否要求举行听证会。如果企业没有申请，则视为企业放弃听证的权限。如果收到企业的听证申请，则进入下一环节"听证通知管理"。用户可查询在7天之内没有收到听证申请的企业，以便进行后续工作。

3）听证通知管理

宣法处在收到企业的听证申请后，根据实际工作安排，制作听证通知，并送达企业，告知具体的听证时间、听证地点以及其他相关事项。

4）听证笔录及报告管理

根据听证通知书的内容，在指定的时间及地点举行听证会，以便听取企业对有关违法情况的说明。听证会要求有详细的听证笔录，记录听证会的内容。在听证会后听证小组要对案件进行审议，并制作听证报告。

5）案件审议管理

案件在完成告知申辩程序和听证程序后，宣法处工作人员根据现场调查取证材料、企业的申辩陈述意见或者听证会笔录及听证报告，对案件进行审议，制作行政处罚审议登记表，连同初步拟定的处罚决定书一起提交给领导审核、批示。

6）处罚决定书管理

在制作审议登记表的同时，宣法处工作人员拟定初步的处罚决定书，并提交给领导批示。在领导批示完毕后，给出处罚决定书正式文号，并且打印成文。打印后的处罚决定书须给两人校核后，送达企业。

在处罚决定书送达企业后，需要记录具体的送达时间。

**4. 行政处罚跟踪管理**

行政处罚的跟踪管理包括案件执行情况管理、复议及诉讼管理、强制执行管理以及结案管理四部分内容。

1）案件执行情况管理

记录案件执行情况，一般是罚款缴交情况或者其他要求执行情况（如停产停业等）。

2）复议及诉讼管理

复议及诉讼管理是指企业对市环保局的处罚决定书提出复议要求或者向法院提起诉讼，一般这种情况比较少，系统中只需要做简单记录即可。

3）强制执行管理

处罚决定书送达企业后，从送达之日起2个月之内，如果企业拒不执行，也没有申请复议或者向法院诉讼，则可向法院申请强制执行。

4）结案管理

结案管理一般是指案件结束后的处理，一般来讲企业执行处罚决定、强制执行、企业关闭或者搬迁都可以结案。

**5. 案件查询与统计**

按照当事人、案由等条件查询案件详细信息，提供案件卷宗库，对结案归档的每个案件所有材料进行卷宗整理，提供各类行政处罚文书的综合维护，并提供对行政诉讼、行政复议、环境犯罪信息的综合管理。系统能够按照一定的起止时间对案件进行统计，主要包括以下内容：

（1）审结的主要环保行政处罚案件名单；

（2）案件列表；

（3）告知申辩通知书列表；

（4）听证告知书列表；

（5）审议情况列表；

（6）处罚决定书执行情况列表；

（7）告知书预警；

（8）听证通知书预警；

（9）处罚决定书预警。

## （二）限期治理管理

限期治理决定一般在检查发现多次超标排污、设施老化后确定。在企业接收限期治理决定书后，企业一般会提交一个工程治理方案。在限期治理过程中监督科会组织监察大队跟踪检查。限期治理完成以后由治理单位申请验收，其过程同审批科的验收过程。

限期治理情况：排放污染物不能稳定达到规定的标准（每个年度会有清查）；排放污染物对环境造成严重破坏；违反环境保护法律规定的其他情况。

限期治理过程要跟踪检查，限期治理完成之后需要进行验收检查。跟踪监察和验收过程类似于建设项目的"三同时"跟踪管理和验收过程。

具体功能包括限期治理决定书下达、限期治理跟踪管理及预警、限期治理验收以及查询统计等。

### 1. 限期治理决定书下达

监察大队根据现场检查的情况，如发现企业符合限期治理的要求，提出限期治理建议，提交到监督处。

监督处在接到支队的限期治理建议或者根据监测站的监测数据发现企业一年内有多次不达标的现象，拟定限期治理决定书，由科长审核、局长签批后下发给企业。

### 2. 限期治理跟踪管理及预警

在给企业下达限期治理决定书后，企业要根据要求提供污染治理方案、污染治理的计划等。监督科或者监察大队现场执法人员定期对限期治理的企业进行现场检查，了解污染治理的进展情况。同时执法人员可以查看已经到达时限仍没有完成限期治理企业的名单，并根据时限进行预警。

### 3. 限期治理验收

限期治理企业在治理完毕，要申请对污染治理设施进行验收。监督处组织相关部门，如监察大队、监测站相关人员，对治理情况进行验收，验收通过后，发放验收意见书。

## （三）限期整改管理

现场执法单位在现场执法过程中，如果发现企业有违反环保规定的行为，可以下达限期整改通知书，责令企业在特定的期限内完成整改（一般是 15 天）。下达限期整改通知后，要求对企业整改的情况进行跟踪。企业完成整改后，对整改事项进行验收。

有限期整改通知书下达权限的部门包括监察大队、建设项目管理处、水源办、固体废物处、核与辐射管理中心。

限期整改管理主要包括限期整改通知书发放、限期整改跟踪管理以及限期整改验收等内容。

（1）限期整改通知书发放：主要是根据现场执法检查情况，填写、打印限期整改通知书。

（2）限期整改跟踪管理：限期整改跟踪管理主要是对限期整改的检查结果进行查看，可以随时跟踪了解限期整改的进展情况。

（3）限期整改验收：限期整改验收主要是在限期整改完成后，对限期整改进行验收，出具验收证明，可以结案。

## （四）处罚建议管理

处罚建议书编制：根据现场检查情况，编制行政处罚建议书，并提供打印等功能。

处罚建议跟踪管理：对行政处罚建议的执行情况进行跟踪，根据建议的执行情况进行结案。

## （五）行政效能监察管理

行政效能监察管理是环保局网上监察监控的工作平台，是面向环保局各业务部门的效能监督办公平台，以确保保证行政审批与行政处罚依法、透明、廉洁、高效运行。

### 1. 行政许可事项告示板

从全局宏观角度以图表的形式展示用户所关注的各类行政许可事项业务数据统计分析结果，包括事项办理实时信息，实时、当天、当月的办理情况告示板，实时督查催办情况。

### 2. 行政监察/领导监督

为环境保护局领导和监察管理部门提供实时监控、预警纠错、督察催办等行政监察功能。

1）实时监控

系统能够自动采集业务系统中行政执法事项办理过程的详细信息，全面监控行政权力行使的全过程。监察监控人员根据授权，可以随时查阅并监控行政事项申请、办理、办结的全过程信息。

2）预警纠错

对即将超过办理期限的项目信息，收录到预警纠错台账中呈现给管理部门。管理部门可以设置主动或手动的方式向责任处室的办理人员或者负责人进行预警。

3）督察催办

督查催办台账，包括项目名称、接件日期、应办结日期、所属行政许可事项、类型、责任处室、已超时天数、督办期限等。

## 六、综合性监督管理

### （一）在线办事

（1）在线咨询：以建立内部受理企业咨询意见的机制和制度为基础，搭建在线咨询平台，接收、解答企业的提问，实现网上咨询。企业用户可在网上留言、查询和监督，授权用户可对留言进行答复。建立对留言信息的处理、反馈制度，定期整理留言和处理意见。

（2）资料下载：资料下载服务是环保行政业务在线办事能力的基础，是在线办事服务的初级形式。平台提供各种环保相关的资料下载，包括表格、文本、图片、软件等形式。同时提供办事所需材料（范本、样表或资料等）下载服务，并能够统计下载次数。其中系统通过提供深层次的表格下载服务，规范工作流程，简化工作程序。环保局企业门户网站将各个行政许可事项的办事表格规范化、电子化，按照应用主题组织表格，提供丰富、全面、准确的表格下载服务。

（3）网上投诉：建设政府网站网上投诉窗口，实现网上信访，建立完善的分权限管理和完整的日志跟踪，实现局域内网与外网信息的导入、导出，以及网上受理、办理情况查询、转送、交办、督办和告知、答复投诉人、公开部分投诉处理结果等功能，实现网上信访投诉。

（4）网上调查：通过定期开展网上调查，对参与的社会公众反馈的信息进行整理和分析，从不同角度很大程度上反映出社会公众对环保的观点、心态以及市场发展，掌握社会公众对政府环保行为的支持程度，同时达到宣传政府政策、获取社会公众理解和支持的目的。

（5）结果查询：在外网将办理结果及时通过公众服务平台反馈给社会公众，社会公众无需登录即可查看相关审批信息，如环评审批通过的项目、试运行审批通过项目、排污许可证审批通过单位名单等信息。环保业务部门反馈的业务办理结果将写入业务办理模块的数据库中，及时反馈给社会公众，实现政务公开、提高透明度，接受社会公众的监督。

### （二）信息公开

根据构建透明型、服务型政府的要求，以《中华人民共和国政府信息公开条例》为指导，对政务信息进行全面、及时、准确、完整、安全的发布。信息公开是保障公民知情权的重要手段，是提升政府公信力、维护社会稳定的需要。企业或者公众可以根据法律法规的需求向环保局提出申请对某类信息进行公开。

### （三）便民服务

（1）在线咨询：为社会公众就个性化问题提供网上咨询的渠道；对在线咨询提出制度保障；保证在线咨询回复；公开在线咨询的内容及回复内容等。

（2）常见问题解答：对公众到该机构办理各类事项时提出的共性问题进行解答。

（3）信息服务：结合机关职能为公众提供基础性、专业性信息（查询）服务。

（4）下属机构信息：为方便公众办事，公示直属机构和下级机构服务信息（机构名称、领导信息、服务内容、地点、联系方式）。

（5）服务框架：提供集在线申报、办事查询、办事指南、表格下载、共性问题解答、政策法规于一体的"一站式"在线办事服务功能。

### （四）公众参与

（1）领导信箱：①栏目功能，支持主要领导同志与公众联系的电子信箱设置、信件数量与回复的统计功能等。②信件处理，明确提出信件处理的制度保障，回复到个人，公开各种信件的内容、回复内容、信件处理状态等。

（2）投诉建议：①栏目功能，包括投诉建议栏目的设置、信件数量与回复的统计功能等。②投诉建议处理，提出网上投诉建议的制度保障，回复到个人，公开各种投诉建议的内容、处理意见、信件处理状态等。

（3）民意调查：①栏目功能，结合政府部门当前工作的民意调查纳入考察范围，支持民意征集、网上评议、网上调查等多种形式，使用便捷。②应用效果，结合政府部门的当前事务，提供调查结果以及民意调查频度的统计分析。

（4）访谈直播：①栏目功能，支持领导在线访谈、会议直播、其他访谈形式的图文或视频等，使用便捷。②内容质量，提供访谈时间表、访谈直播的频度统计、访谈的内容与交互情况公示等。

## 第二节　环境地理信息系统

环境信息与地理信息之间有密切的关系。地理信息系统是一种空间信息的管理系统，它为进行各种信息资源的空间定位和空间分析提供了统一的基础，也为各种信息资源的空间定位和整合提供统一的空间载体或平台，具有基础性、公用性、前瞻性和共享性等特点，因此，目前许多信息系统建设都需要使用基础地理信息作为支撑。地理信息系统作为一种空间型、基础型的信息系统，可以弥补传统环境管理信息系统的不足，可以将环境信息与环境综合业务信息整合在电子地图上，直观地表达和揭示这些信息所隐含的规律，为环保部门的管理和决策提供技术支撑。

# 一、GIS 地图基本操作功能

## （一）基本操作

通过地理信息系统技术直观地展现空间位置信息，使用户能方便地对电子地图进行浏览和查询。通用电子地图操作提供常用的 GIS 地图操作功能，包括放大缩小、图层控制、显示全图、鹰眼图、地图漫游、导航定位、测量距离和面积、打印地图、地图渲染等，如图 6-1 所示。

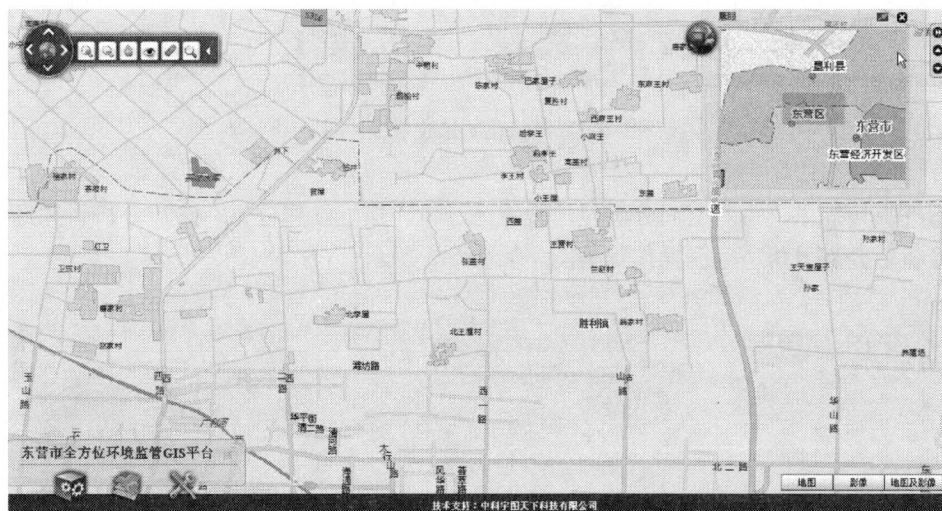

图 6-1　鹰眼图导航

## （二）查询统计

电子地图提供丰富的地图查询功能，在图上实现灵活的空间–属性双向查询、统计汇总、统计图制作。用户可进行任意区域的污染源和敏感点查询统计，系统支持模糊查询、自定义查询、统计对比分析等功能，如图 6-2 所示。

## （三）空间分析

地理信息系统具有强大的空间分析能力，为环境保护的日常管理工作和应急

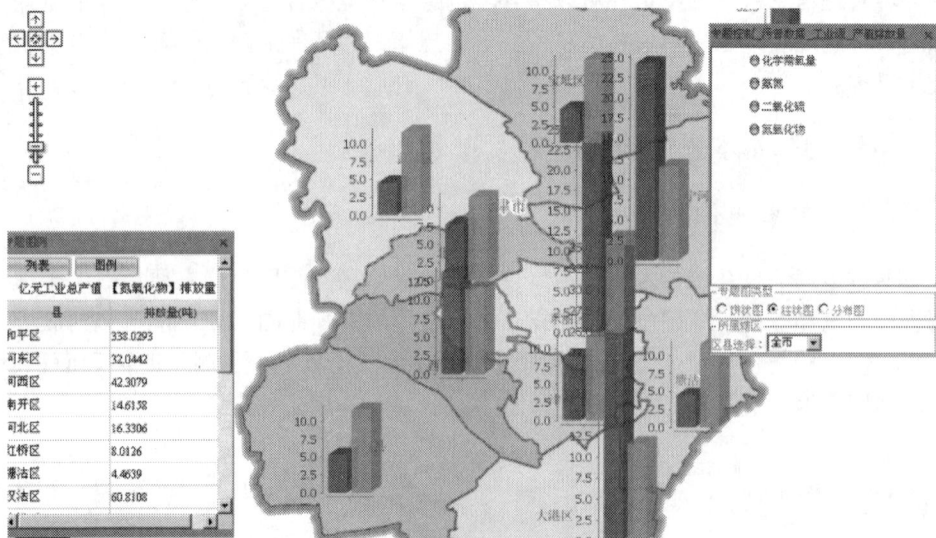

图 6-2　氮氧化物排放量统计图

指挥决策提供支持。空间分析包括缓冲区分析、最近设施分析、路径分析、选址分析、叠加分析、空间操作等功能，如图 6-3 所示。

图 6-3　缓冲分析示意图

## （四）在线标注

地理信息系统能够让用户在二维地图和三维场景中对感兴趣的要素进行标注。用户在选取在线标注的按钮后，可以在地图的适当位置添加标注。在线标注的内容存入系统临时库，其中核对无误的标注内容可以添加成为环境空间数据内容。

## 二、GIS 在线监控

### （一）实时数据的地图显示

地理信息系统可实现污染源、大气、地表水、饮用水源地等在线监测点的位置分布、动态显示监测数据和设备反控功能。系统能展示检测站点设备清单、运行状况、运维情况等内容，并对各监测监控点实时监控，实现在线监测数据的实时刷新、临界提示、超标报警，对突发环境污染事件所波及的范围进行及时描述、渲染等，如图 6-4 所示。

图 6-4　污水站排口数据在线监测

### （二）超标报警的地图显示

基于地理信息系统的在线报警功能，用户可在系统中设置监测数据的上下限，实现在地图上自动显示报警点的准确位置，并以文字说明报警来源、报警登记（包括类别、时间、部位、情况、原因），将信息以短消息方式发送至相关人员。同时，系统可根据用户需求可增加通信异常、仪器异常等状态。

### （三）监控数据统计分析

监控数据统计分析功能主要实现对污染源、监测站等点位的实时监测数据进行统计分析，可实现监测因子一段时间内监测数据的变化趋势分析以及进行多站点监测数据的对比统计分析等。系统同时有对各种历史数据的均值、变化趋势、同比环比、总量计算和汇总等的统计分析功能，并可形成统计报表打印输出。

## 三、环境专题图展示

环保局各部门的工作都离不开环境专题图，环境专题图也是环保工作成果的展现途径之一。地理信息系统与传统的制图方式相比，可以达到一次投入、多次产出的效果。它不仅可以为用户输出全要素电子地图，而且可以根据用户的需要分层输出各种专题图，如污染源分布专题图、大气质量功能区划专题图等。GIS的制图方法比传统的人工绘图方法要灵活得多，在基础电子地图上通过加入专题数据就可迅速制作各种高质量的环境专题图。可以根据需要从符号库和颜色库汇总选择图件，生成个性突出专题效果和特性。

### （一）污染源专题

以污染源空间数据为基础，显示出各环境污染源所处的空间基础信息和空间地理位置分布图，同时在电子地图上显示出各环境污染源的特征污染物的基本信息，显示出污染源各排口的空间地理位置分布，需要时可按行业或其他标准进行分类、查询、统计、分析污染源和排污口的排污情况，结合排污许可证、排污申报以及环境统计信息为实现总量控制提供参考。

污染源专题可包括以下内容：
（1）建设项目审批；
（2）排污申报与排污收费；
（3）总量控制；
（4）移动源运输。

### （二）环境质量专题

在区域环境质量现状评价工作中，可将地理信息与大气、土壤、水、噪声等环境要素的监测数据结合在一起，利用GIS软件的空间分析模块，对整个区域的环境质量现状进行客观、全面的评价，以反映出区域受污染的程度以及污染的空间分布情况。

环境质量专题可包括以下内容：

（1）环境质量专题；

（2）河流环境水质专题；

（3）饮用水水质专题；

（4）空气质量专题；

（5）降水数据专题；

（6）区域噪声专题。

### （三）　自然生态专题

在进行自然生态现状分析过程中，利用GIS可以比较精确地计算水土流失、荒漠化、森林砍伐面积等，客观地评价生态破坏程度和波及的范围，为各级政府进行生态环境综合治理提供科学依据。要求对生态环境状况进行分析和统计，统计的结果可以按表格、统计图、专题图形式直观地预览显示，并可直接输出环保专题统计地图、环保专题信息查询表格、环保专题统计分析图表。

自然生态专题可包括以下内容：

（1）生态环境功能区划；

（2）自然保护区；

（3）畜禽养殖污染源；

（4）农村连片整治。

## 四、领导决策支持分析

各级环保部门在日常环境管理和突发事件处置中，需要采集和处理大量的、种类繁多的环境信息。地理信息系统能够把各种环境信息与其地理位置结合起来进行综合分析与管理，并集成先进的环境评价模型和污染扩散模型，为环境评估、区域规划、应急处置做出科学合理的决策支持。

### （一）　风险源分类分级管理

风险源分类分级管理主要是利用环境模型和评价模型进行企业环境风险等级计算、区域环境风险值计算、区域环境风险强度计算。通过在电子地图上用不同的颜色表示不同等级的风险源，可以按区域的特点进行环境风险区划；另一方面通过衡量区域内不同分区的污染物数量与环境承载力，来分析评价不同区域对环境的影响程度。系统根据不同区域对环境的影响程度，采取措施进行分区调整，从而实现环境风险的动态分区管理。

## （二）污染扩散模拟预测

环境模拟与扩散预测功能主要是运用 GIS 的空间运算和分析能力，利用各种监测数据，结合地理信息数据，对环境质量、污染扩散进行模拟仿真，生成相关的环境专题图以及污染扩散模拟预测图。该功能模块主要包括空气质量分析预报系统和水质模拟预测系统，并根据施放或者泄漏的污染物质的化学物理特性的不同采用不同的模拟预测技术。在输入污染扩散模型分析相应参数后，即可以进行污染扩散模型运算，地图会自动刷新，显示计算结果，如图 6-5 所示。

图 6-5　水污染扩散分析

## （三）应急指挥决策

系统通过在电子地图上展现突发事件及周边信息，同时结合地图数据进行事件及其数据的检索、查询、分析，可有效支撑环境应急处置的进行。领导和工作人员可通过 GIS 平台查看现场监控视频，组织视频会议，在指挥中心下达命令，同时在地图上进行协同标绘，在进行资源调度时首先可以通过 GIS 平台获取所需要的资源的空间位置，明确物资、人员的流动，实现全程可视化的动态监控。GIS 的知己指挥决策功能可包括以下内容：

（1）多方协同指挥；

（2）现场监测布点；

（3）车辆定位追踪；

（4）事件评估及功能区划。

# 五、三维空间专题应用

三维仿真技术目前已在全国各个政府部门如国土、军事、水利、能源等部门得到广泛应用，未来三维地理信息系统势必成为环境管理部门应用管理的重要平台。三维地理信息系统具有直观展现环境全貌、实现重点工业厂区的二三维联动漫游、多模拟演练中心协同演练、协同指挥等功能。

## （一）三维场景基本功能

在三维平台的基础上，实现三维场景的漫游、图文互查等功能，具有极强的视觉冲击力。通过对重点工业园区进行精细的三维建模，可以用漫游功能实现工业园区的管理。系统实现三维场景与二维场景的自由转换和联动漫游，还可实现实景影像与虚拟现实技术相结合，立体形象地展示区域全貌，如图6-6所示。

图6-6　重点污染源企业三维场景

## （二）环境管理

三维地理信息系统的流域监控功能可实现污染源、环境质量、气象信息、工程信息等的实时监测数据、历史数据、统计分析数据的动态采集和加载，将各种数据整合到一张图中，并且以多种方式直观地可视化表达各类信息的空间分布及动态变化过程，为环境一体化的监控管理提供平台。

### （三）应急模拟演练

在三维地理信息系统中进行环境应急模拟演练，让领导直观查看环境信息，对指导应急响应有重要作用。在模拟演练中可以进行三维态势标绘。标绘是指用户将场景中某个区域、重点建筑物、场所作为一个兴趣点进行标识，开展应急监测布点、协同标绘等工作，如图6-7所示。

图6-7　开县井喷事件模拟

### （四）全景三维展示

结合相片全景处理技术建立的三维影像系统是传统三维地理信息系统的一个有效的补充。全景三维是基于全景图像的真实场景虚拟现实技术将环360°拍摄的一组或多组照片拼接成一个图像，该图像可对近至排污口、远至厂房、居民地的环境要素进行全景展示。

## 第三节　放射源管理系统

### 一、放射源登记管理

放射源登记管理对各种不同类型放射源进行登记管理。因为不同类型的源所登记的信息有所不同，因此，当选择完放射源类型时，系统会自动跳到该种类型源的登记表格，输入或选择相应信息，完成放射源信息登记。

## 二、涉源单位管理

### （一）信息登记管理

实现涉源单位基本信息管理。当有新的单位取得辐射安全许可证后，根据其辐射许可内容进行数据的录入和管理。这些数据信息包括企业的基本信息以及辐射工作场所的信息，同时包括放射源本身的数据信息内容。

### （二）信息查询统计

主要内容包括按照单位、放射源、射线装置、非密封放射性物质工作场所等不同数据项，根据固定模板进行查询、自定义查询、定位查询检索，根据统计模板进行统计并生成统计报告、自定义统计内容进行统计并生成统计报告。

## 三、辐射安全事故应急管理

应急工作思路要转变，由以前的疲于应付突发事件重点转为加强日常放射源监管，预防突发事件的发生。放射源应急管理适用于所辖区域内发生的放射源丢失及被盗事件、放射性物质辐射等环境污染事故、放射性物质运输事故、带有放射源的航空器坠落事故、其他放射性环境污染突发事件。

放射源应急管理提供了应急基础信息管理的功能。应急基础信息管理功能能够汇总各类放射源的相关信息及数据，可查询放射源种类及相应的处置方式、理化特性，针对并在放射源数据库基础上建立环境 GIS 系统，实现对放射源相关信息的监管、分析功能，同时在应急基础信息管理中提供了对放射源事件的行业及企业应急处置预案，并总结有一定适用范围的（按照事件和放射源的分布范围）关于放射源事件的处理流程，在事后形成应急案例，可为放射源事件处理决策和分析提供迅速、有力、优化的辅助支持。

### （一）放射源事件预警接警

通过对放射源日常监管我们可以实现日常预警，尽快发现事件隐患，进行现场监察并排除隐患。另外整个平台需要第一时间知道环境突发事件的发生，平台可以通过系统与12369/12319/12345、信访等系统对接，实现快速突发事件快速接警，并填写详细的《接警记录表》。值班领导通过事件信息及现场核实情况判定事件性质和等级，按照应急启动程序启动中心应急实施方案。当接到放射源事件的报警时依据先期拟定的应急预案进行相关部门的上报，并由应急指挥部统一指挥。

## （二）放射源突发事件应急响应

借助平台强大的空间分析能力和现代化的监测设备，环保部门应急工作组迅速集合，准备便携应急装备器材，作为应急第一梯队立即赶赴现场。途中随时与事件有关人员进行联系，并及时将了解到的事件情况反馈给辐射组领导和市环保局应急中心，提出初步人员防护建议和环境安全与保护治理方案。应急监测人员对事件现场进行现场监测，并报告现场监测数据、污染范围和污染水平，提出污染控制建议。根据现场应急监测数据和样品的实验室分析结果，出具应急监测报告，快速统一形成处置报告，上报地方环保部门应急中心。应急中心迅速将事故发生时间、地点、造成事故的放射物质及其现有活度、危害程度和范围、射线装置的名称等主要情况报告卫生局、环保局、公安局等相关部门以及上级行政主管部门。并根据事件类别进行相应的处置，配合进行现场的勘查以及环保安全技术处理、检测等工作，查找事故发生的原因，进行相应的处理。

## （三）放射源事件评估

放射源事件评估是评价放射源事件的规模等级、对环境的危害程度、事故发生前的预警、事故发生后的响应、救援行动以及放射源事件发生后控制措施是否得当，并调查事件发生的原因，为放射源事件的责任确认及其处理提供依据，编制放射源事件应急评估报告，存档备案。

对现场的污染事件控制后，由辐射组组织事件后果评价，并向市环保局应急中心提交事件评价报告，对事件责任进行界定，并初步拟订处理意见。

## 四、源点信息管理

系统可对放射源进行添加、删除、修改操作，对其基本属性信息进行修改，对其初始信息进行修改，包括源点添加、源点删除、源点信息查询及修改、源点列表、源点位置五方面。

# 第四节　污染源普查数据综合应用系统

## 一、工业污染源综合信息统计

### （一）基本特征统计

#### 1. 数量统计

重点统计分析工业污染源普查数量的分布情况，包括行业分布、地域分布、河道分布以及其他分布等，结合各区县、各行业的污染源管理和控制政策，分析出当前分布特征的原因，为行业结构调整、行业区域布局、区域河道环境综合治理提供依据，如图6-8所示。

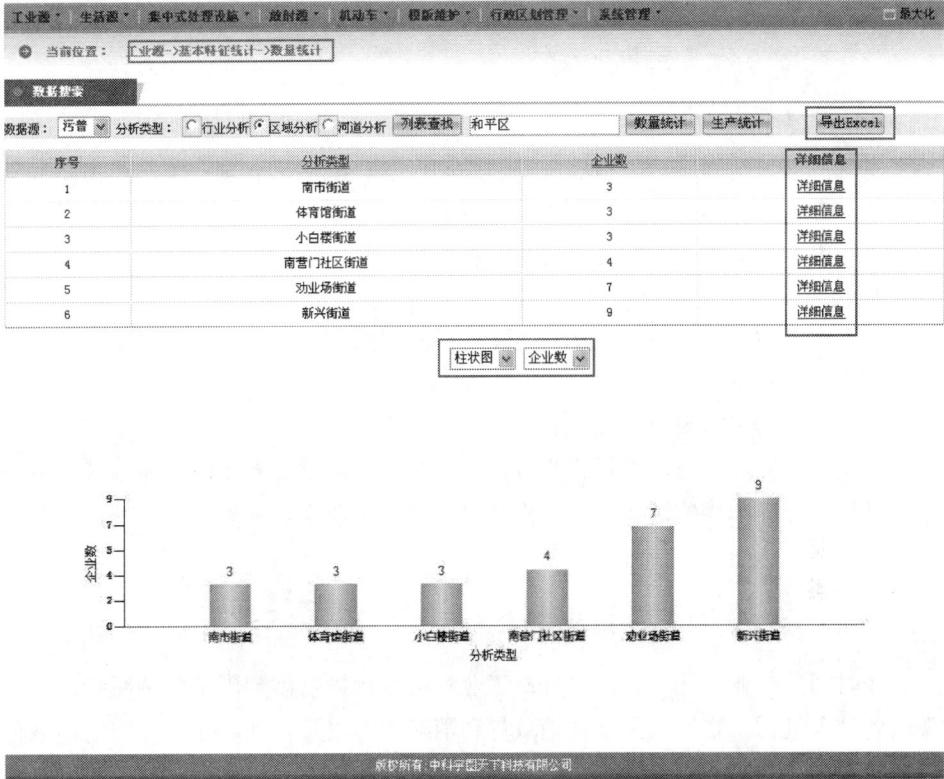

图6-8　工业源数量统计

## 2. 规模统计

统计分析各行业工业污染源规模及其地域分布、河道分布情况，进行地域、河道规模的比较、排序分析。

## （二）资源、能源消耗统计

## 1. 水耗统计

能够对工业污染源的用水总量、用水强度、工业用水重复利用率等进行统计。根据各行业、地域、流域分布情况，对地域、河道规模比较、排序分析，结合不同行业、不同地域对工业源用水情况进行分析。

**2. 能耗统计**

根据燃料类型及燃料消耗量分析工业源的总体能源消费结构及行业、地域的能源消费结构，结合不同行业、不同地域，对工业污染源的能源消耗情况进行对比分析。根据工业源能源燃烧方式、灰分、硫分情况进行区域污染的分析。

### （三）污染物产生和排放统计

**1. 污水及污染物产排统计**

系统能够分析废水产生量、主要污染物产量；根据工业企业废水产生量和处理设施，分析废水排放量及主要污染物排放量；统计污水排放去向的总体结构；统计各受纳水体分别收纳的污水总量及各类污染物的量。

**2. 废气产生排放统计**

结合污染源普查数据，统计主要污染物的排放量及行业、地域等的分布情况，用图表进行分析。

**3. 固体废物产生排放统计**

确定工业固体废物产生量、排放量、处置量、倾倒丢弃量的分布情况；分析不同种类工业固体废物的产生量、排放量；分析工业企业危险废弃物的产生量和排放量。

### （四）污水、废气、固废处置情况

按时间分行业、区域、河道分析工业各种水污染物监测因子的消减量、消减率，各种大气污染物监测因子的消减量和消减率，以及各种固体废弃物的消减量和消减率。

### （五）锅炉、窑炉统计

按行业、地域、河道分析工业源锅炉和窑炉的分布情况及规格数据统计。

## 二、生活污染源综合信息统计

### （一）基本情况统计

**1. 数量及分布统计**

重点分析生活源的分布情况，包括按行业分布、地域分布、河道分布、两控区分布等，结合各地、各个行业的污染源管理和控制政策措施，分析出现当前分布特征的原因，为行业结构调整、行业区域布局、区域/河道环境综合治理等提供基础依据。

**2. 规模统计**

生活源的规模分析可以为进一步分析资源消耗、污染物产生量等作准备，同时在生活源经营规模的行业、地域、河道分布情况分析的基础上结合相关社会经济发展数据，可以初步把握该分布情况与社会经济发展的相关性，为行业结构调整、经济发展布局规划引导等决策工作提供基础资料。

（二）资源、能源消耗统计

**1. 水耗统计**

生活源水耗分析包括生活源的用水总量、单位经营规模水耗和城镇居民生活用水量按行业、地域、河道分布情况。

**2. 能耗统计**

根据燃料类型及燃料消费量分析生活源的总体能源消费结构以及行业、地域的能源消费结构；统计生活源的单位经营规模燃料消耗、燃烧方式的比例，及其行业、地域、两控区分布情况及特征；统计分析不同地域燃料的硫份和灰分。

（三）污染物产生和排放情况统计

重点分析污染物的产生量、主要产生源清单及其流向，一级产生量和主要成生源的行业、区域、河道分布等，主要包括分类别关注和行业关注的水污染物产排、气污染物产排和固体污染物产排。

（四）污染治理情况

主要分析生活源污染物的污水处理设施、废气处理设施和固废处理设施的设施处理能力、处理总投资、实际处理量、设施运行费用等指标的行业、地域、河道分布特征。

# 三、集中式污染源综合信息统计

**1. 基本情况统计**

对污水处理厂、垃圾处理厂、危险废物和医疗废物集中处理处置设施的基本情况予以分析，主要包括设施数量统计分析、处理能力分析、服务区域面积分析、投资分析和汇水面积分析。

**2. 治理设施运行情况统计**

主要从集中式污染治理设施年运行率、运行成本和消耗、对污染物的处理情况以及运行处理过程的检测监控等方面分析，把握设施的运行效果以及为达到效果所需要的保障投入。

**3. 污染物产生与排放统计**

重点分析二次污染物的产生量、主要种类、地域与河道分布、主要产生源清单等；对重点区域进行集中式污染治理设施数量、污染物产生量、处理设施情况、污染物排放去向等对比分析。

## 四、GIS 专题展示

### （一）工业源专题图

**1. 污染源排放量**

对污染源普查工业源数据的水污染物监测因子（化学需氧量、氨氮、石油类、生化需氧量、氰化物、砷、总铬、六价铬、铅、镉、汞等）、气污染物监测因子（二氧化硫、烟尘、工业粉尘、氟化物、氮氧化物等）以及能源消耗（燃煤消耗）以图表和统计列表的形式呈献给用户。图表有饼状图、柱状图和分布图三种展示样式。

**2. 产值排放量**

对污染源普查工业源数据的化学需氧量、氨氮、二氧化碳、氮氧化物等的产值排放量以各种形式显示（包括饼状图、柱状图和分布图），还可以对单个区县进行展示。

**3. 面积排放量**

对污染源普查工业源数据的化学需氧量、氨氮、二氧化碳、氮氧化物等的面积排放量以各种形式显示（包括饼状图、柱状图和分布图），还可以对单个区县进行展示。

### （二）生活源专题图

对污染源普查生活源数据污染物监测因子（化学需氧量、氨氮）、气污染物监测因子（二氧化硫、氮氧化物）以各种形式显示（包括饼状图、柱状图和分布图），还可以对单个区县进行展示。

### （三）河道专题图

系统可生成河道专题图，并辅以周边分析和空间查询功能，分析结果和查询结果也可生成专题图。

## 五、GIS 空间查询与分析

可进行矩形查询、圆形查询、多边形查询三种空间查询。

使用 ARCGIS 平台的分析功能，对全辖区生态环境评价与功能区划数据进行专题分析和呈现，并结合污染源普查和总量减排情况进行综合分析。要求对全辖区已有生态环境评价与功能区划数据进行建库管理，并可以按照国家规范的技术方法实现动态评价并生成专题图。

**1. 生态环境现状评价**

（1）现状评价是在区域生态环境调查的基础上，评价区域生态环境特点、空间分异规律以及主要生态环境的现状与趋势。

（2）评价生态环境现状时综合考虑自然环境要素，包括地理要素、气候要素、植被、人类活动要素（土地利用、人口与城镇分布、污染物排放、环境质量状况）。

（3）明确区域主要生态环境问题及成因，要了解该地区生态环境的历史变迁，突出各地区重点问题。

**2. 生态环境敏感性评价**

应运用地理信息系统技术绘制区域生态环境敏感性空间分布图。制图中，首先对每一生态环境问题划分出不同级别的敏感区，并在综合各种生态环境问题敏感分区的基础上，对所评价区域统一划分出不同级别的敏感性分区。

**3. 生态服务功能重要性评价**

生态服务功能重要性评价是对每一项生态服务功能重要性进行分区，并在综合各项生态服务功能分区的基础上，对所评价区域进行综合生态服务功能重要性分区。

**4. 生态环境功能分区**

在生态环境现状、敏感性和重要性评价的基础上，进行生态环境三级功能分区。

# 第五节　环境监察与移动执法管理系统

## 一、总体架构

环境监察与移动执法管理系统的总体架构如图6-9所示。

## 二、前端应用子系统

### （一）任务管理

根据监察管理体系的要求，该模块主要实现了监察任务的分配管理。内容包括管理人员分配任务、执法人员根据任务要求现场执法并做记录、执法人员上报任务完成情况、领导查看任务完成情况并签署意见和批示等工作流程。

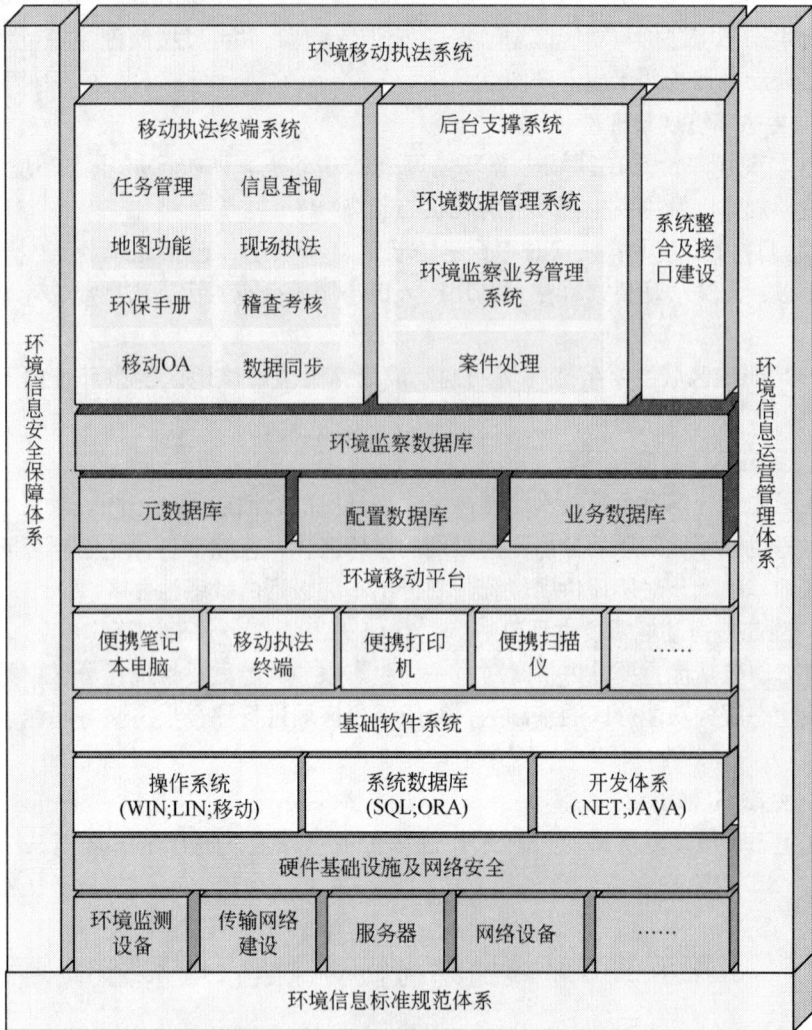

图 6-9　总体架构图

环境监管执法任务分配管理包括执法人员、监察支队领导、局领导 3 个角色，按权限分别进入任务分配管理模块进行处理。流程说明如下：

- 任务登记：录入任务基本情况，包括需要进行监察执法的企业情况、监察项目等。
- 监察支队领导分配：监察支队领导查看所有任务，针对监察任务的分片管理的原则，指定具体的执法人员进行任务处理。
- 执法人员接收任务：执法人员接收任务，到现场进行检查。

- 执法人员录入检查结果，包括企业基本情况、排污情况、监测设备运行情况等。
- 监察支队领导审核：监察支队领导对检查情况进行审核，填写审核意见。
- 局领导审定：环保局领导对整个任务的完成情况进行审定，填写批示意见。
- 任务完成：执法人员整理审核意见，并进行一定的调整，任务办结。

**1. 任务登记**

任务登记包括任务名称、任务类型、任务来源、企业名称、法定代表人、通信地址、执法部门、任务内容等执法信息的登记。

**2. 任务分派**

本系统实现来自三方面执法任务的派发功能：常规任务、领导任务及其他任务。系统提供任务自动分类和排序功能，执法人员可查看到系统推送的执法任务类型、任务重要程度和最后完成时间。

1）常规任务派发

常规任务每天对污染源在线监测数据进行分析，对异常的监测数据进行自动筛选、整理，产生常规任务。任务信息包括在线监测数据出现问题的排污企业名称、编号、排污口信息、监测数据及异常数据与标准值对比情况、任务内容、任务类型及处理任务人。系统将常规任务通过消息分发，下发到责任人的客户端程序。同时，系统实时监控责任人上报的数据，进行任务核销。

2）领导任务派发

领导可通过后台支撑平台系统或通过互联网直接发起任务，生成执法任务，任务单信息包括任务名称、类型、内容、相关企业、任务发起人、任务处理人等。任务生成成功后，系统将自动下发到指定的任务处理人的客户端程序。在任务发出后，系统实时监控责任人上报的数据，进行任务核销。任务核销时，系统将把任务核销的答复信息通知到领导的客户端程序，由领导最终确定任务是否完成并核销。

3）其他任务派发

其他执法任务包括在线报警、例行监察和投诉等任务，任务单信息包括任务名称、类型、内容、相关企业、任务来源、任务处理人等。任务生成成功后，系统将自动下发到指定的任务处理人的客户端程序。在任务发出后，系统实时监控责任人上报的数据，进行任务核销。任务核销时，系统将把任务核销的答复信息通知到领导的客户端程序，由领导最终确定任务是否完成并核销。

**3. 任务查询**

执法人员可看到系统推送的执法任务，包括常规任务、领导指派任务、其他任务以及任务重要程度和最后完成时间，并依照重要程度和完成时限将任务排序。

下发任务后，执法人员可直接查看任务内容进入执法流程；实现任务的集中管理，点击还可进入执法任务详细信息查询，包括任务简述、关联公司、任务内容、任务级别、任务类型、任务发布人等。

**4. 查看进度**

为环境保护局领导和监察管理部门提供实时监控、预警纠错、督察催办等行政监察功能。实现局领导对业务流程办理过程关键节点的查阅，包括经办人、办理时间、办理情况等信息。同时局领导还可以对业务流程现阶段所处的办理阶段及办理状态等进行查阅。查看任务完成进度，如现场检查是否完成、已检查企业数量及占其总检查任务比例等。

1）实时监控

系统能够自动采集业务系统中行政执法事项办理过程的详细信息，全面监控行政权力行使的全过程。监察监控人员根据授权，可以随时查阅并监控行政事项申请、办理、办结的全过程信息（图6-10）。

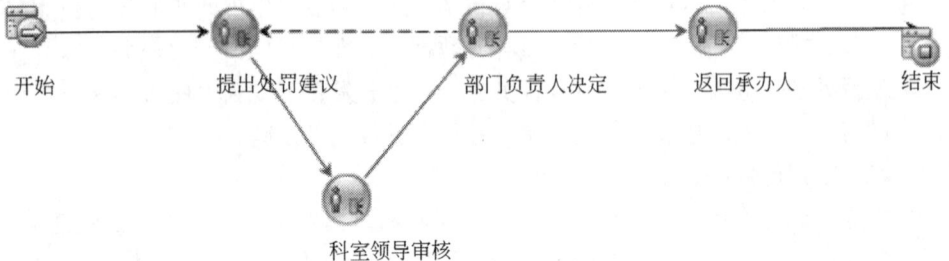

图6-10　事项办理流程监督

2）预警纠错

对即将超过办理期限的项目信息，收录到预警纠错台账中呈现给管理部门。管理部门可以设置主动或手动的方式向责任处室的办理人员或者负责人进行预警。

3）督察催办

督查催办台账包括项目名称、接件日期、应办结日期、所属行政许可事项、类型、责任处室、已超时天数、督办期限等。

**5. 任务提醒**

根据系统设置，对审批批复过期、执法任务过期、限期整改过期、许可证过期、行政处罚过期未执行、排污收费过期未缴、在线监测超标报警、监测超标跟踪、限期整改任务验收、限期整改超期、信访投诉期限等情况进行提示预警。

**6. 日程安排**

工作人员可以对日常工作预先进行安排（现场执法任务、投诉处理任务、后台处理任务），随时了解需要处理的业务情况。另外也可以查看有关领导的日程安排，以方便进行工作的沟通。

**7. 统计查询**

（1）执法人员可对自己以往的任意时间段监察污染源数量、执行任务数量、执行任务类型比重等工作记录进行查询统计。

（2）依权限查看任意时间段内个人、科室、全局执行任务、检查企业数量等工作情况的分类统计结果。

（3）系统支持列表统计，工作人员依权限可根据选项，将任意时间段内检查企业的数量按所属辖区、流域、行业类别、监控类别、检查事由类别、违法类别、处理类别等进行列表统计。

（4）可对特定时间内特定辖区、行业的现场检查情况（企业检查次数、污染防治设施不正常运行次数、超标排放等）按照特定计算模式进行统计分析，得出相应结果。

系统提供对环境执法任务的统计功能，包括信访、投诉、排污收费、现场检查、领导任务等类别，可以按月、季度、年进行统计，可以生成统计表格、柱状图、饼状图等。

以上任务查询、统计结果及日程安排情况均可导出，其中统计查询结果支持excel、pdf等格式导出。

## （二）综合信息查询

系统与环境管理部门的各监察执法相关业务系统进行接口整合，实时抽取各种业务数据。以企业为主线对污染源实现"一企一档"信息、法律法规、环境标准、应急等信息查询。

**1. 查询内容**

利用移动网络实现即时查看信息，包括查看排污企业的综合信息（企业档案管理系统）、在线监控信息、排污申报及收费信息、污染源基本信息、建设项目审批信息、排污许可证信息、监督检查信息、监测信息、行政处罚信息、环境信访信息、环境统计信息等信息系统。

**2. 查询方式**

系统提供多种方式的信息查询，可根据设定查询条件模糊查询，如可按监控类型（全部，国控水、气，省控水、气，市控水、气，其他）、辖区（全省-市-县、市、区）、行业（全部、化工、造纸等）、常规排污因子（全部、COD、NO

等）及其他方式实现信息的逐级分类快速查询。也可按名称（关键字）、地图定位，支持首字母输入查询方式。

**3. 企业综合信息统计**

系统对企业相关资料进行集中管理，为用户提供企业信息查询功能，以便全面掌握企业的环保情况，及时发现违法违规问题。

系统不仅包括企业的基本信息，比如名称、负责人、联系方式、排污方向、主要产品等，同时执法人员可在现场执法过程中查阅与被检查企业相关的环境信息，如企业环保审批、环保验收、排污许可证、行政处罚、检查记录、环境统计等环境管理数据。系统可根据需要进行条件查询及模糊查询。在特定条件下，通过输入监控类型、辖区、流域、行业、排污因子、特定名词（危险废物、危险化学品、涉重金属等）等，可快速查询到相关企业列表及环评审批、竣工验收、排污申报、排污收费、生产原料、产品、污染物类型、排污因子等分类列表信息，并可以将列表信息以 excel、pdf 等格式导出。系统提供多种与业务需求相关的信息统计。

## （三）地图功能

GIS 空间查询分析系统主要包括地图的基本操作与空间数据展示分析；以基础空间地理信息数据库为依托，为各类执法相关环境信息数据如污染源在线监测数据、排污口点位、信访数据、排污申报收费数据等制作基本的专题地图，实现空间信息、属性信息的双向查询以及空间直观定位与分析服务、立体监控分析、全方位监管（监控监管无盲区）等应用。实现基于 GIS 执法应用的全覆盖，实现监察执法"一张图"管理。这部分功能主要是利用后台支撑系统软件 GIS 地理信息模块的功能来实现。执法终端可运用以下服务，并支持相关图片的导出。

**1. 基本操作功能**

通过 GIS 技术直观地展现空间位置信息，使用者能方便对电子地图进行浏览和查询，对地图进行放大、缩小、漫游、平移、还原、前后图、选择、定位等基本操作，能够按位置、名称、路口、周边等关键字在地图上进行查找操作。

1）放大、缩小地图

对地图进行随意的放大浏览。在地图窗口内点击放大，则以点击点为中心点，地图放大一倍。用户还可以对地图进行随意的缩小浏览，在地图窗口内点击，则以点击点为中心点，地图缩小一半。用户还可以按等级缩放地图。

2）地图漫游

用户可以任意拖动地图快速漫游到感兴趣的区域，对地图进行漫游浏览。在地图窗口内拖动鼠标，窗口内的地图跟随移动，使地图上当前窗口范围外的内容进入屏幕视野范围。

3）全图显示

显示整个地图，执行命令后无论地图是在放大或缩小的状态，系统立即显示全图，即按地图的外包矩形填满窗口。

4）鹰眼图

用户可以通过缩微的全区域地图知道当前区域在全区域中的位置，也可通过鹰眼图直接漫游到感兴趣的区域。

5）导航

将地图中的主要地物设立书签，用户点击即可直接显示这些地物的周边地理位置，方便用户操作。

6）测距

在地图上任选两点，可以测量出两点之间的距离；对于需要连续测量的，可以将前次测量的结果进行累加，并且可以动态显示当前鼠标所在位置与最后选择的一个点的距离；此外可以进行多边形面积的量算。

7）制图输出

系统支持输出多种格式的地图和打印，包括 jpg、gif 和 png 等。

8）地图选择

用户可以采用各种方式在地图上选定图层的地物的属性信息，包括点、矩形、圆、多边形选择等。比如可以查询矩形框内的属性信息：在地图上以矩形拉框选中要查询的范围，松开鼠标，则显示该区域内的属性信息。

**2. 量算**

在地图上任选两点，可以测量出两点之间的距离；对于需要连续测量的，可以将前次测量的结果进行累加，并且可以动态显示当前鼠标所在位置与最后选择的一个点的距离；此外可以进行多边形面积的量算。

**3. 图层**

地图由多个图层构成，可以对地图的图层进行开、关、调用、切换、叠加、分层浏览。

**4. 信息数据查询**

1）地图查询

具有图形和数据的双向查询、模糊查询、定位功能，即能通过地物查名称，也能通过名称或部分名称查地物。能按照查询结果显示出地图影像。

2）目标查询

输入需要搜索的部件或事件等监察对象目标名称，可以指定图层，在当前图层范围内进行搜索，并将搜索结果列表显示。如果是一个目标，则对该目标进行定位和高亮显示。

3）区域查询

当点击框选查询工具时，在显示的列表框中会有事先订制好的查询模板显示，选择查询模中的一项，然后在地图上拉框选择，系统会根据所选查询模板和地图上的选择范围，检索数据库中符合条件的数据，并组织成页面显示出来。

可提供特定辖区或任意不规则区域内的污染源分布查询。另外也提供统计功能，即指定区域内各类污染源的数量、不同行业的企业数量等。

4）点图查询

当用户使用点图查询工具点击地图时，系统弹出选择图元所对应的信息。

点击地图上一个点，了解这个点周边的污染源情况、所在环境功能区划、距生态控制线距离等信息。

**5. 环境专题图分析**

系统可以借助后台地图管理子系统的专题分析能力，实现对专题数据的查询分析，并按照行业、流域、区域（人工选择区域和特定区域）等分类对数据进行专题展示。基于这些专题可以对业务数据进行统计分析。

1）行业分布图

针对不同行业，系统可以结合时间、区域等进行各种专题分析应用，如输入农业行业代码后，系统会自动筛选出此行业类别下的各点位，针对这些点位可进行相应的 GIS 查询、操作、分析，形成用户所需要的专题图。

2）流域专题图

针对流域专题图，系统可进行水源保护区专题图（包括分布图和各饮用水源保护区一级、二级保护区划分图）、自然保护区专题图（分布图和各保护区级别和核心区、缓冲区、实验区划分图）、河流水系图等的专题图分析。

（1）水源地专题图。在查询条件栏目中输入或者选择相应水源地代码或者水源地图层后，可以进行相应的 GIS 查询、操作、分析，形成相应的专题图，并支持对专题图中的数据进行统计分析。

（2）流域专题图。在查询条件栏目中输入或者选择某一流域，点击查询后，即可形成相应的流域专题图，在此专题图上可进行相应的 GIS 查询、操作、分析等操作。

本图层中可以在地图上选定的某一个或若干个点为圆心，以用户输入的长度为半径，确定一个圆，查询这个圆内的所有对象相关信息。这种方式的查询便于用户查询一个区域内的企业情况。

3）区域专题图

（1）行政区域专题。行政区域专题分析主要分为特定区域专题分析以及其他区域专题分析。系统可以将大量未经分类的数据输入信息系统数据，然后要求用户建立具体的分类算法，以获得所需要的信息，并将其以直观的图形的方式展现出来。

行政区域专题分析的主要应用是结合污染源的排污数据，利用空间分析模块，对整个区域的环境质量现状进行客观全面地评价，以反映出区域中受污染或影响的程度以及空间分布情况。

（2）点数据专题。在地图上任选一个点，在系统弹出的提示框中输入相应的范围，系统会按照所选的点位和所输入的范围数值，生成以此点为圆心、输入数值为半径的圆形区域专题图，可供用户针对此区域进行专题图分析查询操作。

（3）任意区域专题。在地图范围内可任意划选某一不规则多边形，可在此区域上进行 GIS 图层或数据的专题图分析。

（4）道路区域专题。可在地图上选择某一道路或多条道路，在系统弹出的提示框中输入相应的范围数值，系统会按照所选道路，在周边形成以此道路为中轴、所输入范围为轴距的区域专题图，供用户针对此区域进行专题图分析、查询操作。

**6. 污染源描绘功能**

执法人员通过执法终端的地图查询功能查询污染源位置，可以获取已知污染源基本信息（名称、法人、联系电话等），并可以依权限对污染源信息进行录入、删除、修改等操作。

**7. 信息导航与定位**

系统平台提供了信息导航功能，实现了污染源定位导航和企业周边环境如村庄、学校等敏感点、河流等信息查询，现场可随时调阅、查询被检查企业的基本信息如环保审批、验收、排污许可证、排污收费、日常监管、行政处罚情况等，为领导部门决策提供数据支持，提升环境管理能力和决策分析水平。能够对执法路线进行概览、规划、删除等操作，可以查看路线的详细情况。支持多种定位方法相结合，提供将地图查询结果快速定位功能。

系统平台还能够通过手机 GPS 对执法人员实行定位，能够实时查看执法人员位置以及历史执法轨迹，并列出详细列表，方便领导掌握下属的工作情况，作为稽查考核的依据。

**8. 离线地图功能**

系统采用智能客户端离线数据缓存模型，能够保证线路畅通后继续进行信息的查询及访问等操作，保证用户的正常使用。

通过该功能将电子地图缓存到执法终端，通过离线访问地图，节省手机流量，并提高对 GIS 的访问查询效率。

## （四）现场执法

移动执法的核心是执法，模块主要实现现场执法的辅助技术支持，包括执法调度指挥、电子地图定位、执法对象信息快速查询、执法对象基本信息查询、现场调查记录、多媒体取证、法律法规查询、行政处罚程序执行、执法表单、文书自动生成等。

系统可根据不同的执法任务提供不同的业务表单，执法人员可选择执法种类，系统可自动提供相应表单。执法种类包括日常监察、现场罚款、立案登记、行政处罚等。执法人员在相应的表单上完成检查记录即可。

系统不但可以通过各种便携移动终端提供导航定位、现场笔录、拍照取证、录像录音取证、监测数据采集取证等功能，还可以通过数据采集通信终端提供的各种接口连接便携移动终端（摄像机、球机、便携检测仪等）进行数据采集，并统一通过数据采集通信终端进行实时数据上报传输，所有信息采集完成后可将数据同步到服务器端，供各业务系统调用。

系统内置典型环境违法案件处罚文书模板和相关执法表单，为检查（勘察）记录、询问笔录制作过程提供导向性、提示性操作，引导执法人员全面、规范取证，并实现现场打印、现场扫描。执法人员通过便携移动终端可以进行企业查询、现场笔录、现场取证等，实现现场执法。根据执法种类的不同系统将提供不同的业务表单，执法人员在相应的模板上完成现场执法记录即可。根据现场实际情况进行相应的处理，执法任务完成后，将处理结果实时上传并保存，并且可以实时查询。

### 1. 现场检查管理

1）现场检查任务管理

现场检查包括现场检查结果查看以及相关的处理建议和意见。

现场检查还包括现场检查任务的下达，通过该功能可以给执法人员分派现场检查的任务，包括针对限期治理整改企业的现场检查任务。

通过现场检查跟踪管理模块可以进行任务的查询跟踪，可以根据案件的办理人、案件名称、时间等进行查询，可以查询任务当前的办理情况、当前责任人等信息，有相应权限的用户可以给当前办理人发送督办信息。

2）限期整改管理

限期整改管理流程如图 6-11 所示。

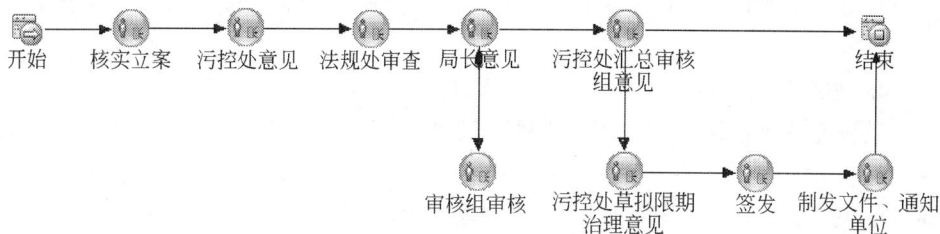

图 6-11　限期整改管理流程

现场执法单位在现场执法过程中，如果发现企业有违反环保规定的行为，可以下达限期整改通知书，责令企业在特定的期限内完成整改（一般是 15 天）。下达限期整改通知后，要求对企业整改的情况进行跟踪。如果企业完成整改后，对整改事项进行验收。

限期整改管理主要对限期整改通知书发放、限期整改跟踪管理以及限期整改验收等内容进行管理。

限期整改通知书发放：主要是根据现场执法检查情况，填写、打印限期整改通知书。

限期整改跟踪管理：主要是对限期整改的检查结果进行查看，可以随时跟踪了解限期整改的进展情况。

限期整改验收：主要是针对限期整改完成后，对限期整改进行验收，验收后出具验收证明，可以结案。

3）处罚建议管理

实现处罚建议书编制和处罚建议跟踪管理。

➤ 处罚建议书编制：根据现场检查情况，编制行政处罚建议书，并提供打印等功能。

➤ 处罚建议跟踪管理：对行政处罚建议的执行情况进行跟踪，根据建议的执行情况进行结案。

4）执法表单管理

系统可根据不同的执法任务提供不同的业务表单，执法人员可选择执法种类，系统可自动提供相应表单，执法人员在相应的表单上可以通过勾选操作快速简便地完成检查记录。

**2. 环保信访任务管理**

环保信访任务管理主要是将环保信访的任务从后台推到前端，以方便工作人员查看。在后台对环保信访任务进行处理后，前端的任务自动标识为完成状态。

**3. 排污收费任务管理**

排污收费任务管理主要是将企业未缴费的通知单作为一个任务推到前端，以方便查看。企业银行缴费后，对有关缴费状态进行处理，前端的任务自动标识为已经完成。

**4. 进入企业档案**

系统能够显示该企业的基本信息，包括企业的一些重点信息，比如名称、负责人、联系方式、排污方向、主要产品、工艺等。之后可调出相关执法表单进行现场检查笔录。执法人员可在现场执法过程中查阅与被检查企业相关的所有信息，包括企业基本信息、环保审批、环保验收、排污许可证、排污收费、行政处罚、检查记录、环境统计等环境管理数据及监察各环节的作业指导书。可根据设定查询条件模糊查询。执法人员首先进入企业综合信息系统（企业档案管理系统），查询到所检查企业的档案，如档案中没有该企业，系统支持执法人员新建企业档案。

**5. 补录档案信息**

支持执法人员根据企业档案预设项目，对企业基本信息及环评、竣工验收等综合信息进行补录，或依权限对原有企业档案信息进行修改、删除。系统保留修改痕迹（修改人、修改时间等）。

**6. 生成执法文书**

系统支持在企业档案内生成执法文书（现场调查询问笔录、执法取证单、整改通知等），执法文书内的企业基本信息由系统根据企业档案基本信息自动生成，执法人员可以对执法文书上的企业信息进行备注、修改。

**7. 填写执法文书**

系统预设各种类型执法文书（现场调查询问笔录、执法取证单等），执法文书有拍照，摄像、录音等多媒体信息采集子项。执法人员根据检查情况填写现场调查询问等执法文书，利用信息采集功能，可以选择对象进行拍照、摄像、录音，并对所获取的资料进行删除、预览，最后形成完整执法文书。

1）现场笔录

现场笔录模块主要实现：执法人员将执法检查过程中的信息以及业务办理的笔录信息套用固定模板，直接记录在移动设备上，记录完成后保存并上传至服务器，实现现场笔录。

2）现场取证

提供拍照录像取证、设施检查、录音取证和打印扫描等方式，并能够对现场取证的材料进行预览、删除等操作。

（1）拍照取证。拍照取证模块可对执法人员的检查对象进行拍照，并提供对所拍照片进行删除、预览等功能。便携移动终端可暂存多张照片，可对暂存照片调用、管理，或者与服务通同步上传。

（2）录像取证。系统同时提供录像取证功能，并可同时保存声音、画面。

（3）录音取证。系统通过移动便携终端等进行现场录音取证，并可对所获取的资料进行删除、预览等操作。

（4）打印扫描。利用便携打印机、便携扫描棒等便携移动终端进行现场打印、扫描、存档。

**8. 执法文书输出打印**

完成执法文书填写后，执法人员利用便携打印机或企业办公打印机现场输出打印。

执法文书中分为系统设定项目和可扩充填写项目，执法人员可根据情况选择填写系统设定项目，最后根据选择，输出打印填写项目内容，屏蔽未填写的项目。

**9. 同步上传信息**

现场检查部分完成后，便携移动终端可暂存多张照片，可对暂存照片调用、管理，并利用系统将执法文书、图片、声音、文字等信息数据自动同步到服务器端，可以根据业务系统要求通过消息机制，自动传给业务系统进行调度和分析。

## （五）环保手册

利用环保手册可查询法律法规、环境标准、重要文件、作业指导书、执法人员应急手册、案例知识库等相关文档，方便在现场执法时随时了解相关信息。

系统提供目录查询和搜索查询，执法人员可以通过目录、关键字，快速查询所需环保知识。可通过输入关键字，快速查询到相关法律条款及文件内容。

系统支持将相关文件以 word、txt 等格式导出。

## （六）移动 OA

与厅综合业务办公系统整合，利用 PDA 终端随时查阅业务信息、最新通知等，同时可以对全局的各执法队伍执法监察信息统计数据进行查阅和浏览。此外系统还提供了通讯录、公文公告等常用信息的查询功能。也可通过无线通信网络访问内部办公自动化网站，随时签阅文件，通过电子邮件和其他人员取得联系。

在此系统中，公文流转是要实现的主要功能。移动 OA 与办公自动化系统实现对接，通过移动终端领导能够方便地查审批公文。执法终端可查看多种内容格式，包括 word、excel、pPT、pDF、txt、jpg、gif、html 等。

**1. 日常管理**

办公首页集中显示个人所有待办和已办的公文、邮件、通知公告、最近日程等信息。另外操作员可对自己的工作进行日程安排，系统将根据用户指定的时间对用户操作进行提醒，包括人物提醒及邮件提醒。另外还提供记事本、计算器、通讯录、天气预报等小功能模块，更好地满足用户的需要。

**2. 公文列表**

公文列表中，不同类型的公文会以不同的图标来表示，分为已读、未读、平件、急件、加急、紧急等。

**3. 公文流转**

实现公文流转和审批，包括审阅流程、转批、搜索、催办、工作委托等，与局综合业务办公系统流程整合，实现同一流程的业务审批。

公文审批流程中，领导可以查看公文主要信息、正文、附件、历史意见，并进行审批。

**4. 通知公告**

实现通知公告查询，内容包括公告名称、公告内容、发布时间、发布人、所属部门，通告内容可以附件形式添加。

**5. 日程管理**

工作人员可以对日常工作预先进行安排（现场执法任务、投诉处理任务、后台处理任务），随时了解需要处理的业务情况。执法人员可对个人行程进行添加、删除、编辑。

**6. 局领导日程安排**

可查看有关领导的日程安排，以方便进行工作的沟通。

**7. 邮件管理**

系统实现邮件管理功能，通过执法终端接收、查阅邮件。

**8. 通讯录**

通讯录包括各级环保部门主要领导、工作人员、企业环保负责人办公电话、手机号码、邮箱等；可将系统内号码转存到手机通讯录内，并可通过点击电话号码进行拨打。

### （七）稽查考核

系统提供了不同的任务考核标准，根据不同的任务考核标准对任务完成情况进行考核，执法人员可查看自己完成任务的考核情况、领导批复或意见以及不同的考核标准等内容。

**1. 考核对象**

系统的考核对象包括对责任人的稽查考核、对责任单位的稽查考核（一科、二科等）、对区域的稽查考核（如宝安区，市区统一考核）。

**2. 考核内容**

任务完成情况：质量保证，主要是指完成规定的任务动作的情况（如拍照、查看排放口、取样等步骤）。

任务成效：如达标率、处罚率。

### 3. 考核指标管理

考核指标包括现场执法完成任务数、现场执法完成任务率（总任务数/完成任务数）、完成任务质量考核（根据新的笔录格式，对相关内容进行考核）、是否采样、是否取证、是否下达整改通知书、是否处罚建议、是否按照要求进行笔录、管辖企业达标数（在某一时间段内达标数）、管辖企业达标率（监测达标数/监测总数）、采样频次、整改通知书下达情况/整改完成情况、信访任务完成率、信访完成任务数、排污费收缴率、排污费申报率、排污核定率等。指标管理主要是按自动考核和人工考核，对考核打分项进行管理。

### 4. 指标权重分配

指标权重分配是指根据所有考核指标和总分对每项指标的权重进行管理，系统会验证各分项指标的和与总指标是否一致，可以进行人工调整。

### 5. 查看轨迹

通过手机 GPS 功能，结合 GIS 地图，在工作时间内，能够实时查看执法人员位置以及历史执法轨迹，并列出详细列表，方便领导掌握下属的工作情况。

### 6. 常规任务考核评价

常规任务考核评价主要是对日常执法任务的完成情况和结果进行考核，该部分包括自动考核和人工考核两部分；在总体考核中占一定权重。

### 7. 领导指派任务考核评价

领导指派任务考核评价是指对领导指派的任务进行考核评价，任务指派人员要对被指派人员进行考核。

### 8. 重点污染源执法评价

重点污染源执法评价是根据核查人员的核查结果和重点污染源的意见反馈对执法人员的执法情况进行考核。

### 9. 签署批示

对任务完成情况签署意见。实现对执法人员、执法任务、执法信息等的统一考核管理。领导在客户端可以查看任务完成情况、浏览考评结果和签署考评意见。同时，领导还可查看执法责任人各项任务的考核结果以及不同任务考核标准。另外，系统还为领导提供特殊情况下按月签署考核意见的功能。

### 10. 考核结果统计

考核结果统计是根据各项考核指标和考核结果对执法人员的考核分数进行统计，并按月、季度、年生成考核结果。

### 11. 考核结果发布

系统可以将考核结果发布，发布后的结果不能再修改，领导可以通过 PDA

查询考核结果。

## （八）数据同步

系统可完成服务器和客户端数据传输同步，可以断点续传、自动版本检测、自动数据更新。数据同步包括：

**1. 客户端查询请求**

**2. 客户端动态地图数据同步**

对于系统实时业务信息，系统主动通过服务器发布数据更新消息，在线客户会自动下载。当用户紧急需要时，有时现场条件有限，如网络信号不稳定时，仍能看到实时数据，体现了离线操作的优势。

**3. 客户端静态地图数据同步**

用户查询时，系统自动比对服务器相应信息版本，如果版本较低，系统访问服务器获得静态信息。

**4. 客户端程序升级同步**

客户端升级同步，在后台可设置强制升级和选择升级。

**5. 客户端上行信息采集数据**

## （九）便携式电脑端系统

便携式电脑端系统界面和功能与后台支撑系统功能界面相同。

# 三、后台管理子系统

## （一）环境数据管理系统

### 1. 数据整合子系统

数据整合子系统是首先在分析现有系统（包括建设项目审批系统、监督管理系统、监测站管理系统、排污收费管理系统、固体废物管理系统、投诉管理系统、建筑施工工地管理系统、水源办业务管理系统、排污申报系统、环境统计系统、GIS 管理系统、在线监测系统、视频监控系统、大气自动站监测系统）的基础上，找出系统之间的关系，以环境管理部件为线索，实时整合环境管理部件的基本信息、环境管理部件的事件，为移动执法系统的良好运行提供数据保障。

数据整合平台的目的是在现有系统的基础上，对环境保护的业务管理信息、环境质量监测信息进行全面整合，以使信息可以随时反映当前一段时间的工作状况。

数据整合子系统是实现现有业务系统与环境执法系统有机结合的桥梁。

数据整合子系统主要目的有两个：一是整理省厅、试点市环保局现有数据以及相关系统,如污染源自动监控系统、排污申报系统及收费系统等;建立业务数据更新机制,落实部件管理机制,联系码对应机制。二是将省厅、市试点环保局的数据整合到平台中。目的是实现各个系统间数据的互通性。

1)数据整合设计

建设数据导入接口,将监测中心现有软件系统中的数据和其他类型的数据导入统一的数据库,实现数据的集中存储。把原软件中数据库作为网络数据库系统(如 SQL Server),数据接口能够实现数据实时导入。

对单机版数据系统(如 foxpro)数据接口能定时导入数据,对个别数据实现手工导入接口。

对报告类 word 文件,能实现读取规定报告格式中相关信息,作为查询字段,与报告一同批量导入(比如读取 word 文件中报告号、报告名称、委托单位等信息,作为数据库中查询信息)。

完全按照《环境信息系统集成技术规范》(HJ/T 418—2007)的要求进行本标准的设计及实施。

数据整合是本项目的核心工作,通过数据整合,能够把不同的数据实体进行归一化,同时数据整合需要针对不同的数据类型、不同的数据来源方式进行处理。

(1)省、市移动执法数据整合设计。

本项目对省厅、各试点城市现有与环境监察相关数据进整合,主要包括污染源信息、建设项目审批、排污许可证信息、监督检查信息、监测信息、行政处罚信息、环境信访信息、排污申报及收费信息、在线监控信息、环境统计信息等。实现各类数据的安全、稳定共享,为环境监察各类数据的交换和共享提供服务,为业务协同工作提供服务。

省厅与各试点城市移动执法数据整合,主要通过预先配置好的数据规范进行数据转换和数据传输,数据传输的格式采用 XML 格式。

系统采用 Window 服务开发。每隔一段时间产生任务,任务先保存到任务队列数据库中,队列中的任务按照先进先出的规则执行,系统执行任务来查询数据库,将查询出来的数据通过各试点市中心的数据规范配置表转换成符合省中心数据规范的 XML 数据包,最后通过数据交换服务向中心发送数据。

系统使用 Web Service 开发,通过 SOAP 协议来交换数据,传输数据是 XML 格式。为预防许多试点市分中心同时发送数据造成的网络堵塞,服务中需要设置流量控制。因为分中心传送过来的数据已经转换成省中心的数据规范,所以可以直接入库。

通过数据交换,一方面保证环保机构原有业务系统的照常使用,另一方面也使环境监察数据库中的数据能充分汇集各业务系统的实时更新数据，从而使环境监察数据库能真正涵盖所辖区域所有管理业务所需数据。

（2）数据源分析。

①现存软件系统数据整合。

- 常规监测数据上报软件，包括地表水、大气、降水、噪声、近岸海域的监测数据，是全国统一软件。数据库采用 dbf 格式。
- 环境统计软件，重点污染源填报，是全国统一软件。
- 污染源普查软件，污染源普查课题软件，全国统一。
- 饮用水月报软件，上报饮用水数据，全国统一。数据库格式为 access。
- 污染源监测数据管理软件，上报污染源监测数据，全国统一。数据交换格式为 xml。
- 监测中心内、外网站和办公自动化系统，地方环境监测中心自己开发的网站平台系统。
- 环境质量综合分析系统，地方环境监测中心自己开发的环境质量评价分析系统。
- 超越 2000 文件档案管理系统，目前地方环境监测中心使用的档案管理系统，外购。
- 应急决策系统，地方环境监测中心自己开发的应急决策系统。
- 空气自动监测系统，地方环境监测中心开发的空气自动监测管理系统，负责空气日报、预报的生成。
- 地表水自动监测系统，省厅统一安装的地表自动监测系统。
- 电离自动监测系统，电离自动站数据管理软件，厂方提供。
- 电磁自动监测系统，电磁自动站数据管理软件，厂方提供。
- BEWS 水质在线生物安全预警系统，软件由开发方提供。
- 毒性试剂购买管理系统，由公安局提供。
- 检验试剂管理系统，外购。
- LIMS 系统，是地方环境监测中心开展业务工作的核心系统，包括了中心所有的业务数据。
- 仪器自带软件，一般大型仪器都附带软件，数据格式都不相同。

②现存其他数据集成。

对报告类 word 文件，能实现读取规定报告格式中相关信息，作为查询字段，与报告一同批量导入（比如读取 word 文件中报告号、报告名称、委托单位等信息，作为数据库中查询信息）。

- 各类质量报告，包括环境质量年度报告书、环境质量季报、饮用水月报、污染源季报、交界断面监测报告、遥感解译核查报告等。

- 各类监测报告，包括现场监测报告、来样测试报告、竣工验收报告、环评报告。
- 文档类，包括文件、作业指导书、工作总结、会议纪要等。
- 质控表格，近100种质控表格。
- GIS数据，包括各种电子图层文件、专题图文件、影像图文件、遥感解译结果等。

（3）数据整合内容及要求。

①省厅数据整合。

省厅数据整合主要考虑两点：

一是将所有需要的数据全部整合起来，建立业务数据更新机制，落实部件管理机制，联系码对应机制。

二是考虑如何与市局数据中心的建设衔接。

数据整合对数据不完善的部分要完善，比如有些部件没有审批信息或者没有收费、排污许可证、监测信息，要对这些系统进行检查。

数据整合包括两部分内容：

- 数据传输：各个业务系统的数据每天上传到系统来。
- 数据比对系统：如果有新数据进来，需要业务人员把各系统数据与部件对应起来，实现污染源各业务数据与部件联系起来。

②市局数据整合。

- 整合要求。按照与目前省厅同样的方式进行数据整合，各市局整合后的中心数据库建立在市局，由各市局负责完成部件与各自相关系统的连接，然后再由各市局将数据推送到省厅。

整合的内容包括部件普查数据、建设项目数据、排污收费数据、排污许可证数据、常规监测数据、环保信访数据、固废管理数据、行政处罚管理数据等。

- 整合内容说明。市局数据整合的目标是将市局的数据从各自的业务系统中抽取出来，按照市监察支队的要求，统一整合到数据交换服务器中。

（4）数据整合方式及流程。

数据整合方式分为三大类：

①定时整合：定时整合的数据主要是现有在线采集的数据，通过定时ETL过程，能够把最新的数据抽取到数据库；

②自动整合：自动整合的数据主要包括其他分站等通过网络上传的数据，这部分数据一旦上传到服务器，就会启动自动集成流程，把数据通过提取、转换和加载到数据中心；

③手工整合：针对其他来源的数据，系统管理员可以随时进行手工整合，尤其是对来源架构发生变化的，需要通过数据管理程序重新设定导入关系，重新ETL和整合（如图6-12所示）。

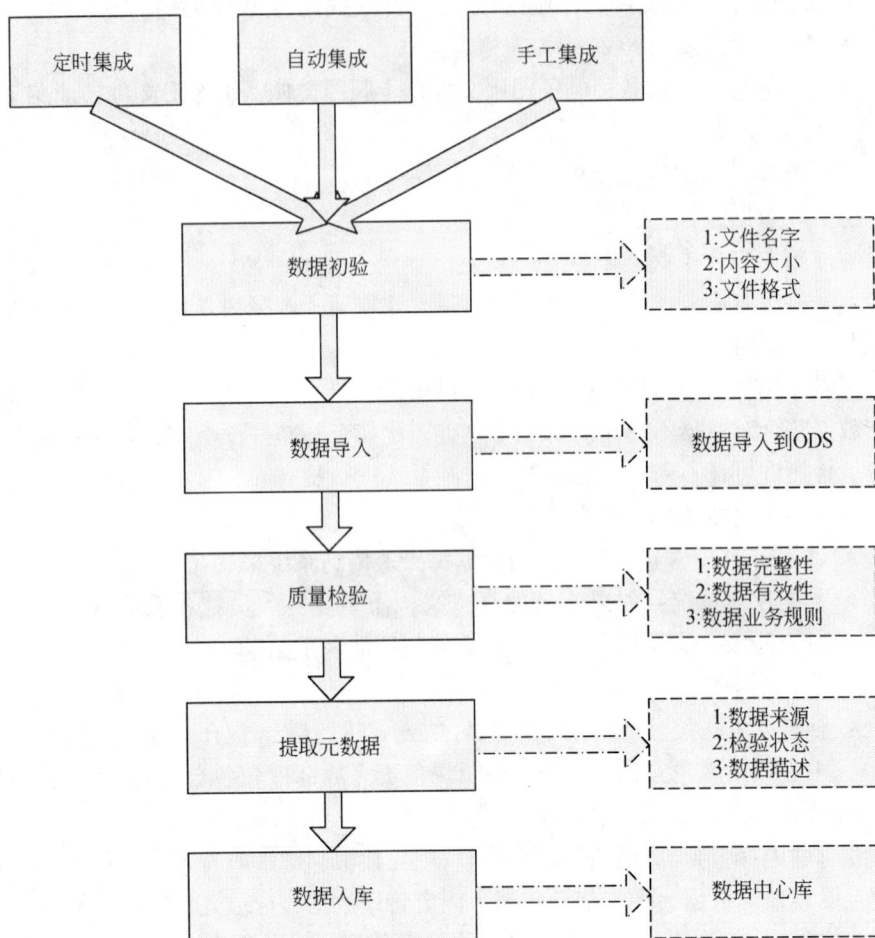

图6-12　数据整合方式

数据整合整体流程如下：

①启动数据整合之后，开始执行数据初验。数据初验对结构化数据主要检验是否有需要ETL的数据，针对 excel、word、PDF 等文件性质的数据，主要检验文件大小是否为0、文件内容是否齐全、文件格式是否正确。

②数据导入。初验合格数会抽取到中间数据库 ODS 中，这些数据可以进行其他计算，比较等处理。

③质量检验。质量检验主要进行数据完整性检验，根据设定的规则进行有效

性检验，根据业务规则验证数据是否满足业务要求。

④提取元数据。检验合格的数据提取元数据，主要包括数据来源、检验状态、数据描述，其中数据描述针对文件类型数据尤其有用。

⑤数据入库。提取元数据成功的数据通过 ETL 进入数据库，完成整个数据的集成，供查询和分析使用。

（5）数据整合

试点环保部门的数据来源于不同的面向环境执法领域具体应用的数据管理系统，由于这些数据之间存在着不可避免的冗余和数据格式以及数据标准的差异，为了优化数据库的分析功能，源数据必须经过适当加工处理以最适宜的方法进入数据库。

数据整合主要是将收集的各项环境管理业务的基础数据进行数据加工处理、数据仓库分析和数据对比、匹配、校核，以解决同一数据来自不同业务的数据冗余和不一致问题。通过数据整合，从源数据库中对业务基本数据按一定的主题、一定的规则进行抽取、清洗、转换，并加载到主题数据库中，为数据展现提供支持服务。

数据库设计具有可维护的、易于操作的数据质量监查功能。可实现对来源于各个业务系统的数据进行整合和数据质量检查校验，包括常规监测数据信息、环境统计信息、环境质量信息等相关业务数据项。系统对于上述所有数据将提供数据完整性、一致性、时效性、合乎环保业务逻辑的质量检查和校验功能。

系统可对监测数据进行平滑处理，对监测数据进行补登。系统能按照一定的业务规则，对原始数据进行必要的逻辑性审核，对异常数据和超标数据进行现场判别分析和人工确认调整，剔除无效数据或修订存在问题的数据，支持自动调校，修正后数据存储到数据库中，并留有记录。

（6）数据校验

数据智能校验是保证数据一致性、完整性的必要手段。它贯穿整个系统，对入库的所有信息进行严格的审核，如果不符合要求或无法判定时，均不得入库，保证数据的安全。它通过一定的验证规则对数据进行验证，如果有数据冲突，则会向用户提示，确保数据的一致型和正确性；验证规则可以根据需要自定义。验证采用触发模式，一旦数据库监测到有数据要求入库，随即对数据进行效验，确保效验的实时性。

在数据入库时，对数据的合法性、有效性、一致性进行检查，去除数据表中重复、无效、空值的数据，并对数据之间的关系建立关联，检查源及目的数据结构的逻辑对应关系。

①数据加载与审核。

系统需要加载历史数据和日常数据，并能够实现数据的校验、编辑和管理。

以环境质量监测数据的装载和审核为例，需要加载的环境质量监测数据有河流环境水质监测数据、饮用水水质监测数据、空气质量监测数据、降水监测数据、降尘监测数据、功能区环境噪声监测数据、区域环境噪声监测数据、交通噪声监测数据等。

加载完成后，需要工作人员对加载的数据进行审核确认，并记录数据的审核情况。系统将审核过的数据利用日志文件的方式进行记录，以保证后续对数据审核痕迹跟踪的要求。

这些数据入库后，并不能立即被使用，需要进行人工审核，数据状态更改后方可用。而这个审核过程在系统将以日志的形式进行记录，这个日志中包含的主要信息有登录人、登录时间、审核的数据量、审核的数据细目信息、审核时间、审核状态、是否对数据有调整、数据生效时间等。

②数据导入校验。

对于电子文档和各业务系统的历史数据，我们将提供各种数据导入接口，实现历史数据批量导入，同时具有数据冗余处理和数据容错功能。

在数据导入过程中，需要对具备关联关系的数据进行校验，例如污染源企业和污染源企业所属行政区划就需要进行关联校验；再如污染源编码的位数、编码规则也需要进行校验。这些对数据的校验过程可以通过程序来完成，也可以利用数据库工具提供的功能来完成。

③数据匹配和校验。

数据入库后，不是所有数据都能被利用，这其中存在一定的数据匹配问题，有业务规则方面的，也有编码规则方面的，还有数据类型限定方面的。

例如业务数据中，污染源企业的排放废水 pH 为 13，若导入该企业的数据为 18（超过 14），那么该条记录就存在问题，这就需要数据匹配功能进行查找，然后标记出来以供调整。

再如，监测点位编码规则如果定义为 15 位，那么数据匹配功能就需要对导入的数据中关于监测点位编码的字段长度校验是否为 15 位，如果不是则需要标记出来以供调整。

另外，如果数据类型发生错误，也应该利用数据匹配和校验功能进行标记，若数字类型的字段输入的是字符值，那么需要通过数据匹配和校验功能查询出来后进行标记以供调整。

2）数据整合子系统功能

从功能上来看，数据整合子系统功能主要包括三部分：数据采集功能、数据比对功能和数据传输功能。

（1）数据采集功能。数据采集功能将省厅、试点市局移动执法数据采集到各自的数据服务器中。因为省厅、试点市局的业务系统不同，所以要针对各个区开发不同的数据采集子系统。

（2）数据比对功能。数据比对功能将省环保厅、各试点市环保局经过采集的数据进行比对，确保可以查看到各相关信息，如审批信息、排污收费信息、排污许可证信息、行政处罚信息、监测信息等内容。数据比对子系统包括省环保厅、各试点市环保局的数据比对子系统。

（3）数据传输功能。①将省环保厅、各试点市环保局的数据整合到移动执法系统数据中心；②将各试点市环保局的数据上传到市监察支队移动执法系统数据中心。

**2. 污染源管理子系统**

污染源管理子系统以污染源为中心，以解决环保厅（局）现有业务系统污染源数据共享难、决策支持难的问题为当前任务。该系统建立了统一的污染源基本信息库，在污染源基本信息基础上实现基本信息维护、环境统计、决策支持分析。污染源管理子系统是全面实现移动执法系统最重要的部分，通过系统可以对污染源环保数据进行管理，主要是实现对企业综合信息系统（企业档案管理系统）的管理，方便执法时查询、使用。污染源管理子系统作为系统支撑平台，其主要目的是为前端的环保执法平台提供业务支持及衔接功能。

1）组建企业综合信息系统

利用数据整合子系统将现有的在线监控、排污申报及收费、污染源普查、建设项目审批、排污许可证、监督检查、环境监测、行政处罚、环境信访、环境统计等信息进行整合，分别抽取相应数据，获取每个企业档案所需内容，建立企业档案，做到一个企业（污染源）一个档案。对所有企业档案集中管理，从而组建企业综合信息系统。

污染源"一企一档"信息管理系统高效利用污染源普查基础数据，为污染源动态管理工作服务。系统以污染源全生命周期为主线，建立全面的污染源企业档案，对污染源基础数据进行分类梳理，提供污染源信息的查询统计以及综合分析管理功能，包括污染源企业基本情况、污染源监测数据、污染源环境应急数据、污染源建设项目、污染源环境监察数据、污染源固废业务数据等。

作为污染源综合管理平台，实现了对环境背景与评价数据、污染源基础数据与统计分析数据关联整合和信息发布，提供污染源信息的查询统计和综合分析功能。对污染源普查数据和相关业务数据进行数据挖掘、比对分析和汇总呈现；建立污染源普查文档库和污染物产排量核算系统，实现污染源普查数据的动态管理。

建设使用方式：

系统平台放在省厅，系统中包含全省企业档案，系统平台内信息供全省环境监察部门共同使用。环境监察部门根据检查情况对企业档案不断补充更新，逐步完善企业综合信息系统。

使用权限：

省环监局可对全省企业档案进行调阅、新建、修改、补充、删除等操作。各试点市环保局可依权限调阅、新建、修改、补充、删除本市监管企业档案；其他市环保局也可从特定办公电脑端进入该系统，依权限对本市监管企业档案进行管理。企业档案内容包括省环监局要求的信息，以便于统一管理使用。

2）污染源管理

污染源管理是指在污染源产生的源头便将污染源纳入管理系统。污染源管理是整个系统的关键，它的主要目的是始终能够保持一个实时的、完整的、动态的管理对象名录。这个名录是进行其他业务管理及现场执法管理的基础和线索。

污染源管理主要是实现对企业综合信息的管理，通过对企业（污染源）监管系统的改造，增加必需的管理信息及功能，支持按区域、行业及其他设定条件对企业（污染源）进行网格化管理。

该子系统以污染源生命周期为主线，实现对污染源的产生、许可、监督、治理、注销等从生到死的全过程闭环管理（图6-13）。

● 产生——建设项目审批。

该环节由企业自行申报启动流转，属正向管理行为，项目经过项目申报、环境影响评价、三同时设计备案、试生产、竣工验收五个审批环节后，从在建污染源正式转为老污染源。

● 许可——排污许可证审批。

企业通过主动申报排污许可申请，由市局下发排污许可证，该企业才能合法排污。这属于正向管理行为。

● 监督——涉及污染源在线监测与监控、环保投诉、现场监察、排污收费。

环保局通过"污染源在线监测与监控"业务，查看企业是否达标排放。

环保局通过环保投诉和现场监察，监管企业是否按照三同时要求建设、是否按排污许可要求合法排污，是否改变了生产状况。

企业按法规要求申报、核定、交纳排污收费。

● 处理——限期治理、行政处罚

对不达标企业下达限期治理、限期整改通知书，监督企业治理。对于违法排污企业进行行政处罚。

● 注销——企业关停。

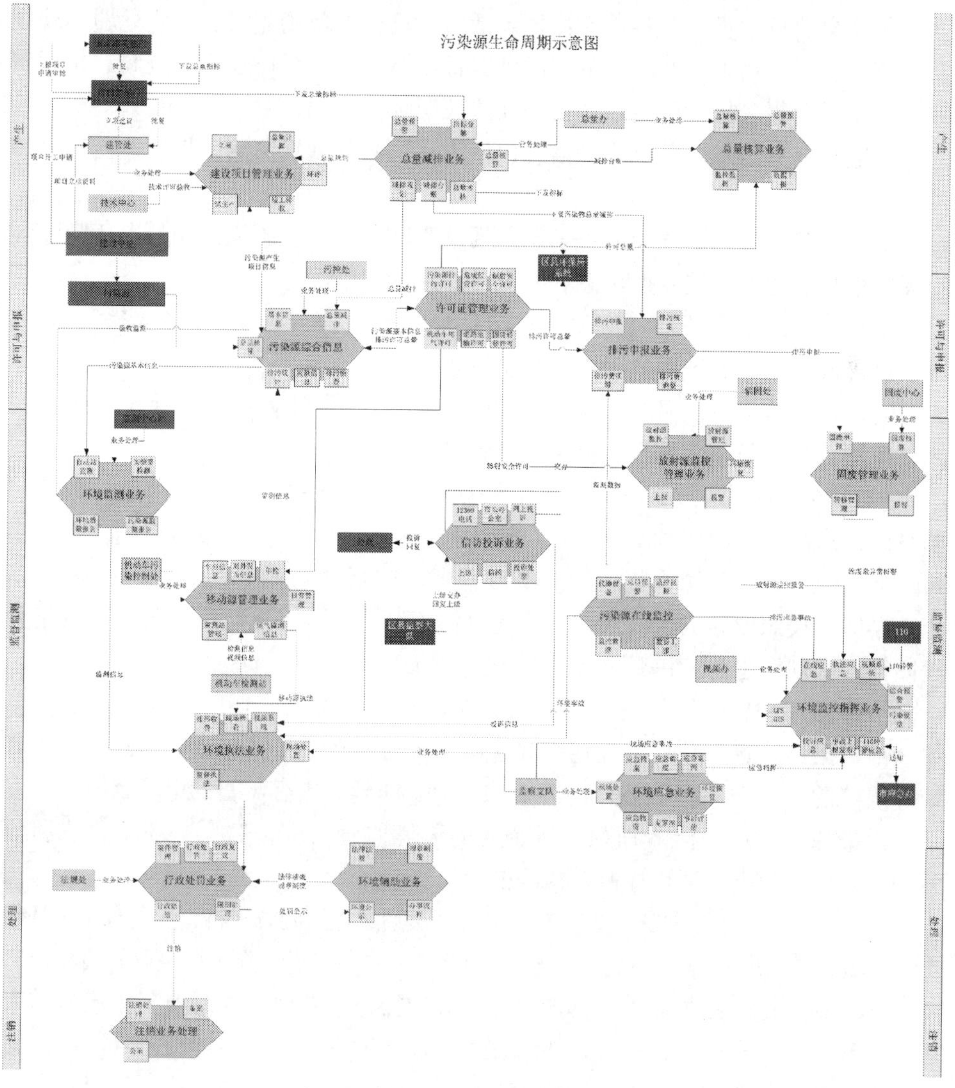

图 6-13　污染源生命周期

（1）污染源环境档案内容体系。

①企业基本信息。企业基本信息包括现有企业基本信息、环保工作总结、环境管理人员培训、环保法律法规及标准、环境管理体系认证等。

②审批业务信息。审批业务信息包括建设项目环评、建设项目试运行和建设项目竣工验收。

③污控业务信息。污控业务信息包括现有排污许可证、环境统计信息和污染控制指标。

④监察业务信息。监察业务信息包括信访投诉、现场监察、行政处罚、现场监察统计、限期治理、在线监测、污染源日常巡查、排污口规范化资料、排污费缴纳、排污申报、排污核定通知书和守法证明等。

⑤监测业务信息。监测业务信息包括废水监测、废气监测、噪声监测和固体监测等。

⑥固废业务信息。固废业务信息包括危废转移联单、固废利用情况信息、风险废物信息、危废处置年度汇总和垃圾渗滤液转移情况等。

⑦环境应急信息。环境应急信息包括环境事故应急预案、应急演练实施方案、应急演练记录和环境风险事故总结资料等。

⑧环保设施设计。环保设施设计包括环保设施设计方案、环保设施维护情况、监测计划以及落实情况、清洁生产情况和运行台账等。

(2) 污染源原始数据整理。系统根据整合后的数据库,建立污染源的环境档案库,形成包括企业基本信息、自动监控数据、排污收费、总量控制、排污申报、环境统计、污染源普查、建设项目管理、监督性监测等的"一源一档"综合数据库,按照业务的生命周期,将重点污染源企业从审批起所有的资料收集整理归档,实现污染源"一厂一档"管理。

污染源"一厂一档"整合了所有相关环保历史数据,同时涵盖了环境管理的全部数据:从建设项目审批到长效管理,再到最终的关停并转。严格按照国家统一规定的"一源一档"建档内容要求,为企业建立内容丰富的电子档案。

污染源"一厂一档"加强了对企业的环境监管力度,健全了环境执法和应急预警办法,提高了环境监测、执法能力。

①手工收集。手工收集,也就是档案管理员通过人工的方式将企业所有相关环保历史数据收集起来,一一上传到系统中,再将这些文件组卷,作为该企业的档案。

②自动归档。系统提供与其他业务系统的接口,其他业务系统工作流程结束后,流程中的文档可以自动转入该系统的企业档案中。档案管理员需将零散的文件组卷,形成企业档案。如:

- 新扩改建项目环评报告、批文及有关变更材料,来自"综合业务办公系统"中的建设项目审批模块,审批结束后,这些文件通过建设项目审批归档接口自动转入企业档案系统中。
- 限期治理及整改完成情况材料,来自限期治理及整改审批业务。
- 危险废物交换转移管理联单,来自危险废物转移联单审批业务。
- 环境统计报表,从环境地理信息系统中提取数据,生成报表。
- 排污申报登记材料,从环境地理信息系统中提取数据,生成报表。
- 在线监测月报表,从在线监测数据库中提取数据,统计汇总,生成报表。

③目录自动生成。根据环保局档案管理的习惯以及各级主管部门及行业管理特点和要求，在系统的功能设计中，当一个企业的档案资料在收集时，即同步完成卷内目录的编制工作，用户可以把卷内目录打印输出，以便形成实物案卷的卷内目录，方便业务人员的组卷工作。

④档案审核。工作人员完成案卷的立卷工作并实施移交之后，将集中显示在案卷审核验收区域。档案审核人员根据案卷立卷的质量要求，对案卷立卷质量进行检查和验收。档案管理人员可以浏览案卷中的具体文件，也可以检查案卷的卷内目录、备考表等要素的完善情况，以便对案卷质量有一个总体的把握，对整个项目的归档文件的完整性、准确性有一个总体的把关。

如果验收合格，案卷进入立卷管理区域；如果验收不合格，案卷返回给移交人重新进行收集并整理。

⑤档案维护变更。提供污染源档案维护、变更功能。系统具有较为完整的档案管理功能，能够将所有形成的文件、表单和相关的信息归纳整理后，送入"档案管理"模块。

管理员可以对文件流程、流程名称、流程走向、正文格式、文件字、流水号格式、文件办理单、审批人员范围、批阅权限、操作内容等多种信息进行自定义配置。

⑥污染源档案维护。通过污染源档案管理可实现对污染源的信息管理和分类维护。

- 污染源分类管理。按照国家有关法律法规及技术规范，对污染源的分类及相应的属性信息（如位置、排放物等）进行标准化、系统化的管理，并建立编码体系，以形成系统化、规范化的管理体系。
- 污染源信息维护。按照污染源的分类及属性信息，对污染源进行添加、修改、删除等维护，并提供数据来源分析及审核机制，保证污染源数据的真实性。提供污染源生命周期管理机制，以把握历史变迁状况。

污染源档案文件的维护功能集中设置在文件管理区域，主要包括文件的新建、修改、删除和查询。在文件的管理区域，还可以实现档案文件的组卷工作，包括不同案卷之间文件的关系调整等。

⑦档案浏览。用户在查询到所需要的污染源电子档案之后，在当前界面点击所选中的文件，即可使用浏览器对文件进行浏览。

系统自动记录浏览的历史信息，同时可以按不同的条件对浏览记录进行统计。

⑧档案下载。用户在查询到所需要的污染源电子档案之后，在当前界面点击所选中的文件，即可对文件进行下载。是否有下载权限取决于案卷、文件的密级设置，以决定下载前是否需要申请。

系统自动记录下载的历史信息,同时可以按不同的条件对下载记录进行统计。

⑨档案统计。档案统计工作是档案工作的一个重要环节,是档案业务建设的重要内容。档案统计主要分为归档项目统计、归档案卷统计、归档文件统计、电子档案浏览人次统计、电子文件下载人次统计、案卷实物借阅统计等。

系统对污染源档案有权限约束,用户可以根据行政区域、行业、企业规模、登记注册类型、名称关键字等条件查询污染源档案。

⑩数据导出、导入。档案管理人员可以指定需要导出的档案分类节点,导出属于选定节点下的案卷文件,存在系统指定的目录下,用户可以根据需要做进一步数据处理,例如刻录光盘等。系统数据在导出时,用户可以选择是否保留数据库中的信息,用户可以导出数据时删除数据库中的内容,也可以继续保留数据库中的内容。

从系统中导出的档案数据在需要时,可以重新导入档案系统中,从而实现数据导入、导出的双向流动。

⑪借阅管理。用户在需要使用实物档案时,可以通过档案借阅功能申请借阅。

> 借阅登记。实际借阅发生时,档案工作人员可以在待借阅列表中选择需要实际借阅的记录,点击"借阅"按钮,打开案卷借阅的登记界面。系统在办理当前借阅人员的借阅操作时,同时提示此借阅人员的"已借阅案卷数量"和"逾期未归还案卷数量",供档案管理人员参考。

> 借阅信息管理。档案管理人员借出档案案卷后,借阅记录显示在借阅列表中,借阅列表中管理的是已经借出、尚未归还的案卷。在实际案卷发生归还行为时,档案管理人员在借阅列表中选中需要归还操作的记录,点击"归还"按钮,系统弹出归还确认的功能界面。

> 借阅历史记录。案卷归还之后,借阅历史记录列表中增加一条记录,档案管理人员可以根据需要对借阅历史信息进行查询等操作。

(3)污染源数据同步

污染源档案在建立和数据更新的同时,应用程序会自动更新其他业务系统相关联的数据,保证信息的一致与准确,真正做到了污染源"一厂一档"档案动态更新管理,做到了一处更新、处处更新。

(4)污染源基本信息变动

通过点击左侧企业列表,来选择预修改的企业名称,在右侧呈现的企业详细信息修改页面中对污染源及排口、设备的信息进行修改。

(5)污染源基本信息查询

根据一定条件查询污染源信息,查询条件如污染源编号、污染源名称、污染源地址和污染源类型等，同时能够查看污染源基本信息的详细情况。

环保数据中心提供基本的数据查询分析服务功能。

①自定义条件查询。用户可以根据实际情况自己设计查询样式，使用系统提供的查询条件构造器来构造查询条件，例如，用户可以构造"$SO_2>0.2$ 并且 $NO_x<0.6$ 并且时间在晚上"的条件，查询出相应的结果，实现复杂的信息查询。用户还可将构造好的查询条件保存成模板，以备以后使用或者共享给别人重复使用。

②企业基本信息查询。系统以环保数据中心为依托，实现在 GIS 地图上动态显示企业基本信息、企业排口信息、企业监测设备等信息，并实现了相对应企业信息的添加、删除、修改等基本操作。

3）数据综合查询

可按地区、流域、行业、等组合查询方式查询更具体的数据，用户也可以自行配置查询条件，如查询所有录入的工业源中使用能源超过两种并且排污大于用户指定数值的污染源企业。定制好查询条件后，用户可以将该次定制的查询条件进行保存，系统应自动将其纳入针对用户的定制查询中，以后用户如果想再次使用，可以直接点击，就可以再次调入查询规则。同样，查询的结果也可以进行保存和导出，供用户进行数据的再次挖掘。

（1）查询方式多样化。

该系统可实现对业务数据的统一查询展示，查询方式多样化。①模糊查询。类似 google、baidu 的检索功能，用户只需要在文本框中输入关键字，系统便可以对与关键字相关的内容进行匹配，查询出用户所关心的各种信息，并以表格、图表、曲线等多种形式展示。②快速查询。把用户使用最为频繁的查询方法提取出来，做成若干个固定的查询式样，其中的查询步骤、条件、结果的表现形式都是根据用户的需求事先做好的。用户只需输入相应的查询条件，如开始~结束时间、监测点、污染物种类、是否超标等，就可以得到相应的结果。

（2）瞬时数据查询。

能够通过左侧企业信息列表选择所要查询的监测企业、监测参数，用瞬时曲线、表格显示污染源的瞬时监测数据。

（3）实时数据一览。

将系统所监测企业按废水、废气分别显示，并将所有监测点的最新一条监测数据以表格形式展示，方便查看各监测点最新上传数据信息。

（4）历史数据查询。

系统不仅能查看单个企业排放口的历史数据，还可以设置多种查询方式查询多个污染源企业历史数据情况，如按行政区划、行业、流域、污染源类别等进行查询。

历史数据查询主要功能有：查看之前的实时数据、分钟数据、小时数据、日数据等。目前有些地方废气监测设备协议稍作了些修改，上传的废气数据包含有一些折算后的数据，在系统中会把废气折算后的数据也显示出来，能将查询出的数据导出为 EXCEL 格式。同时可在查询结果中通过点击排放口链接，在此排放口的单独弹出窗口中进行此排放口的相关操作。

（5）污染源全生命周期台账查询。

污染源台账查阅系统是指以污染源为线索，查阅某一污染源全生命周期中所有的相关信息。依据行政区域、行业、年度、关键字、管理类型（污普、环统、排污申报、监督性监测等）、监管类别（国控、省控、市控、县控等）、污染类型（废水、废气、固废、危废、放射源）、执行标准（工业源）、企业类型等查询条件，查询对应的企业信息，并可查阅污染源各方面相关的信息，如污染源基本信息、建设项目审批信息、污染物排放信息、污染源在线监控信息、环境监察执法信息、排污许可证信息、排污申报及收费信息、核与辐射信息、环境统计信息、污染源普查信息等。其中污染源基本信息包括企业编号、法人代码、地址、经纬度、治理设施、废水排放情况、废气排放情况等信息；许可证信息包括申报年度、废水允许排放量、废气允许排放量等信息。

（6）污染源企业基本情况查询。

污染源数据的来源主要为环境统计基表数据、企业排污申报数据、污染源普查数据。对于这三部分数据，我们进行了比对和分析，将三类数据归纳后，又将污染源按照类型分成如下子类：

①工业企业污染源信息：按照工业污染源信息的不同类别，又可进一步划分成如下类别：

- 基本信息
- 能耗情况
- 用水情况
- 污染治理设施情况
- 污水及污染物排放情况
- 废气及污染物排放情况
- 固体废物产生情况
- 污染治理项目建设情况

②污水处理厂信息：按照污水处理厂信息的不同类别，又可进一步划分成如下类别：

- 基本信息
- 进水口情况

- 进水口污染物情况
- 出水口及污染物情况
- 废气及污染物情况
- 污泥产生情况

③火电企业信息：按照火电企业信息的不同类别，又可进一步划分成如下类别：

- 基本信息
- 能耗情况
- 工业废水及治理设施情况
- 工业废气及治理设施情况
- 工业固废及治理设施情况
- 机组情况

④危险废物集中处置场信息：按照危险废物集中处置厂信息的不同类别，又可进一步划分成如下类别：

- 基本信息
- 运行情况

⑤医疗单位信息：按照医疗单位信息的不同类别，又可进一步划分成如下类别：

- 基本信息
- 污染物及治理设施情况

⑥生活垃圾集中处置场信息：按照生活垃圾集中处置场信息的不同类别，又可进一步划分成如下类别：

- 基本信息表
- 污染物排放量普查表
- 渗滤液监测表
- 焚烧废气监测表
- 生活垃圾无害化处理情况表
- 城市生活垃圾处理厂渗漏液监测结果表
- 中心城区生活垃圾处理情况表
- 垃圾场处理中心城区生活垃圾情况表
- 垃圾场处理情况表

（7）污染源监测数据查询。

污染源监测数据主要来自在线监测系统和监督性监测系统。

废水污染源监测数据，又可进一步划分如下：

- 排口基本信息
- 监控设施基本信息
- 在线监测实时信息
- 在线监测历史信息
- 监督性监测信息
- 监控设施的运行状态信息

废气污染源监测数据，又可进一步划分如下：

- 排口基本信息
- 监控设施基本信息
- 在线监测实时信息
- 在线监测历史信息
- 监督性监测信息
- 监控设施的运行状态信息

（8）污染源建设项目数据查询。

建设项目数据查询包括：

- 建设项目基本信息
- 建设项目环评信息
- 建设项目主要污染源产生及预计排放情况
- 建设项目拟采取的防治措施及预期效果
- 建设项目的三同时现场笔录
- 建设项目试运行的现场笔录
- 建设项目竣工验收的信息

（9）污染源环境监察数据查询。

与污染源相关的环境监察数据查询主要包括：

- 污染源环保投诉信息
- 污染源现场日常检查信息
- 污染源排污许可信息
- 污染源排污收费信息
- 污染源行政处罚信息
- 环境信访数据

4）数据统计分析

（1）污染源基本信息统计。

①工业用水及废水排放。应分别按行政区域和行业类别，对工业用水总量、废水产生量、废水处理量、废水排放量、达标排放量、达标排放率等指标进行统计。

②企业废水处理能力。应分别按行政区域和行业类别，对企业的处理设施数量、废水处理能力、废水处理量、处理的主要污染物等指标进行统计。

③工业废水污染物产生量及排放量。应分别按行政区域、行业类别和主要流域，对工业废水中 COD、氨氮等污染物的产生量及排放量进行统计。

④工业能源消耗及废气排放。应分别按行政区域和行业类别，对工业各种能源消耗量、工业废气排放总量、燃烧过程中排放量、工艺过程中排放量、达标排放量、达标排放率等指标进行统计。

⑤企业废气处理能力。应分别按行政区域和行业类别，对企业的处理设施数量、废气处理能力、废气处理量、处理的主要污染物等指标进行统计。

⑥工业废气污染物产生量及排放量。应分别按行政区域和行业类别，对工业废气中二氧化硫、烟尘、粉尘、氮氧化合物等污染物的产生量及排放量进行统计。

⑦工业固体废物产生及综合利用。应分别按行政区域和行业类别，对工业固体废物的产生量、危险废物量、处置量、综合利用量等指标进行统计。

（2）污染源监察工作统计。

- 按区域统计：按不同区域划分，统计出动多少人，监管多少个企业，多少家企业有问题及每个企业什么问题。
- 按照行业进行统计：实现一定时间范围内不同行业的企业监管情况统计，并附统计图。
- 按照流域统计排放量：统计在一定时间范围内排放进入不同流域的企业污染源排放量。
- 对企业实行分类监管，按照监管的程度不同进行统计，包括重点监管对象和一般监管对象的情况。
- 工作量统计：按照工作类别、区域所在地、监察对象进行汇总统计，并附对比统计图。
- 案件来源统计：按日常巡查、专项检查、联合检查、应急事故处理、领导交办、信访处理等不同来源进行分类统计，并附柱状图。
- 企业污染源统计：统计企业包含的污染源种类、污染要素、所在行业（污染排放级别）。
- 按照对违法单位的处理方式进行统计。
- 按照行政处罚（罚款、警告、责令停止违法行为……）、限期治理、移交其他单位、现场警告等七项（行政许可法中有规定）进行汇总统计。
- 违反法规的分类统计：按照违规情况分类进行汇总统计。
- 信访统计项目：对信访案件处理进行汇总统计，包括信访案件数量、办结数量、按月统计信访状态、实时统计信访办结率和状态等。

- 环保监察情况月报表、年度或者季度报表。

①项目审批情况综合分析。针对审批处建设项目审批的业务特点，提供根据环境功能区划及"三同时"项目属性查询建设项目审批情况的应用。根据规审科的调研需求，该主题将与 GIS 的"项目地理信息位置查询"应用集成，提供更加强大的分析功能。

> 主要分析：提供综合分析功能所需历史项目审批数据，包括项目的个数、新增污染物种类及许可增量。

> GIS 分析：根据环境功能区及项目审批数据进行空间展示，如通过调用 GIS 平台提供的基于 SOA 架构的 WebService 接口，在空间上展示数据分析结果。

> 扩展分析：可选择统计范围包括基于流域、行政区划、限批区域、特定区域、自定义区域的项目审批情况查询功能，可结合治污保洁、减排等业务进行综合分析。

②排污许可证综合分析。针对排污许可证的业务特点，提供根据环境功能区划及排污类型分析排污许可证的功能。该主题将与 GIS 的"项目地理信息位置查询"应用集成，提供更加强大的分析功能。

> 主要分析：提供综合分析功能所需历史排污许可证数据，包括排污许可证的个数、排污类型及行业分布。

> GIS 分析：根据环境功能区及排污许可证数据进行空间展示，如通过调用 GIS 平台提供的基于 SOA 架构的 WebService 接口，在空间上展示数据分析结果。

> 扩展分析：可选择统计范围包括基于流域、行政区划、限批区域、特定区域、自定义区域的排污许可证情况查询功能。

③行政处罚及行政复议综合分析。针对法规处行政处罚与行政复议的业务特点，并结合对法规处的需求调研情况，分别提供在季度范围内的同比分析及各类统计分析。同时，根据法规处需求，在数据资源运行条件下，将集合 GIS 区域显示的优势，提供违法企业分布统计功能。

> 主要分析：提供历年案件类型、行政处罚案件数量、处罚结果信息、违法企业数据、行政复议数量及行政复议被申请人信息，同时提供同比数据及各类统计数据。

> 扩展分析：提供基于流域、特定区域、自定义区域的行政处罚与行政复议信息的查询功能，同时提供图形与表格数据的互动功能。

④污染源水、气排放综合分析。根据市监测站的需求调研总结，提供按行政区域、行业类别、流域、排污去向对全市的工业污染源、市政设施、生活污染源

的排水量、排气量、主要污染物（如 COD、$SO_2$）的排放量进行每月、每季度、全年的统计，同时结合国家"十二五"总量控制指标进行分析。

➢ 主要分析：在数据完整性满足的前提下，提供监测站各类指标（年度、行政区、行业类别、流域、排污去向）历年排水量、废气排放量及主要污染物排放量。

➢ 扩展分析：提供多图形表现方式，并提供图形与表格数据的互动功能。

同时，在数据满足要求的前提下，提供包括处理水量等指标的全市水污染治理工程每月运行情况。

⑤污染源超标排放情况综合分析。针对监督处对污染源进行监督管理的业务特点，基于环境功能区、根据排污许可证排污标准，计算并展示污染源超标排放情况。同时将集合 GIS 区域显示的优势，提供综合分析结构的空间展示功能。

➢ 主要分析：提供排污许可证历史排污标准、污染源历史排放数据，计算污染因子超标次数、污染因子超标频率、污染源超标次数、污染源超标频率。

➢ GIS 分析：根据环境功能区及污染源超标数据进行空间展示，如通过调用 GIS 平台提供的基于 SOA 架构的 WebService 接口，在空间上展示数据分析结果。

➢ 扩展分析：提供基于流域、行政区划、限批区域、特定区域、自定义区域的污染源超标数据查询功能。

⑥环境信访综合分析。针对环境信访的业务特点，分别提供在季度范围内的同比分析及各类统计分析。同时，在数据资源运行条件下，将集合 GIS 区域显示的优势，提供环境信访分布统计功能。

➢ 主要分析：提供历年投诉案件的信息，包括投诉性质、投诉来源、投诉方式、信访数量和处理率，同时提供同比数据及各类统计数据。

➢ 扩展分析：提供基于流域、特定区域、自定义区域的行政处罚与行政复议信息的查询功能，同时提供图形与表格数据的互动功能。

⑦超标污染源定位功能。根据监督处与支队对超标污染源监督管理的业务需求，结合污染源超标排放情况，落实超标污染源所属全覆盖网格及责任人。同时将集合 GIS 地图显示的优势，提供超标污染源地图定位功能。

➢ 主要分析：提供污染因子超标次数、污染因子超标频率、污染源超标次数、污染源超标频率。

➢ GIS 分析：提供自定义标准及图例功能，并提供基于网格的数据展示功能，如通过调用 GIS 平台提供的基于 SOA 架构的 WebService 接口，在空间上展示数据分析结果。

➢ 扩展分析：提高基于监管属性（市管/区管）、流域、行政区划、限批区域的污染源定位及属性信息查询功能。

（3）污染源数据综合统计分析。

系统针对已获取的污染源普查、环境统计、排污申报、监督性监测、在线监测等各类数据，实现污染源废水排放量、废气排放量、化学需氧量、二氧化硫、氨氮等排污指标的对比分析、趋势分析、多维分析、报表分析、图表展示、总量数据统计分析等功能。

①污染排放总量对比专题。根据不同数据来源按月度、季度、年度统计国家重点监控企业主要污染物排放总量，并按照地区、行业等角度进行对比分析。

②数据统计报表。数据统计报表分别以日、周、月、季、年对某时间段内的历史数据进行最大、最小、平均值统计，同时还统计各污染物的排放量，以表格形式进行页面上的展示，可以生成报表并打印。

③业务统计报表。业务报表主要指一些与业务相关的统计报表，主要有超标企业报表汇总、企业运行状态汇总报表、无数据企业报表汇总等。超标企业报表可以将查询时间段内的所有超标企业进行汇总统计，企业运行状态报表可以将查询时间段内的企业各排口的运行状态进行统计汇总，无数据企业报表可以将查询时间段内没有数据的企业以及没有数据的因子，一起列出并展示。

5）污染源预警

根据对污染源数据的统计分析结果，系统实现对污染排放总量的预警和报警。根据污染源监测数据实现对总量的核算与统计，报警可以通过多种方式实现，污染物排放浓度报警值优先手工设定，没有手工设定报警值的则根据所属行业、开工年度等自动选择排放标准。可实现以下方面的预警：

● 区域总量超标预警：对区域总量进行统计分析，并与设定标准值进行对比分析，当排污超标时，进行预警；

● 当排污单位污染物比规定额度超量排放时，自动启动报警功能。

（1）监控报警。系统提供对监测数据异常报警和监测设备状态报警功能，当某污染源监控点出现异常报警时，当鼠标指向报警图标时，该监控点在地图上自动变红，并且连续闪烁，系统在屏幕下方自动弹出该监控点的企业信息和最新的瞬时数据。双击报警列表中的编号或名称，可对该报警点进行确认，消除声音提示，该点图标停止闪烁，但仍为红色。在报警条件消除时，图标变为常态，报警列表自动消除该项报警。

（2）总量超标报警。总量超标报警是指对分析区域内污染源的各种污染物的排放总量超出设置的总指标后启动报警。报警系统自动记录，对报警记录提供查询和统计功能。

主要功能是：①区域选择和时间段选择；②分析总量信息、超标区域、地图高亮闪烁报警。

**3. 地图管理子系统**

1）基本功能

在该功能模块中可以浏览电子地图，并对地图进行基本操作。基本操作包括放大、缩小、漫游、全图、鹰眼、选择、信息查询、量距等。

（1）放大：分为框选放大和逐级放大。框选放大即在地图上拉一个矩形框，该矩形框内的内容放大至整个工作区；逐级放大即在图上点击，工作区的图形将按一定比例放大。

（2）缩小：在图上点击或在地图上画一个矩形框，工作区内的图形将按一定比例缩小。

（3）漫游：通过鼠标的拖拽，可以在工作区内实现对图形的任意方向的移动查看，不应影响整个地图的完整性和显示的比例。

（4）全图：工作区以地图的最大范围显示地图数据。

（5）鹰眼：又叫指示窗口。用显著颜色（一般为红色）的方框显示目前主窗口在全图的位置，并可以拖动方框或点击指示窗口，在全图中迅速定位。

（6）选择：包括点选、框选、圆选、多边形选。点选即点击工作区内的地图要素，选中要素处于高亮状态；框选即在地图上画一个矩形框，完全处于该矩形框内的地图要素都处于高亮选中状态；圆选即在地图上画一个圆形框，完全处于该圆形框内的地图要素都处于高亮选中状态；多边形选即在地图上不同的位置单击，系统会自动生成一个多边形，双击结束多边形，完全处于该多边形框内的地图要素都处于高亮选中状态。

（7）信息查询：通过在图上单击的方式，查询选中的地图要素，会显示选中点的经纬度、所在图层等相应的属性信息，如果是面层还会显示面要素的周长和面积等。

（8）量距：可以测量地图上任意两点之间的距离，多点时则按点击的先后顺序生成折线，可显示折线的距离之和。

（9）图层、图例切换：在地图图例和图层控制之间的切换。图例是指对地图符号的说明，图层控制用于对地图中的图层是否显示、调整当前层等的控制。

2）污染源 GIS 定位

污染源 GIS 定位是指将已经普查管理的企业（污染源）及新检查的企业，根据其地理坐标，在地图上进行标识。系统提供对污染源点位等数据的录入编辑功能，可对数据进行添加、编辑、删除、修改等操作，污染源点位等信息可以方便地添加到 GIS 中。对已经标识在地图上的管理污染源，可以满足 PDA 终端要实现的各种查询及定位功能。

3）环境专题图管理

环境专题图是突出反映一种或几种环境主题要素的地图，地图的主题要素是根据环境信息查询用途的需要确定的。专题图的浏览功能方便用户调出并浏览已制作并存储的专题图，同时还可以对专题图上的信息进行查询分析。对饮用水水源保护区、自然保护区、河流水系图进行统一管理，可实现 PDA 终端对环境专题图的各种查阅功能。

（1）行政执法专题。行政执法中，对 GIS 的应用可以分为移动执法终端的GIS 应用和普通客户端应用。GIS 信息查询需求有：

> 监管企业分布：将监管企业的经纬度坐标送入智能终端，实现基于智能终端的监管企业分布图。使用地图操作和查询进行快速浏览。

> 环境功能区域展示：通过 GIS 分别专题显示基本生态控制范围、水源保护区划、空气功能区划、噪声功能区划、近海功能区划等。

> 监测点动态展示：展示监测点分布和监测点相关属性数据。

> 重点污染源专题：展示重点污染源，便于监管人员迅速查询相关内容。

（2）饮用水资源保护区专题。按照饮用水资源等级显示地下水、地表水、沙河及磁河开采井。

（3）功能区划专题分析。功能区划专题分析主要分为特定区域专题分析以及其他区域专题分析，系统可以将大量未经分类的数据输入信息系统，然后要求用户建立具体的分类算法，以获得所需要的信息，并将其以直观的图形的方式展现出来。

功能区划专题分析主要结合污染源的排污数据，利用空间分析模块，对整个系统的环境质量现状进行客观、全面地评价，以反映出区域受污染或影响的程度以及空间分布情况。

展现形式包括区域渲染图、模数图、彩云图、等值线图等多种。

4）污染源空间数据查询

该系统将查询功能扩展到地理空间范围，将污染源及周边敏感要素空间信息纳入"一企一档"管理范畴，实现污染源的空间管理。无论是定制查询还是高级查询，其查询条件应都可以加入对于地图区域的约束条件，即在指定了正常的查询条件的同时，用户也可以以地图范围（包括城市、区县、乡镇轮廓、用户指定的任意选区范围等）为过滤条件，对数据进行筛选，实现更加精确、有效的查询结果。

（1）企业周边敏感点信息查询。在地图上任选一个点，在系统弹出的提示框中输入相应的范围，系统会按照所选的点位和所输入的范围数值，生成以此点为圆心、输入数值为半径的圆形区域专题图，可供用户针对此区域进行专题图分析查询操作。

（2）任意区域数据查询。在地图范围内可任意划选某一不规则多边形，可在此区域上进行 GIS 图层或数据的专题图分析。

（3）道路区域数据查询。可在地图上选择某一道路或多条道路，在系统弹出的提示框中输入相应的范围数值，系统会按照所选道路，在周边形成以此道路为中轴、所输入范围为轴距的区域专题图，供用户针对此区域进行专题图分析查询操作。

（4）区域叠加数据查询。用户可在地图上任选两个或多个互相叠加的区域，针对该叠加区域，系统会形成专题图供用户查询分析数据与地图。

5）空间数据分析

GIS 空间分析子模块是在地址匹配、制图输出、信息标绘等模块的基础上，提供的更高级的空间分析模块，因此也是面向高级用户使用的模块。通过将地理空间目标划分为点、线、面不同的类型，可以获得这些不同类型目标的形态结构，将空间目标的空间数据和属性数据结合起来，可以进行许多特定任务的空间计算和分析。

（1）空间统计分析。统计分析主要是将大量未经分类的数据输入信息系统，然后要求用户建立具体的分类算法，以获得所需要的信息，并将其以直观的图形方式展现出来。分类评价中常用的几种数学方法有：主成分分析、层次分析、聚类分析、判别分析。

其主要应用于区域环境质量现状评价工作中，可将地理信息与大气、土壤、水、噪声等环境要素的监测数据结合在一起，利用空间分析模块，对整个系统的环境质量现状进行客观、全面地评价，以反映出区域受污染或影响的程度以及空间分布情况。

（2）空间叠加分析。空间叠加分析是将两个或两个以上的图层中的地物，根据空间位置或者属性间的联系，进行关联分析的一种方法。采用网格叠加空间分析方法进行生态环境敏感性分析。

（3）缓冲分析。缓冲分析是解决临近度问题的空间分析工具之一。所谓的缓冲区就是地理空间目标的一种影响范围或服务范围。缓冲区分析主要应用的领域就是污染源管理及环境应急领域，通过缓冲分析用户可以直观地看到污染事故一定影响范围内存在的敏感单位数量、信息等。

## （二）执法规范管理子系统

### 1. 法律法规等文件管理

系统可将环保相关法律法规、标准文件、处理意见、案例知识库、应急手册进行统一管理，可以及时地同步到 PDA 终端上，方便移动查询。

**2. 作业指导书管理**

系统提供现场检查作业指导书的管理和维护工具，包括对设施检查、对生产工艺的检查、对值班情况的检查、对设施台账的检查。

作业指导书管理系统包括分事件、行业的作业指导书管理，另外可以根据不同污染源的具体情况，形成对某个污染源的特异性的作业指导书。

在对特定企业（污染源）进行管理时，设定与之相对应的作业指导书，另外可根据企业（污染源）的具体特征设定企业（污染源）的作业指导书。

**3. 应急资料**

系统提供对环境应急事件处理的资料的管理和维护工具。应急资料包括对危险化学品的应急处理知识、对于紧急事件的处理预案等。

**4. 管理制度**

管理制度是指环保局对环境管理工作提出的一些制度和规章，用以约束执法人员和工作人员的行为，规范执法。系统提供管理制度的维护和查询工具。

## （三）环境监察业务管理系统

**1. 环境监察管理子系统**

根据管理体系的要求，该模块主要是对监察队监察任务进行分配管理，支持任务的接收、发送、管理等功能，能够随时了解现场执法任务完成情况，了解限期整改、限期治理、处罚建议的后续情况，并根据现场情况及时指挥调度现场执法人员。该子系统覆盖环境监察业务过程管理，实现环境执法相关信息和流程的统一集成，满足对执法任务的分配、监督、评价需求，对执法过程进行痕迹管理。

环境监察业务管理主要是指执法任务产生及监控，是根据任务产生的规则分派各类执法任务并进行合理的调度，同时对执法任务的总体监督监控功能能够以各种图表、报表方式对执法任务的执行情况、执行结果、完成情况进行查询、分析和监控。

1）任务生成

支持执法人员的工作计划自动生成，按照相应的生成规则，按时生成任务，同时发送到相应的终端，形成自动任务派发机制。根据系统设置对执法过期任务及环保违法等情况进行预警，并及时通过短信提示业务相关人员。任务包括任务名称、任务类型、任务来源、企业名称、法定代表人、通信地址、执法部门、任务内容等执法信息。

2）任务调度

部门领导通过移动终端或 WEB 可以发起派工消息，生成执法任务，下发到指定责任人的客户端程序，并实时监控责任人上报的数据，进行任务核销。

3）任务统计

系统还提供对执法人员、科室、全局任意时间段监察污染源数量、执行任务数量、执行任务类型比重、任务完成情况等数据进行统计分析，以曲线图、直方图或饼图等多种形式显示统计结果的形式直观显示，并可显示每天完成任务的详细情况。

系统可对企业现场检查信息及相关信息进行分析，将任意时间段内检查的企业按辖区、流域、行业类别、监控类别、检查事由类别、违法类别、处理类别等项目（任选一项或多项）进行列表统计。

系统提供对特定时间内特定辖区、行业的现场检查情况（企业检查次数、污染防治设施不正常运行次数、超标排放等）按照特定计算模式进行统计分析，得出相应结果。

4）任务查询

通过系统可以进行任务的查询跟踪，可根据任务的处理人、任务名称、时间等进行查询，可以查询当前任务的办理情况、当前责任人等信息，有相应权限的用户可以给当前办理人发送督办信息。

**2. 考核评价子系统**

考核评价是基于管辖区域、污染源、责任人的关系，根据确定的责任评价模型对责任人进行自动打分。要设计考核模型并和目标责任状挂钩。

主要是建立考核模型，设置各类考核指标，如现场执法完成任务数、现场执法完成任务率（总任务数/完成任务数）、完成任务质量考核、是否取证、是否下达整改通知书、是否给予处罚建议、是否按照要求进行笔录、管辖企业达标数（在某一时间段内达标数）、管辖企业达标率（监测达标数/监测总数）、采样频次、整改通知书下达情况/整改完成情况、信访任务完成率、信访完成任务数、排污费收缴率、排污费申报率、排污核定率等，对各区县、科室、执法人员分别进行考核评价。

1）统计分析系统

系统还提供一定时间范围内各科室任务完成情况的统计功能。可根据责任人上报的任务数据，对执行常规任务、派发任务、紧急任务的情况进行统计和分析，如每月执行任务数量、执行任务类型比重、重大事件数量等。例如按日、月、季、年统计不同科室接受的任务数、已完成任务数、办理中任务数、未办理任务数、预期办理任务数等，针对不同执法责任人统计每月监察的污染源梳理、完成的任务数、不同类型任务的比例情况等，并以曲线图、直方图或饼图等形式显示统计结果。同时，系统提供各科室当天完成或需要完成的任务的详细情况，并提示需完成时间。

2）考核体系模型

常规执法考核：是否到达现场、是否完成笔录、是否提交处理建议、是否符合频次要求。

指派任务考核：响应时间、到达现场时间、现场处理情况等，现场执法结合统计分析，将统计数据纳入考核体系。

3）责任职责管理

责任职责管理系统体现对责任人的管理。同时对与责任人职责有关的管理事件进行跟踪管理，并给出汇总、统计、综合评价的信息。根据后台支撑平台系统对执法人员执行任务情况的统计结果，执法人员可在客户端查看自己任务的完成情况、自己所负责的各项任务考核结果以及不同任务考核标准，使执法人员能够对自己的执法工作情况了解清楚。

4）考核结果展现

在后台或终端为责任人提供查看自己考核结果和考核标准的功能。

在后台或终端为领导提供查看责任人考核结果和考核标准，可以定期签署考核意见。

**3. 移动执法服务子系统**

移动执法服务子系统主要提供各个子系统消息分发、任务引擎、移动资源服务、日志管理、移动执法接口等功能。

1）消息分发

各个子系统的消息，通过消息分发模块，实现消息路由识别和传递，保证数据快速、准确地进行交换。

2）任务引擎

整个系统任务的生成和控制器，通过定期对任务的分析，自动产生常规任务，并将常规任务通过消息分发，下发到责任人的客户端程序。并实时监控责任人上报的数据，进行任务核销。

接收领导通过客户端或 Web 发起派工消息，生成执法任务，下发到指定责任人的客户端程序，并实时监控责任人上报的数据，进行任务核销，并产生答复消息，再将信息通知到领导的客户端程序。

3）日志管理

系统自动记录各种工作日志，包括自动记录用户对系统的使用情况，包括时间、访问内容，自动记录下来，形成日志，并可以导入数据库进行有关查询与业务分析，可以知道哪些信息被用户访问频次较多，便于系统进行数据更新。

4）移动资源服务

短信接口：通过运营商短信协议与移动短信网关进行对接，进行封装后，提供系统业务模块发送短信和接收短信的服务模块。

定位接口：通过运营商位置服务接口进行 MPS 定位，便于在用户进入 GPS 遮挡时，仍然能进行工作，是 GPS 定位的补充。

移动执法接口：通过 3G 网络，移动执法终端系统与服务器端移动执法接口进行通信与数据交换。主要包括用户登录权限、数据同步接口、数据查询接口与业务数据接口。

## （四）案件处理

### 1. 下发处理意见

现场检查后，环保部门对存在环境问题的企业下发监察意见、挂牌督办文件等处理意见，执法人员据此将处理意见、是否违法、违法类型等后续处理信息补录入企业档案的监察信息子项内。

### 2. 立案登记

执法人员根据监察意见和相关指示，对决定进行处罚的违法企业进行立案登记，签署意见。

通过该功能模块对所有案件实行统一管理，进行案件信息展示查看、多条件信息组合查询、重点污染源信息查询、录音及照片录像的回访、所有案件的进展节点展示。

### 3. 案件审查

处罚执行部门工作人员和相关领导依权限根据被处罚单位的实际情况对案件的行政处罚意见书进行审核，签署意见。根据会议讨论结果做成行政处罚决议。如违法事实不存在，可进行销案处理。

### 4. 告知听证

案件审核后，执法部门必须通过书面行政处罚告知书告知当事人，当事人根据告知单的内容可以申请行政复议、举行听证等要求。处罚执行部门工作人员将处罚告知、听证材料录入系统。

### 5. 处理决定

整理最终的行政处罚决定书，告知当事人相关的违法理由、依据和处罚内容。向违法企业下发处理决定，处罚执行部门工作人员将处罚决定录入系统。

### 6. 结案归档

案件执行完毕后，进行结案，编写结案报告等，并进行档案的归档操作。撤销处罚、企业完成处罚要求以及其他应予结案的情况，由处罚执行部门结案归档，将相关情况录入系统。每一步工作完成之后，系统将任务自动推送到下一单元。

## （五）指挥中心

该系统通过 GPS 定位系统，结合环境地理信息系统，可实现对工作人员及车辆的实时定位及指挥调度，统一指挥监察工作。通过环保车载系统掌握网络覆盖范围内的音视频情况，可在车内随时观察、控制、接受、录制车辆周边的音视频信息传送回本系统，大大提高环境监察执法效能，为调查取证提供有利条件，同时也能有效地监督执法人员的现场执法行为，促进依法行政和阳光执法。

- ➤ 操作环保车载远程监控系统上的摄像设置，可对环境违法行为进行实时摄像记录，为处理环境违法行为提供可靠的证据支持。
- ➤ 通过环保车载远程监控系统上的 GPS 定位装置，指挥中心可准确掌握监察车辆的实时位置。操作系统上的音频通信设备，可调度监察车辆到达指定位置，完成指挥中心下达的各项监察和处置任务。
- ➤ 通过环保车载远程监控系统上的 GPS 定位装置，结合电子地图可实现环保车实时定位、移动轨迹及历史轨迹的查询，有效地监督执法人员的执法行为。
- ➤ 通过手机的 GPS 定位，结合电子地图可实现工作时间内对执法人员实时定位、移动轨迹及历史轨迹的查询，有效地监督执法人员的执法行为，可作为稽查考核的依据。

## （六）时效缓存

系统后台具有中间缓存库。现场取证调查、提交数据后，数据均存于该缓存库，在规定的时间内，后台系统管理员可以统一修改由于现场执法人员错误操作而生成的现场监察记录，确认或越期后，数据自动记录主库不可修改。

## （七）自由裁量管理

自由裁量管理能够辅助执法人员快速进行裁决，确定法律依据。处罚时能够进行简单的交互，用户输入相应的参数，系统自动按照事先设定的行政裁量参照执行标准计算罚款额，并针对取证材料进行分类管理，形成完整的执法内容目录。

根据行政处罚自由裁量权的要求、该模块所提供的相关法规和权重系数进行自由处罚裁量，对案件适用的自由裁量权进行统一管理，其内容主要包括类别、违法行为、行政处罚及相关命令和措施、法条规定实施机关、部门规章依据、罚款金额等。

## （八）离线缓存功能

中断与 Internet 的连接后称为离线，也称脱机方式或下网。离线方式只能使用部分 Internet 服务，例如阅读电子邮件、离线浏览等。离线分主动离线和被动离线。

由于某种原因，如网络信号不稳定等而造成的网络中断，系统提出一种智能客户端离线数据缓存模型，能够保证线路畅通后，继续进行信息的查询及访问等操作，保证用户的正常使用。

## （九）日志管理

系统提供对各类操作的日志查询，主要包括任务下达日志、数据上报日志、短信发送日志，根据这些日志可以清楚地看到系统运行情况，能够避免由于系统发送和接收带来的责任不明等问题。

# 第六节　环境在线监测系统

## 一、水环境质量监测系统建设

水环境质量监测系统通过对地表水质自动监测数据的统计、对比、分析，以图形和报表的形式展示，加强数据的深化应用，准确掌握地表水环境质量状况和时空变化规律。

### （一）数据查询

**1. 实时曲线查询**

展示各监测站点最新实时数据信息，分别以列表和曲线形式表现，并将超标异常数据标红加以突出显示。

**2. 原始数据查询**

对各监测站的历史监测数据进行按条件筛选查看，可筛选条件有时间段范围、监测站名称、监测因子，并可以按月、日查询，查询结果可以报表形式导出，可存为 excel、pdf 或 word 格式。

**3. 统计数据查询**

以时间段、监测站名称等查询监测值最大值、最小值、平均值、最大值超标倍数、超标率等统计监测数据，查询结果可以导出 excel 或 pdf 格式。

### (二) 统计分析

**1. 单指标统计**

按照时段（如一月、一季、一年）对全市某单项指标（如总磷、pH、硫酸盐等）进行统计分析，能够查询出此段时间的监测数据，并可根据日均值查看图形；并提供导出 excel 功能。

**2. 区域均值统计**

按照区域（行政区域市、县、区等，流域，功能区）、河段（断面）、河流、站点、时段统计查询在一定时段的质量数据（时均值、日均值），并可以图表、图形表现。

**3. 监测结果（浓度）对比分析**

针对某单项指标，对某区域/流域、站点、时段作监测结果（浓度）对比分析，分析变化情况，并以图形表示。对比分析结果可以保存、导出。

**4. 水质类别对比**

能实现对比站点-时段水质类别变化情况，并计算变化率，以表格和图表的形式展示。

**5. 走势分析**

对环境质量的历史变化情况进行统计分析，按区域、县区、断面、河流分析污染物的变化趋势，生成环境质量统计分析报表，以图表形式表现。统计图表可以保存、导出。

**6. 达标趋势分析**

对监测站某时间段内的水体质量首要污染物污染指数达标情况进行曲线分析。

**7. 同比分析**

分析统计周期内某几项指标的均值等统计监测数据与往年同期统计监测数据同比情况，分析结果可以导出 excel 或 pdf。

**8. 环比分析**

分析统计周期内某几项指标的均值等统计监测数据与同年不同期统计监测数据环比情况，分析结果可以导出 excel 或 pdf 文件。

**9. 时间序列分析**

固定空间监测点，对该点的各种监测结果进行时间序列查询，并绘制出相应的变化趋势图。根据不同的间段分别生成污染物时段日变化图。

**10. 时空变化分析**

用于对时空两方面都变化的情况进行查询，如查某项目的季平均最大值，需要得到该最大值具体发生在哪个监测点位（在地图上快速定位）及具体的季度情况。另外，以统计图表的方式展示某监测值随空间分布、随时间（如季节、年份）变化的情况。

## （三）报表输出

统计报表包括月报、季报、水期报告、年报、年鉴、城市环境综合定量考核报表、环保目标责任制报表等，可根据数据格式自动输出报表。并增加报表管理功能，可根据数据标准及要求调整报表格式。

选择报表输出的类型，月、季、水期、年报等，再选择行政区、水源地名称等作为报表输入条件进行统计汇总输出。

## （四）水环境质量评价分析

水环境质量评价根据水域功能类别，选取相应类别标准，评价水质综合类别，评价结果应说明水质达标情况，超标的应说明超标项目和超标倍数，计算综合污染指标或平均污染指数。评价结果存入评价结果库，并形成各类评价报表。具体的评价类型如下：

**1. 断面达标率**

该功能分析各断面的监测数据，计算各监测数据的达标情况，最后显示各断面的达标率及三类达标率。

**2. 水质状况分析**

分析各监测项目的可达级别及其相应的超标倍数。

**3. 湖库富营养化评价**

计算湖库断面的叶绿素 a、总磷、总氮、透明度、高锰酸盐指数的营养状态指数及综合营养状态指数，并计算相应的营养级别。

# 二、大气环境质量监测系统建设

## （一）数据查询

**1. 实时曲线查询**

展示各监测站点最新实时数据信息，分别以列表和曲线形式表现，并将超标异常数据标红加以突出显示。

**2. 原始数据查询**

对各监测站的历史监测数据进行按条件筛选查看，可筛选条件有时间段范围、监测站名称、监测因子，并可以按月、日查询，查询结果可以报表形式导出，可存为 excel、pdf 或 Word 格式。

**3. 统计数据查询**

以时间段、监测站名称等查询监测值最大值、最小值、平均值、最大值超标倍数、超标率等统计监测数据，查询结果可以导出 excel 或 pdf 格式。

## （二）统计分析

**1. 单指标统计**

按照时段（如一月、一季、一年）对全市某单项指标（$SO_2$、$NO_2$、$PM_{10}$等）进行统计分析，能够查询出此段时间的监测数据，并可根据日均值查看图形；并提供导出 excel 功能。

**2. 区域均值统计**

按照区域（行政区域市、县、区等，流域，功能区）、站点、时段统计查询在一定时段的质量数据（时均值、日均值），并可以图表、图形表现。

**3. 监测结果（浓度）对比分析**

针对某单项指标，对某区域、站点、时段作监测结果（浓度）对比分析，分析变化情况，并以图形表示。对比分析结果可以保存、导出。

**4. 空气质量级别对比**

能实现对比站点-时段空气质量级别变化情况，并计算变化率，以表格和图表的形式展示。

**5. 走势分析**

对环境质量的历史变化情况进行统计分析，按区域、县区等分析污染物的变化趋势，生成环境质量统计分析报表，以图表形式表现。统计图表可以保存、导出。

**6. 达标趋势分析**

对监测站某时间段内的空气质量首要污染物污染指数达标情况进行曲线分析。

**7. 同比分析**

分析统计周期内某几项指标的均值等统计监测数据与往年同期统计监测数据同比情况，分析结果可以导出 excel 或 pdf 文件。

**8. 环比分析**

分析统计周期内某几项指标的均值等统计监测数据与同年不同期统计监测数据环比情况，分析结果可以导出 excel 或 pdf 文件。

**9. 时间序列分析**

固定空间监测点，对该点的各种监测结果进行时间序列查询，并绘制出相应的变化趋势图。根据不同的间段分别生成污染物时段日变化图。

**10. 时空变化分析**

用于对时空两方面都变化的情况进行查询，如查某项目的季平均最大值，需要得到该最大值具体发生在哪个监测点位（在地图上快速定位）及具体的季度情况。另外，以统计图表的方式展示某监测值随空间分布、随时间（如季节、年份）变化的情况。

（三）报表输出

可以根据监测数据，按照预定义的格式生成日报、周报、月报、季报、年报，为日常工作节省时间，提高工作效率。报告书内统计图、统计数据表、结论性描述相结合，图文并茂。

（四）大气环境质量评价分析

系统提供自定义公式模块，实现对评级指标、评价权重的定义，用户确定空气质量评价标准和评价参数后，选用适当的评价方法进行评价，评价结果存入评价结果库，并形成各类评价报表。

空气质量评价主要分区域、城市等，并按照日、周、月、季度和全年进行评价。系统实现评价结果的保存、导出功能。空气质量评价内容主要有评价污染指数和依据国家标准划分空气质量级别以及首要污染物。

## 三、噪声环境质量监测系统建设

**1. 噪声环境监测数据统计分析**

环境质量分析系统通过对噪声环境监测数据的统计、对比、分析，加强数据的深化应用，准确掌握环境质量状况和时空变化规律。包括对某单项指标，某区域站点某年、某月日均值进行对比分析；针对某区域站点、某单项指标进行等值线分析；针对某区域站点、某单项指标进行等值面分析；基于某区域站点监测数据，将污染物浓度以指数值标识，进行环境质量状况和变化趋势分析。

**2. 噪声环境质量评价**

系统提供自定义公式模块，实现对评级指标、评价权重的定义，用户确定噪声环境质量评价标准和评价参数后，选用适当的评价方法对功能区噪声、建筑物噪声、交通噪声进行评价，提出预防或者减轻不良环境影响的对策和措施。

## 四、站点管理系统建设

对监测站、监测设备的基本信息进行新增、修改、删除操作，同时对监测站的空间坐标数据操作。在修改监测站时，可在地图上进行相应定位。

# 第七节  尾矿库动态管理系统

针对目前我国尾矿库种类复杂、数量繁多、分布广泛的现状以及尾矿库突发环境事件频发的实际情况，构建尾矿库突发环境事件防范与应急处置体系，实现尾矿库动态管理的专业化、科学化和规范化。

尾矿库动态管理系统对事发前尾矿库监管、事发时预警与应急、事发后进行经验总结，以平战结合的功能设计理念对尾矿库进行全过程控制；选用先进、成熟并适用于环境应急管理的环境模拟技术进行集成，为环境应急决策提供展示效果好、精度高、响应速度快的水质模型和气体扩散模型；建立基于地理信息和物联网技术的一套完整的监控体系。

尾矿库动态管理系统可通过数据同步实现省、市两级基于地理信息系统的尾矿库数据空间分析与展示功能；实现数据信息综合管理、数据维护、综合查询与统计等功能，达到全省尾矿库数据管理动态化和常态化的目的；同时可根据尾矿库突发环境事件情景进行污染物扩散模拟计算，为尾矿库应急提供辅助决策支持。

系统特点如下：

- 提供"一库一档"管理模式，实现尾矿库生命周期的动态管理。
- 实现现场执法信息和监测信息的动态接入与管理。
- 空间可视化敏感信息，是应急分析的基础。
- 建立完备的应急信息体系，从而提高应急决策信心。
- 基于 GIS 的应急模型分析与展示，为应急提供辅助决策支持。
- 提供固定统计和自定义统计报表生成。

## 一、矿山企业管理

### （一）建设背景

矿产资源是国民经济发展的保障，但在矿产品的开采、洗选过程中，必然会产生大量排弃废石和尾矿、废水、废气、矿物粉尘及噪声，对生态和环境都造成很大的影响，为此加强矿山企业污染防治建设，防止矿山环境污染事故成为各相关管理部门的重要工作。

矿山环境污染事故，系指企业生产过程中短时间内造成的未经处理的大量粉尘、废水、固体废物或噪声污染环境的事故。

### （二）建设目标

系统能够实现对矿山企业相关数据的信息维护与动态管理，可以通过快速查询、高级查询、按企业名称查找。通过系统能够新增、编辑、删除企业信息。

该模块的信息管理主要包括企业信息、产品及主要原辅材料信息、应急信息。

## （三）建设内容

### 1. 企业信息管理

所管理企业信息主要包含企业基本信息、环评信息、选场信息、矿山信息、安全许可证、排污许可证、生产组成、污染物产生及排放情况、图片信息（图6-14）。

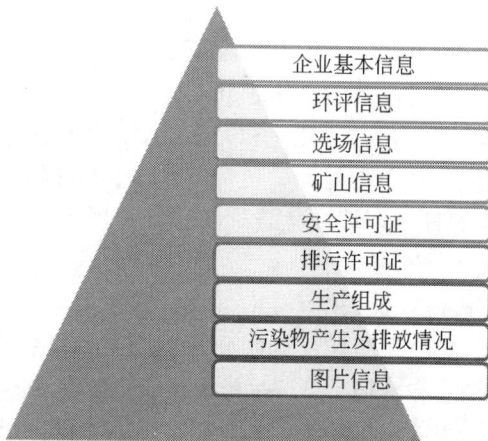

图6-14 系统的企业管理信息

### 2. 产品及主要原辅材料管理

产品及主要原辅材料管理包括对主要产品年产量、主要产品原辅材料年用量的管理。

### 3. 应急信息管理

应急信息管理包括对应急预案信息、应急团队信息、应急装备信息、应急物资信息的管理。

## 二、尾矿库管理

### （一）系统建设重要性

尾矿设施是矿山生产设施的重要组成部分，其投资较大，一般约占矿山建设总投资的5%～10%。尾矿库是尾矿设施的主要部分，包括尾矿坝、库区等。随着工业发展，尾矿坝数量越来越多，坝体堆积越来越高。目前，世界上正在使用的尾矿库和工业废料库有 20 多万个。

尾矿中还含有各种有毒有害物质，并且是一种人造的具有高势能的泥石流形成区，其安全运行直接关系到下游人民的生命财产安全和库区周边地区的生态环境。因此，尾矿库的安全问题是一个很严峻的问题，识别尾矿坝危险信号和控制已成为尾矿坝安全工作的重要任务之一，必须建立完善的应对重大危险预警与应急机制。

## （二）尾矿库企业和环境保护行政部门管理与应急管理

### 1. 尾矿库企业

（1）尾矿库企业责任：是防治尾矿库污染、防范和处置突发环境事件的责任主体。尾矿库企业应遵守建设项目环境影响评价和"三同时"制度，按要求进行排污申报登记，确保污染防治设施稳定正常运行；按规定编制突发环境事件应急预案，建立环境风险评估制度，组织开展应急演练，落实各项应急措施；针对各种可能发生的突发环境事件，建立和完善预测预警机制，加强环境风险隐患排查整治；构建防范与应急处置体系，负责突发环境事件的报告和应急处理。

（2）尾矿库企业的日常环境应急管理工作：开展污染隐患排查，落实应急保障措施，加强应急培训与演练。

（3）尾矿库企业应急处置：作为责任主体，在发生突发环境事件时，要立即启动本单位应急响应，实施先期处置。必须全力切断污染源，努力开展应急监测，采取行之有效的措施消除和减轻污染，尽最大可能防治突发环境事件扩大、升级，最大限度降低对环境的损害，并将事件真实情况于第一时间向当地政府报告。

### 2. 环境保护行政部门

（1）环境保护行政部门管理职责：负责对涉及尾矿库项目的环境管理，建立和完善尾矿库环境风险评估制度；要求企业编制尾矿库突发环境事件应急预案，负责企业尾矿库污染防治的日常监督检查和处理。针对突发环境事件，按照职责和规定的权限启动相关应急响应，参与应急处置工作。

（2）环境保护行政部门日常环境应急管理中，要认真组织开展环境风险隐患检查工作。要及时了解和掌握本地区正在使用、停止使用或闭库的各类尾矿库环境污染治理设施和措施，以及尾矿库下游取水口、饮用水源保护区等环境敏感保护目标。加强对环境风险隐患登记、整改、销号的全过程管理。对现有的尾矿库建立环境保护管理台账，实行动态管理。

（3）环境保护行政部门环境应急处理：在当地政府的统一领导下，查明情况、及时报告、提出建议、督促落实、调查处理，做到第一时间报告、第一时间赶赴现场、第一时间开展监测、向地方政府提出第一时间向社会发布信息的建议、第一时间组织开展调查。

### （三）尾矿库环境应急管理体系

通过对尾矿库的信息管理可实现对尾矿库相关数据的信息维护和动态管理，实现"一库一档"管理，具体管理的数据类型包括尾矿库信息、周边环境、水土保持措施、监测数据信息等。

**1. 尾矿库信息**

尾矿库信息管理包括对尾矿库基本信息、尾矿库联系人员方式、环境风险防范措施、相关突发环境事件、尾矿库现状、尾矿库退役跟踪情况、拦截坝信息、图片信息、现场执法、排污口信息、双测井信息的管理。

**2. 周边信息**

周边环境信息管理包括对自然环境、社会环境、周边水环境状况、周边敏感点分布情况的管理。

**3. 水土保持措施**

水土保持措施管理包括对水土流失防治范围、水土流失防治目标、生态恢复措施的信息管理。

**4. 监测数据**

包括排污口数据（日、月、季、年）与双测井数据（日、月、季、年）。

## 三、环境敏感点管理

基于各地市的空间地理信息数据范围和尾矿库数据特点，省级尾矿库系统可针对不同地市进行分级授权。基于不同的用户权限，满足地市级用户平台对尾矿库信息查询和展示的需求。系统可直观、动态地显示环境敏感点的信息，包括居民小区、学校、河流、水库、文物保护区、自然保护区等相关属性信息，实现所有信息查询、新增、编辑、删除。

## 四、综合信息管理

系统的综合信息管理模块主要是对处理措施、法律法规、应急预案、应急物资、应急专家的信息管理。系统实现所有信息查询、新增、编辑、删除。为直观显示全市企业数据及信息，在矿山企业数据库建设的基础上，搭建矿山企业管理信息系统，为各级环境管理用户提供服务窗口。

## 五、尾矿库应急辅助决策

尾矿库应急辅助决策功能，体现在对突发环境事件的应急响应与处置上，辅助当地政府进行统一的应急指挥、协调和决策，便于对事故进行初始评估、确认事故级别，迅速有效地进行应急响应。

**1. 分级响应机制**

按照尾矿库突发环境事件的预警分级确定应急响应级别，并与之对应。根据事态的发展情况和采取措施的效果，预警级别可以升级、降级或解除。

**2. 应急响应程序**

（1）Ⅰ级响应由环境保护部和国务院相关部门组织实施，地方各级政府及其环境应急工作指挥部和有关部门、单位按照国家环境应急预案的规定和国家的统一布置，做好应急响应工作；

（2）Ⅱ级响应由省级环境应急工作指挥部按规定开展工作；

（3）Ⅲ级和Ⅳ级响应工作，分别由市和县（市、区）政府组织实施。

**3. 信息报送与处理**

按照《国家突发环境事件应急预案》及国家有关规定，明确信息报告时限、内容、方式和发布程序。

**4. 指挥与协调**

（1）指挥协调机制：地方政府启动应急预案，派出应急救援队伍和有关人员赶赴事发现场，做好应急处置工作。有关专家参与现场环境应急指挥部的工作，对事件信息进行分析、评估，根据事发情况作出科学预测，提出相应的对策和建议供指挥部决策时参考。责任单位及时、主动提供相关资料，为环境应急指挥部研究确定救援和处置方案提供决策依据。

（2）指挥协调内容：提出现场应急行动原则；制定控制和减轻污染的处置方案；联系相关专家及人员赴现场应急；协调各级应急力量；指挥污染源的监测监控工作；及时向上级汇报进展。

**5. 应急监测**

按照污染物种类、尾矿库周边地表、地下水、饮用水源保护区、环境敏感点分布，划分监测区域，确定监测点位，明确监测项目，开展应急监测。在事件发生初期，根据事件发生地的监测能力和突发事件的严重程度，适当增加监测点位和频次；随污染物的扩散情况和监测结果的变换趋势，调整监测频次和监测点位；根据监测结果，综合分析尾矿库突发环境事件污染变换趋势。系统能够根据用户提供的河网数据、河流基本水文参数数据以及突发环境事件的排放水系、排放口等尾矿库基本信息数据进行分析计算，快速模拟在突发事件情况下污染物在排放水系中的扩散过程，并对周边环境敏感点进行统计分析，同时，还可实现危化品检索、应急预案检索、法律法规检索等综合查询管理。

**6. 通报与信息发布**

响应同时应及时向毗邻和可能波及地区的政府通报。各级政府设立的环境应急指挥部按照规定，负责统一发布尾矿库突发环境事件信息。

**7. 应急终止**

现在得到控制，事件条件已经消除；污染源的泄漏或释放已降至规定限值内；危害已消除，无继发可能；采取了必要的防护措施以保护公众免受再次危害，并使事件可能引起的中长期影响趋于合理且尽量低的水平。

**8. 应急终止后评价报告**

# 第八节　环境风险源监控系统建设

将物联网技术与地理信息系统结合起来，应用于环境风险监控，是数字环保未来的发展方向。建立环境风险源监控体系是环境应急管理日益发展的必然要求，目前我国在这方面的能力建设还处于探索阶段。

## 一、系统框架

建立在线监测、离线分析与实时监控相结合的重点环境风险源动态监控技术平台，实现对环境污染风险源现场监控与风险防范管理，为环境污染事件预警与应急响应决策提供科学依据。监控内容包括气态环境风险源、液态环境风险源和移动环境风险源三类，系统框架如图6-15所示。

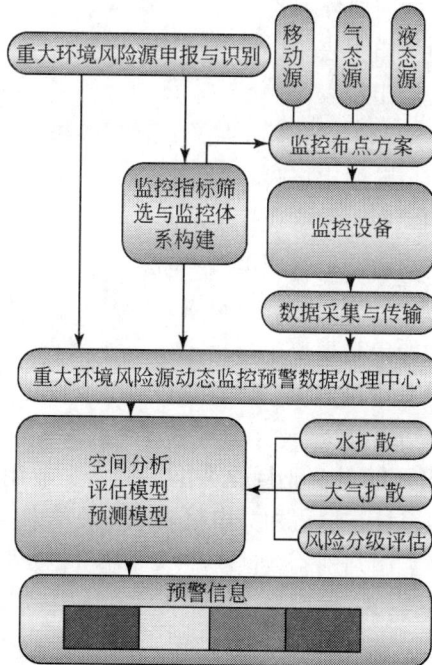

图 6-15　环境风险源监控预警系统框架

## 二、环境风险源"申报—评估—监管—发布"一体化的服务平台

### (一) 环境风险源申报系统

环境风险源申报管理系统解决了环保部门对于环境风险源的类型及分布状况信息的收集及管理。通过环境风险源申报管理,对风险信息汇总、加工、分析,完善环境风险信息数据库,环境风险管理部门(各级环保局)可以掌握不同空间尺度区域内的环境风险源分布及其风险状况,为环境风险源评价、分级、监控和管理(日常防范管理、应急管理)提供基础数据,实现风险源的优先管理和动态管理,将环境风险源的管理纳入环境行政管理的规范。环境风险源申报数据库为单位记录了各个环境风险源全面环境风险信息,可以为建设项目管理、污染限期治理、污染强制淘汰、"双高"产品淘汰、环境风险信息公开、环境统计、环境风险评价、现场监督检查、污染事故报告、环境风险责任保险、产业结构升级等各项工作提供基础的全面的依据。

系统将根据环境风险源申报主体的行业类型、行业环境风险类型及风险特点,提取企业基本信息及环境风险属性信息,编制环境风险源申报表单,实现对各类环境风险源信息的全面获取。

申报的表单按行业类别划分主要包括:
➤ 采矿业环境风险源申报表单
➤ 仓储业环境风险源申报表单
➤ 电力、热力的生产和供应业环境风险源申报表单
➤ 废物治理业环境风险源申报表单
➤ 机动车、生活用燃料、零售业环境风险源申报表单
➤ 交通运输业环境风险源申报表单
➤ 水的生产和供应业环境风险源申报表单
➤ 卫生业环境风险源申报表单
➤ 制造业环境风险源申报表单

系统主要包括以下功能模块:

(1) 企业信息申报:针对企业行业类型不同,企业用户使用环保局分配的用户名与密码登录申报系统,填写相关申报表单;表单中各字段项会自动进行信息验证,包括文字数字类型判别、数据明显不合理项、数据范围判断等;所有用户填报信息皆可进行保存,方便用户下次填报之前未完成项。

(2) 企业信息审核:针对环保局管理用户,可根据权限不同,对企业相关信息进行审查,对存在问题的企业填报项发送信息通知用户,指出问题所在,指

导其进行纠正填写。企业用户填写完成后再提交。

（3）系统管理：系统管理功能主要是对各类用户进行权限管理，有系统管理员进行用户注册、删除、修改操作管理，所有用户信息存入权限控制中心，分别对角色、用户进行管理。

系统能够汇总各类环境风险源信息，形成完备的环境风险源基础信息数据库，实现风险源属性信息的查询、维护、统计分析功能。

图6-16　重点环境风险源厂区三维模拟

采用企业级三维建模软件3DMAX，按照建筑物的真实尺寸和形状，对建筑、道路、环境质量监测点、污染源、辐射监测点等地物，采用三级混合精度建模，并按要求进行模型优化。建立重点环境风险源的厂区三维模拟图，重点实现对环境风险单元、危险品储存设备、应急设备的模拟（图6-16）。实现环境风险源、环境应急资源属性信息与空间信息的准确关联，为环境风险源的精细管理提供依据。

（二）环境风险源分类分级系统

环境风险源分类分级系统主要将环境风险源分类分级技术软件化、信息化、可视化，通过输入环境风险源相关信息，按照分级技术算法进行各项参数的混合运算，对分级技术以企业单元、区域、企业三个层面为对象进行计算，算得三个层面的结果并针对相关标准进行分级，针对不同级别的风险提出相应的管理措施，减低风险。

系统环境风险源分类分级的技术方法体系如图6-17所示。

（三）环境风险源监控预警体系

**1. 监控指标体系建立**

通过对企业调研资料的初步汇总和整理，确定指标的设计原则（科学可信、

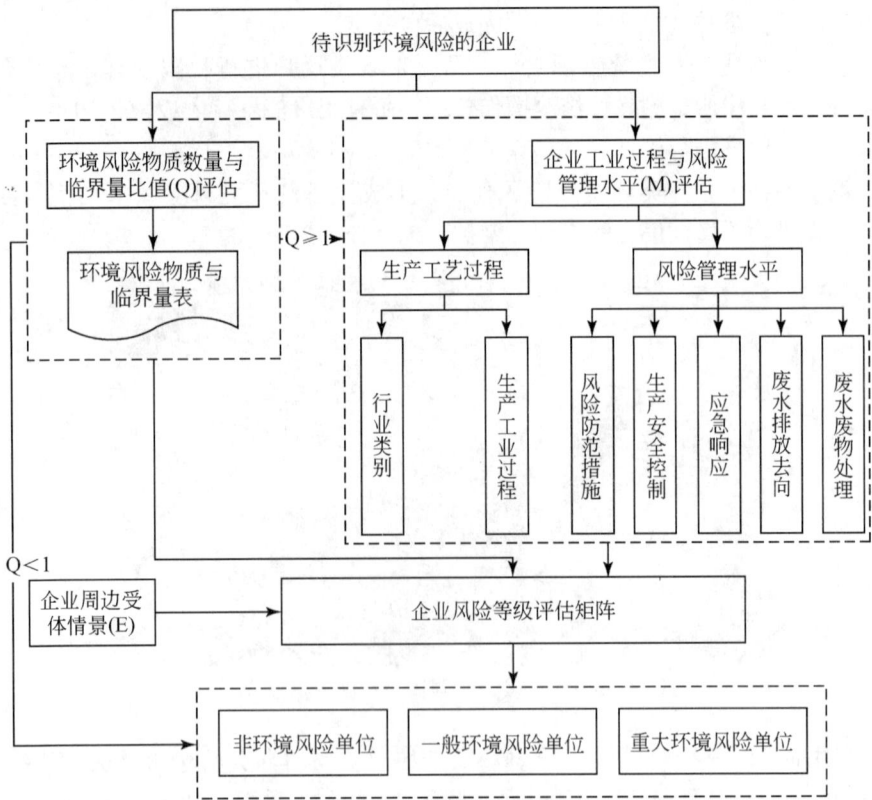

图 6-17　环境风险源分类分级技术方法体系

综合与代表性、区域性和层次性），结合我国重点行业特征污染物的种类和数量，对园区内潜在风险源进行初步排查，建立风险物质指标体系，经过咨询专家，结合反馈意见，形成环境风险物质指标体系。监控指标体系构建流程如图 6-18所示。

**2. 通过空间分析优化监测布点**

在环境风险源监控指标体系构建的基础上，研究固定站房式在线监测、移动监测、视频影像监测组成的多载体环境风险源信息采集技术，结合环境风险源监管的需求、监测网络区域覆盖要求、自然地理条件、环境保护目标等因素，确定监测项目、监测频次、监测手段，利用模糊、聚类分析模型，合理设置监控点，实现监测网络的综合优化。

**3. 筛选并集成环境风险源监控技术设备**

针对气态环境风险源、液态环境风险源、移动环境风险源、环境风险源外环境关键敏感点监控的特点，开展环境风险源监控技术设备筛选与集成。

环境风险源监控预警系统的建设一方面可将安监部门针对企业危险源的监控

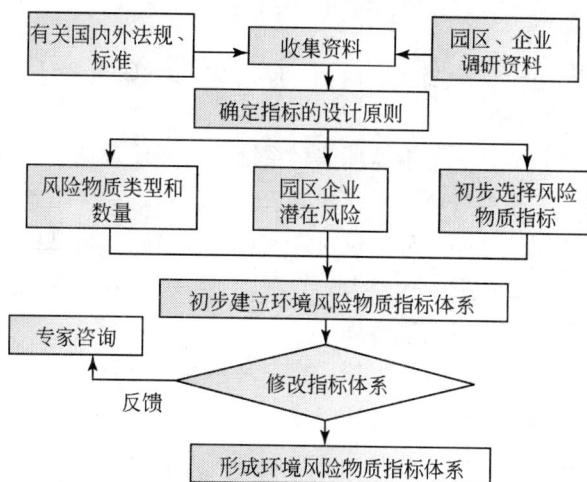

图 6-18　监控指标体系构建流程

信息接入，另一方面针对企业的环境风险单元和厂界（或者园区边界）选择适宜的环境风险源监控设备进行布点监测，实现环境风险信息的实时采集（图 6-19）。此外，对于企业周边的环境保护目标（如村庄、学校、医院、饮用水水源地等）进行监测布点，并部署相应的环境监测设备，建立点、线、面多层次的监测预警体系。

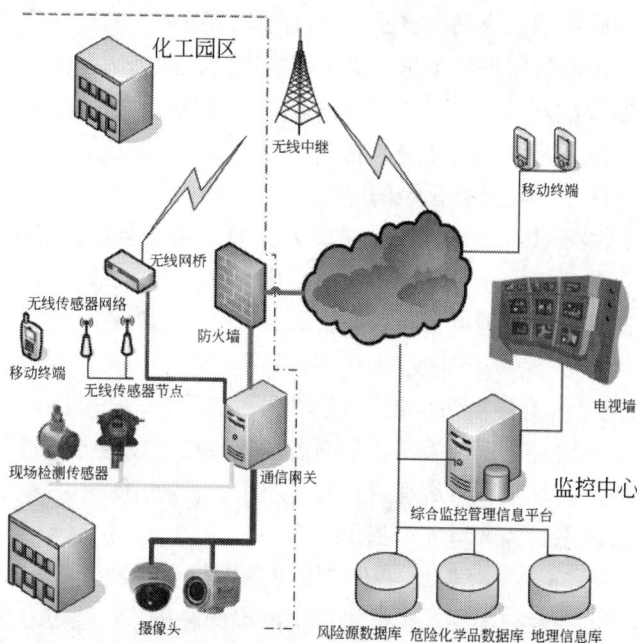

图 6-19　化工园区环境风险源监控预警

# 第九节　三维仿真技术在环保领域的应用

目前环境业务多是基于二维地理信息系统，对环境现场的分析多是使用现场平面图和现场图片等相关资料进行，缺乏直观性。难以对环境地域进行三维综合研究和空间分析，无法使领导部门及时得到对空间清晰、直观的认识。同时环境领域涉及地形地貌，如地形起伏较大、管网密集、排口众多等，用二维的表示方法很难准确描述和进行信息精确管理。

三维仿真，或称虚拟仿真、虚拟现实，是指利用计算机技术生成的一个逼真的，具有视、听、触、味等多种感知的虚拟环境，用户可以通过其自然技能使用各种传感设备同虚拟环境中的实体相互作用的一种技术。三维仿真系统因为逼真的临场环境，主要应用在飞行培训、环境保护与规划、城市规划、设计制造等方面，能节省很多开销，达到更高的效率。利用虚拟现实技术，可创造"虚拟现实"，这是因为电子计算机可将客观世界的数字化模型转化为不同形态的光点与声波，并以适当的方式加以融合，从而营造一个"虚拟世界"。环境三维仿真是基于 GIS、GPS 和 RS 的决策支持系统，三维可视化管理设计，在环境监控、环境应急、环境生态及环境日常业务管理等方面显示了它不可替代的决策支持功能。

三维仿真系统通过对大范围海量环境数据进行一体化管理，实现无缝三维实时漫游、空间多媒体信息查询、表示、分析和辅助决策，为环境管理部门进行更加清晰、直观、准确的管理环境信息提供技术支持，如灵活漫游全面巡视重点污染源，真实还原事故现场用于应急决策，真实模拟重要治污设施的日常运作状态，真实了解重点风险源如石化企业管线流向、查堵泄漏点等。

三维仿真系统在环境业务领域的应用优势：

（1）重点风险源工艺管线跟踪分析，为企业环境安全提供可视化监控支持。三维仿真系统可对环境重点风险源如石油石化企业工艺管线进行模拟，动态显示管线内物质流向，便于管理者实时查看管线运行情况，为查堵泄漏点提供可视化技术支持。

（2）全方位展示重要治污设施运行状态，为环境安全提供基础保障。通过三维仿真系统，可实现全厂区漫游，全面展示重要治污设施分布情况及其运行状态。当某一设施出现异常，系统会进行异常报警，使管理者不必亲临现场即可了解治污设施运行状态，为环境安全提供保障。

（3）快速还原环境事故现场，为环境应急提供科学决策支持。环境突发事故现场具有不可再现性。为了对事故进行更准确的分析，可通过三维仿真系统对事故现场进行模拟还原，再现事故发生过程，为领导提供更详尽的现场信息，为环境应急提供科学决策支持。

（4）更真实表现地形地貌，辅以模型分析，为指挥调度、优化路径提供辅助支持。

## 一、三维仿真技术在环境监控领域的应用

目前环境监控领域中多采用视频、红外、数采仪等形式将监控数据传至监控中心，无法对整个监控场所进行全面、多角度监控。

三维仿真系统可通过对监控场所的真实模拟实现对环境的日常监控，包括重大风险源企业厂区漫游仿真、围绕风险单元多角度查看周边地貌信息、真实模拟工况运行状态、真实模拟设备运行状态、全面立体展现三维空间污染源分布、对环境空间及风险单元等进行属性查询等。

三维 GIS 系统的流域监控功能可实现水雨情、工情、旱情等的实时监测数据、历史数据、统计分析数据的动态采集和加载，将各种水利数据整合到一张图中，并且以多种方式直观地可视化表达各类信息的空间分布及动态变化过程，为流域一体化的监控管理提供平台，为工程指挥调度和整体规划提供直观的场景。

（1）监测点信息接入。实现水文站、水位站、雨量站、水质站等站点监测信息的实时显示。实时了解到雨情、水情、水库运行、河道水流演进、引退水口引退水、断面流量、河口生态、滩区用水、灌区土壤墒情、作物种植结构和灌溉面积、水质变化等信息。

（2）关联气象模块。气象资料快速接收处理，增加了旱情、墒情等信息种类，可为水量调度提供较为准确的气象趋势分析和预报。

（3）实时监控。建立数据空间数据和属性特征的拓扑关系，用来进行数据的双向查询；可通过对区域或上下游水质的空间分析，找出某水质参数严重超标的污染源；可进行水质水量模拟预测，管理和控制污染排放。

将三维仿真系统应用于环境监控领域，可为领导提供多角度、可视化的监控平台。领导不用亲临现场，即可掌控所有环境监控区域的风险源及工况等多种信息，提高工作效率的同时，为领导决策的质量和效率提供了保障。

## 二、三维仿真技术在环境应急领域的应用

目前的二维信息平台由于立体表现不完整，无法整体直观反映环境事故现场情况，容易导致宏观分析、决策的偏差。三维仿真系统能够全面分析事故现场及周边情况，进行三维扩散模型分析，包括气象应急模型、地质应急模型、水应急模型（水淹模型、泥沙模型、水污染模型）及化学/核污染应急模型，通过模型分析直观立体展现污染扩散趋势及周边敏感源，为应急监测、指挥调度及现场处

置提供重要依据；可依据地势，通过路径优化分析，为应急疏散提供直观、可视化指导，为领导决策提供全方面、直观、真实的决策支持。领导不必深入事故现场就能掌握现场真实情况，并组织专家讨论并制定正确的应急措施，发出正确的调度指令，保证应急指挥和应急调度的科学性和正确性。

同时，通过三维仿真系统可进行事故应急演练及事故回放。在三维环境地理信息系统平台上进行环境应急模拟演练，让领导直观查看环境信息，对指导应急响应有重要作用。在模拟演练中可以进行三维态势标绘。标绘是指用户将场景中某个区域、重点建筑物、场所作为一个兴趣点进行标识。该功能模块主要包括两方面重要功能：一个是对环保专题符号库的基本管理功能，另一个提供基于该符号库的注记功能。前者支持从符号文件加载符号、对符号进行分类、检索符号、预览符号等；后者则支持使用特定符号对感兴趣场所进行注记。系统真实模拟事故应急演练，直观展示应急流程，为完善应急预案体系、强化应急指挥体系提供参考依据；事故回放是针对事故现场不可保存性，进行事故现场还原，通过仿真事故发生过程，为领导提供应急决策支持，真正意义上提高突发事件的处置效率，并为事故后评估提供有力依据。

## 三、三维仿真技术在环境生态领域的应用

环境生态日益受到人们重视，如何有效保护生态，形成良好生态人文环境已成为人们关注的热点。三维仿真系统为生态保护、生态规划提供三维仿真技术支持，领导无需到达现场即可通过三维仿真系统漫游重要生态区域并进行分析，如漫游饮用水水源地、防洪堤坝、库区防洪堤拆除后对周边生态的影响分析等。对环境生态区域的规划也可通过三维仿真系统进行模拟展示，将规划前及规划后的场景进行真实模拟对比，为领导进行正确、科学的生态规划提供直观可视化的科学依据。

## 四、三维仿真技术在环境日常业务管理中的应用

三维仿真系统在环境日常业务领域的应用包括：与12369结合，快速定位事故现场，直观查看事故现场地势地形三维景观，为准确预警提供更为详尽的可视化三维信息；建设项目审批，通过三维仿真系统进行区域地形地貌查看，将设计方案导入三维场景中进行审查，在真实再现规划现状的前提下，用户可以从任意路径，以任意视点、任意视角考察设计方案，对方案进行从全局到细节的推敲和修改；环境监察、移动执法，通过三维仿真系统可真实模拟环境监察、移动执法车辆的出勤路径，为执法监督提供可视化督查指导功能。

# 第十节　遥感技术在环保中的应用

由于遥感技术具有时间、空间和光谱的广域覆盖力，是获取环境信息的有效方法，所以遥感技术是环境保护的最重要的监测手段之一，目前多应用于大气环境监测、水环境监测、自然生态环境监测、自然灾害应急监测等。

## 一、遥感数据源

### 1. 环境一号数据

环境与灾害监测预报小卫星星座 A、B 星（HJ-1A/1B 星）于 2008 年 9 月 6 日上午 11 点 25 分成功发射，HJ-1A 星搭载了 CCD 相机和超光谱成像仪（HSI），HJ-1B 星搭载了 CCD 相机和红外相机（IRS）。在 HJ-1A 卫星和 HJ-1B 卫星上均装载的两台 CCD 相机设计原理完全相同，以星下点对称放置，平分视场、并行观测，联合完成对地刈幅宽度为 700 公里、地面像元分辨率为 30 米、4 个谱段的推扫成像。此外，在 HJ-1A 卫星装载有一台超光谱成像仪，完成对地刈宽为 50 公里、地面像元分辨率为 100 米、110～128 个光谱谱段的推扫成像，具有 ±30° 侧视能力和星上定标功能。在 HJ-1B 卫星上还装载有一台红外相机，完成对地幅宽为 720 公里、地面像元分辨率为 150 米/300 米、近短中长 4 个光谱谱段的成像。

### 2. 资源一号数据

02B 星是具有高、中、低三种空间分辨率的对地观测卫星，搭载的 2.36 米分辨率的 HR 相机改变了国外高分辨率卫星数据长期垄断国内市场的局面，在国土资源、城市规划、环境监测、减灾防灾、农业、林业、水利等众多领域发挥重要作用。02B 星的应用在国际上也产生了广泛的影响，2007 年 5 月，我国政府资源系列卫星加入国际空间及重大灾害宪章机制，承担为全球重大灾害提供监测服务的义务；2007 年 11 月在南非召开的国际对地观测组织会议上，中国政府代表宣布与非洲共享资源卫星数据，反响热烈。

### 3. MODIS 数据

中分辨率成像光谱仪 MODIS 是 Terra 和 Aqua 卫星上都装载的重要传感器，是 EOS 计划中用于观测全球生物和物理过程的主要工具，其数据涉及波段范围广，空间分辨率比 NOAA/AVHRR 有较大的改进，而且向全球免费开放，是广大地学科学工作者不可多得的、廉价的却非常有实用价值的数据资源。尤其是 NASA 陆地、大气科学小组对 MODIS 数据进行加工处理，开发了一系列完整的算法，并提供了多达 44 种高质量和经过校正（大气校正、地形校正和云处理）的地球表面数据标准产品，如地表反射率、地表温度、大气温湿剖面等，这些数据对地球科学研究有很高的使用价值，将极大地提高我们监测和认识陆地变化的能力，为区域陆地生态系统的业务化监测提供了巨大的潜力。

**4. OMI 数据**

臭氧层监测仪（ozone monitoring instrument，OMI）由荷兰航空局和芬兰气象所提供，由两家荷兰公司以及三家芬兰公司共同制造。OMI 传感器测量地球大气和表面的后向散射辐射，传感器波长范围为 270～500 纳米，利用臭氧在波段 331.2 纳米和 317.5 纳米的强吸收特性进行臭氧总量的反演。波谱分辨率为 0.5 纳米。OMI 是继欧洲太空局的 GOME 和 SCIAMACHY 的另一个臭氧观测仪器，它引入了高分辨率的光谱来反演痕量气体，空间分辨率可达 12×24 平方公里，传感器视场角为 114°，条件宽度为 2600 公里。其相对于其他臭氧监测仪具有高时间分辨率的特点，覆盖全球只用一天。该传感器主要监测大气中的臭氧柱浓度和廓线、气溶胶、云、表面紫外辐射，还有其他的痕量气体，如 $NO_2$、$SO_2$、HCHO、BrO 等。目前为止，由于 OMI 数据的获取时间较晚，利用其对臭氧进行深入的时空动态分析、揭示其变化规律的研究还鲜见报道，因此其独特的优势没能充分发挥。

# 二、遥感技术服务于环境监管

## （一）大气环境监测

### 1. 研究进展

欧美等发达国家和地区在使用卫星遥感技术监测大气气溶胶、$O_3$、$SO_2$、$NO_2$、$CO_2$、$CH_4$ 等气体的光学厚度和浓度方面取得了显著进展，在大气气溶胶、$O_3$、沙尘暴监测等方面已经基本达到业务化应用程度，在 $SO_2$、$NO_2$、$CO_2$、$CH_4$、CO 等污染气体监测方面正在进行科学研究和应用示范。总体来看，卫星遥感对大气污染监测能力较弱，多数偏重于气溶胶、温度、湿度等气象参数以及 $O_3$、$CH_4$ 等温室气体监测。用于大气监测的卫星传感器很多，主要有美国的 NOAA/AVHRR、EOS-TERRA&AQUA/MODIS、TERRA/MOPITT、欧空局 ENVISAT/SCIAMACHY、ERS-2/GOME、METOP-1/GOME-2，日本 ADEOS-Ⅱ/TOMS&TOVS 等。我国用于大气污染监测的卫星传感器较少，主要为风云系列气象卫星（FY）和环境一号卫星（HJ-1）等，利用这些卫星陆续开展了气溶胶、臭氧探测、沙尘暴等监测。

### 2. 监测内容

大气环境监测主要包括臭氧层监测、气溶胶含量监测、温室气体监测、大气热污染监测等。这些遥感监测的气体属痕量、气溶胶或有害气体，比如 $O_3$、

$CO_2$、$SO_2$、$CH_4$ 等，这些气体的物理特征一般不能用遥感手段直接识别，但由于水汽、$CO_2$、$O_3$、$CH_4$ 等微量气体成分具有各自分子所固有的辐射和吸收光谱特征，如影响水汽分布的主要光谱波长在 $0.7\mu m$、$O_3$ 在 $0.55\sim0.65\mu m$ 之间存在一个明显的吸收带等，因此可以通过测量大气散射、吸收及辐射的光谱特征值而从中识别出这些组分来。目前常用的大气环境监测方法主要有两类：一类是根据污染地区地物反射率变化、边界模糊的状况来进行大气污染情况估计；另一类是间接方法，即根据植物对污染的指示性反演大气污染，一般是根据植被中污染物含量与遥感数据中植被指数的关系估计大气污染的情况。通常采用两个非常好的大气窗来探测这些大气组分，即位于可见光范围内的 $0.40\sim0.75\mu m$ 的波段范围与在近红外和中红外的 $0.85\mu m$、$1.06\mu m$、$1.22\mu m$、$1.60\mu m$、$2.20\mu m$ 波段处。

### 3. 监测大气环境的遥感技术

应用于大气环境监测的电磁波谱主要是近紫外线到红外线范围以及微波范围。用于大气监测的遥感技术种类较多，一般有相关光谱技术、激光雷达技术及热红外扫描技术等。

1）相关光谱技术

基于光的吸收原理，受监测气体选择吸收特定波长的光后，按光强衰减程度来推算对象气体的浓度。在测定过程中配合相关技术可以排除非对象组分的干扰。相关光谱系统采用的吸收光限于紫外光和可见光。在遥测中，需在自然光充分的条件下，利用地表之上漫射光所汇聚的光源。在相关技术中使用二二成对的吸收光，每对吸收光是邻近波长的，且所选定的波长要使它们通过监测对象时分别发生强吸收和弱吸收，这样有利于提高监测的灵敏度。相关光谱系统装备在汽车或直升机上，即可大范围遥测大气污染物及其分布的情况。相关光谱技术的实用对象目前还只限于 NO、$NO_2$ 和 $SO_2$。对它们进行同时连续测定时，在系统中需三套相关器。监测这三种污染物组分的实际工作波长范围分别是：NO 为195~230nm，$NO_2$ 为 420~450nm，$SO_2$ 为 250~310nm。

2）激光雷达技术

这是一种主动遥感技术。因激光具有单色性好、高度方向性和能量集中等优点，使得根据激光原理制作的传感器具有很高的灵敏度和良好的分辨率。故近期运用激光对大气污染进行遥感的技术发展很快。激光脉冲射入环境监测对象介质后，首先因发生散射作用而衰减。射向大气的激光束遭遇气态分子时，可能发生雷利散射和拉曼散射。散射作用在大气遥感中占有相当重要地位，主动探测系统多是基于这种作用机制而建造的。红外激光-荧光遥感器可用于监测大气中 $NO_x$、CO、$CO_2$、$SO_2$、$O_3$ 等污染物及其浓度，其监测频率在可见光至紫外光区域，根据荧光波长和强度可分别作定性和定量监测。应用紫外激光-荧光遥感仪可监测大气中 HO 自由基浓度。由于激光单色性好，所以也可用简单的光吸收法监测大气中污染物浓度。根据激光雷达在环境监测领域应用的技术特点，由于其技术难度大、工艺不成熟、对使用维护人员的要求较高等问题，因而在技术推广和投入日常业务使用方面存在着困难。

**4. 遥感技术在大气监测中的应用成果**

遥感技术在大气监测方面，主要用于 $NO_x$、$SO_x$、$O_3$ 等化学污染物的浓度测定以及确定烟羽的扩散所及范围和它的不透明度等。大气领域的遥感可分为利用卫星的大范围的遥感（RS）和通过激光雷达进行的地基遥感。20 世纪 70 年代的雨云卫星系列第一次获得了温度、$H_2O$、$CH_4$、$HNO_3$ 在全球大气中的分布信息。搭载于雨云 7 号上的 TOMS 在发现臭氧空洞方面做出了很大贡献，取得了与平流层中臭氧层破坏有关的主要信息。

利用遥感图像进行大气污染分析，可以建立城市环境污染的评价模型，利用地物的波谱测试数据、彩色红外遥感图像及少量常规大气监测数据，可获取城市大气环境质量的基本数据，利用遥感图像作为基本资料，可以对城市有害气体进行监测。根据监测结果，可对城市污染源及其扩散影响、污染程度等进行分析研究，以确定影响城市大气环境质量的主导因素；根据城市可持续发展的要求，对相应的污染源进行整治和改善，实施政策、经济等方面的管理，以治理大气污染。大气中的气溶胶即烟雾、尘暴等悬浮于大气里的污染物，是影响大气质量的主要因素，它们在图像上都会反映出其分布的特征。大气气溶胶浓度不同，图像色调也不同：浓度大，其散射、反射率大，影像呈白色；反之，呈灰色。同时，结合大气取样监测分析，可鉴别出其主要污染物、颗粒物数目及其分布空间。根据多期监测，可获取大气污染的时空分布与变化规律。例如，$NO_x$、$SO_2$ 的图像灰度信息在 TM1、TM3 图像中均有明显的反映；排入大气的 $SO_2$ 很少单独存在于大气中，往往与大气中颗粒物结合在一起，这些颗粒物会对光波产生散射，在其遥感图像上显示为灰暗、模糊影像特征。同时，也能从高分辨率图像上判别出城市烟囱，然后反映烟雾的污染范围与程度。

1）区域性大气污染物的被动式空基遥感监测

利用遥感对大气环境进行监测的一个方面是对区域性大气污染物的监测，然而区域性大气污染信息是叠加于多变的地面信息之上的微弱信息，这些物理量通常不可能用遥感手段直接识别，提取非常困难，一般的地物提取方法均不实用。王雪梅、邓孺孺等（2001）分析了卫星遥感像元信息构成的物理机制，将像元信息概化为土壤、植被、水体等基本信息类型的线性集合与污染气体（$SO_2$、$NO_x$）信息的简单叠加，首次从 TM 卫星数据直接定量提取珠江口地区大气污染气体累加浓度信息。实验结果表明，所提取的污染信息满足精度要求。有学者用红外航片资料研究了环境污染区与植被的响应关系，指出受污染杨树与正常健康的杨树相比，光谱发射率在近红外波段有较大幅度的下降，而在红波段则有所增加，叶绿素指数也迅速减少，因此叶绿素指数可成为反映大气污染的一个重要指标。L. BRUZZONE 等（1999）利用搭载在 ERS-2 卫星上的 GOME 和 ATSR-2 传感器所接收到的数据，通过两种方法对生物燃烧排放到对流层中的 $NO_2$ 进行了计算，一种是假设这两种传感器所获得的数据与 $NO_2$ 浓度之间存在线性关系；另外一种是用基于辐射传输方程神经网络的非线性无参数方法来反演 $NO_2$ 浓度。实验结果表明，这两种方法在实际反演 $NO_2$ 浓度时效果较好。S. CORRADINI 等（2003）根据 Aster 数据，利用劈窗算法（the split window technique）计算了意大利 Mt. Etna 火山排放的 $SO_2$。实验证明，运用该方法可较为准确地计算出 $SO_2$ 的分布。

2）灾害性大气污染——沙尘暴的被动式空基遥感监测

沙尘暴属于大气气溶胶污染的一种极端情况。在气象学中，沙尘暴是指强风从地面卷起大量沙尘，使空气很浑浊，水平能见度小于 110 公里的灾害性天气现象。周明煜等（2008）利用 NOAA/AVHRR 资料分析了 1993 年 4 月北京、天津上空沙尘暴特性，发现在沙尘暴发生时，AVHRR 可见光通道 1 和可见光通道 2 的反射率都有增加，沙尘暴强度越大，反射率增加越大，但仅给出了反射率增加的大小，而没有根据卫星反射率的变化对沙尘暴进行定量研究。目前对沙尘暴的遥感监测主要是利用 GMS 和 NOAA/AVHRR 数据，研究表明，GMS 的红外通道数据有利于确定沙尘暴的位置，同时它所具有的高时间分辨率（1h），更有利于大尺度监测沙尘暴的运动轨迹。NOAA/AVHRR 数据不但可以监测到沙尘暴反射辐射特性，且可以在较大尺度上监测到沙尘暴的时空分布，因此是目前沙尘暴研究和监测的主要遥感信息源。

## （二）水环境监测

### 1. 研究进展

水环境遥感监测，根据遥感机理不同分为海洋水色卫星遥感和内陆水体卫星遥感。内陆水体比海洋水体复杂得多，水域面积相对小且污染类型多样，要求卫星遥感有更高的空间分辨率和光谱分辨率。欧美等发达国家和地区在海洋水色卫星遥感方面已开展业务化运行，监测指标主要为叶绿素 a、悬浮物、水温等，所用的代表性卫星平台和传感器有美国的 Seastar/SeaWiFS、EOS-TERRA&AQUA/MODIS。欧空局的 ENVISAT/MERIS，日本的 ADEOS/GLI，印度的 IRS/OCM 等；内陆水体卫星遥感应用方面目前还基本处于科研和应用示范阶段，尚未达到业务化运行程度。监测指标主要为叶绿素 a、悬浮物、可溶性有机物、水温、透明度等。通常用空间分辨率较高的陆地卫星系列如美国的 Landsat/TM 系列、法国

SPOT/HRV 系列、印度 IRS-1/LISS-Ⅲ 系列，以及高光谱卫星如美国的 EO-1/Hyperion、EOS-TERRA&AQUA/MODIS 等。我国在海洋水色遥感方面已开展了业务化应用和运行，监测指标主要为海洋水温、叶绿素 a、悬浮物、海冰等，应用卫星主要有风云卫星系列的 FY1C 和 FY1D、海洋卫星系列的 HY-1A 和 HY-1B；在内陆水体卫星遥感方面，受高时空分辨率和高光谱分辨率的限制，目前我国主要是利用环境一号卫星（HJ-1）、中巴资源卫星（CBERS）、欧美等发达国家和地区的卫星数据等进行内陆水环境指标反演，总体上应用效果还不够理想。

**2. 水环境遥感监测的内容**

遥感技术在水质监测领域已得到广泛应用，主要环境遥感指标包括浮游植物、悬浮物、总磷、总氮、可溶性有机物、COD 等。随着遥感技术的革新和对物质光谱特征研究的深入，可以监测的水环境参数种类也在逐渐增加，主要的水环境监测参数包括水中叶绿素、泥沙含量、悬浮物、藻类、化学物质、溶解性有机物、热释放物、病原体和油类物质等，并大致可以分为四大类：浑浊度、浮游植物、溶解性有机物、化学性水质指标。

**3. 水环境遥感监测的技术**

随着水质参数光谱特征及算法研究的发展，监测方法经历了分析方法（20世纪 80 年代前）—经验方法（80~90 年代）—半经验方法（90 年代后）的发展过程。分析方法是根据水体光学理论模型确定辐射值与水中组分之间的关系，从而得到组分含量；经验方法通过简单外推某一时刻遥感测量值与地面实测值的统计关系来实现；半经验方法选择特定的光谱区和波段组合作为变量，通过线性回归、多元线性回归、多项式回归、主成分分析等多种统计分析手段进行拟合，建立遥感数据与水质参数间的各种关系式。

根据遥感影像上反映的水体在颜色、密度、透明度等方面的差异，从而识别出污染源、污染范围、面积和浓度等。

水环境监测常采用的遥感数据主要包括美国 Landsat 卫星的 MSS、TM、ETM+数据，美国气象卫星 NOAA 的 AVHRR 数据，法国 SPOT 卫星的 HRV 数据，印度遥感 IRS 系统的 LISS 数据，日本 JERS 卫星的 OPS（光学传感器）接收的多光谱图像数据，中巴地球资源 1 号卫星（CBERS-1/2）CCD 相机数据，环境减灾卫星 CCD 数据。此外航空航天高光谱数据也是水环境遥感监测的数据来源，如美国的 EO-1Hyperion 与 AVIRIS、加拿大的 CASI、芬兰的 AISA、中国的 PHI 数据等。

2008 年，我国发射了环境与减灾小卫星，可对太湖、滇池、巢湖以及近岸海域水质环境进行动态监测，并辅助地面监测网对饮用水源地水质、水源地水土保持、水源涵养区和面源污染等进行动态监测。

## 4. 水环境遥感监测的成果

目前，利用遥感技术对水环境进行监测，可以实时、全面监测水体及其污染物的光谱特性，从而能够进一步利用遥感信息进行水环境的评价（表6-1）。

表6-1　水环境遥感监测的常用方法

| 监测类型 | 常用遥感方法 | 影像特征 |
| --- | --- | --- |
| 水体富营养化 | 彩色摄影、多光谱摄影、多光谱扫描成像、相关辐射仪 | 彩色红外图像上呈红褐色或紫红色，在MSS7上呈浅色调 |
| 悬浮固体 | 彩色红外摄影、多光谱摄影、多光谱扫描成像 | MSS5图像上呈浅色调，在彩色红外片上呈淡蓝，灰白色调，水流与清水交界处形成羽状水舌 |
| 油污染 | 可见光、紫外、多光谱摄影，多光谱扫描成像、激光扫描成像，红外，微波辐射计 | 可见光、紫外、近红外、微波上呈浅色调，在热红外遥感图像上呈深色调，为不规则斑块状 |
| 热污染 | 红外扫描辐射，微波辐射仪等 | 热红外图像上呈白色或羽状水流 |

### 1）水体富营养化遥感监测

20世纪70年代初，学者们就发现可以从卫星上探测表层水体中富有植物的叶绿素含量。1978年美国宇航局（NASA）发射的Nimbus-7卫星上装载了世界上第一台海岸水色扫描仪（CZCS），该传感器拥有6个带宽为20纳米的工作波段，专门设计用于海面叶绿素定量遥感。我国于1987和1989年分别发射了两颗配置有海洋水色通道高分辨率扫面辐射计的FY-1A和FY-1B卫星，并获取了较高质量的海区叶绿素分布图。新一代水色遥感传感器（SEAWIFS）以及中分辨率成像光谱仪（MODIS）等具有更多的波段和更高的光谱分辨率。2002年我国发射了第一颗海洋水色遥感卫星HY-1，它携带有两个遥感器、十通道的海洋水色扫描仪（COCTS）和CCD相机，更适合于海洋水色环境的监测和管理。用遥感方法估算水体叶绿素浓度，国内外许多学者已经做了大量的工作。美国密歇根州R. G. khrop等（1986）利用Landsat-5卫星专题制图仪（TM）数据评价了格林湾和中央湖水质的情况。陈楚雄等（1986）用多光谱扫描仪（MSS）对不同叶绿素浓度的池塘水体进行光谱测量，根据实验测量结果建立了淡水水体叶绿素浓度的数学模型。S. Ekstrand（1992）利用TM资料和实测数据建立了估算海水叶绿素浓度的回归模型。为了进一步提高用遥感方法估算叶绿素浓度的精度，选取TM4的75种波段组合为子因素，以叶绿素浓度为母因素，利用灰色系统理论，建立了估算叶绿素a浓度的数学模型，其相对标准误差在6.7%以下。余丰宁等（1996）也利用TM遥感数据与同步湖面多点观测资料，对太湖北部水体叶绿素含量与不同波段遥感值之间的关系进行了定量分析，建立了叶绿素含量的遥感估测模型，与梅梁湾水域多点叶绿素的实测数据取得了很好的拟合结果。利用转换的 TM 数据对日本湖泊的研究再次证明了红外波段和近红外波段的比值对评定高浓度叶绿素的有效性。九五期间，中国科学院上海技术物理研究所在国家 863 计划支持下，以光谱测量与采样分析同步、地面光谱测量与遥感配合为基础，建立了水质遥感模型与方法，并成功应用于遥感解译我国典型富营养化湖泊太湖和滇池 20 世纪 80 年代至 90 年代的富营养化程度及其分布状况随年份的变化，提供了一种快速掌握水质状况的技术手段，为水质遥感监测提供了可靠的技术方法。

近年来，国内外已开始重视采用高光谱遥感技术分析水体的波谱特征。疏小舟等（2000）利用我国自行研制的航空成像光谱仪（OMIS-Ⅱ）在太湖地区进行地表水质遥感实验，初步研究结果表明，应用 OMIS-Ⅱ 光谱仪进行遥感能够提高藻类叶绿素的定量监测精度。K. Kallio 和 S. Koponen 等（2001）分别利用航空高光谱遥感器（AISA）监测了芬兰的湖泊，建立了叶绿素 a 浓度的经验算法，发现 685～691nm 的波段有利于贫营养和中营养湖泊的监测。P. Flink 等（2001）利用主成分分析方法从瑞典的两个湖泊得到小型机载成像光谱仪（CASI）数据，绘制了叶绿素的浓度图，同时也指出了叶绿素监测的最佳波段位置和波段宽度。

2）悬浮固体遥感监测

水中悬浮固体（SS）含量是水质指标的重要参数之一。SS 不仅可以作为水体污染物的示踪剂，其含沙量的多少还直接影响水体的透明度、水色等光学性质。一般来说，对可见光遥感而言，0.58～0.68μm 波段对不同泥沙浓度出现辐射峰值，即对水中泥沙反应最敏感，是遥感监测水中悬浮物质的最佳波段，被陆地卫星、NOAA、风云气象卫星及海洋卫星选择。在实际监测当中，往往选择与悬浮物质浓度相关性好的波段，结合实测悬浮物质的数据进行分析，从而建立特定波段辐射值与悬浮固体浓度之间的关系模型，然后对该波段辐射进行反演，得出悬浮固体的浓度。水中固体悬浮物遥感定量研究工作提出了一系列的模型，确定了水体反射率与 SS 之间的定量关系。

1973 年，A. N. Williams 等在利用 Landsat-1 卫星对 ChesePeake 海湾进行悬浮泥沙的遥感工作时，就发现悬浮泥沙的含量与卫星遥感数据呈线性关系。V. Klams 等（1974）将遥感资料应用于 Delaware 海湾的研究表明，悬浮泥沙含量与 MSS（多光谱扫描仪）亮度值呈对数关系，并提出了估算悬浮泥沙含量的线性统计模型。水中含沙量与海面光谱反射率之间的关系和大气中海面与遥感器光谱反射率之间的关系是确立水体反射率与水体悬浮物之间的定量关系时的两个重要方面。H. R. Gordon 等（1978）分别考虑了水下和大气这两种情况，根据漫反射率的准单散射模型建立了 Gordon 关系式，但该模式的应用实例不是很多。同时，有的研究则认为对数定量模式比线性定量模式要好。黎夏（1993）推导出一个统一式，包含了 Gordon 关系式和负指数关系式，并利用 TM 数据将公式成功应用于珠江口的 SS 遥感定量分析。不同的学者提出了不同的模式来模拟 SS 含量与遥感数据的关系，这些模式大都是从理论出发，推导出一定的数学模型，然后再由实测的数据来确定一些参数。

在利用 NOAA/AVHRR 数据来获取 SS 含量方面，李京（1986）建立了反射率与 SS 含量之间的负指数关系式，并确定了了与经验关系式的关系，理论分析和实际应用的结果表明该公式具有较高的精度。R. P. Stumpf 等（1989）在 Gordon 模型和 Gordon 大气校正方法的基础上，建立了由 NOAA/AVHRR 资料获取悬浮泥沙含量的实用系统，但其 II 类水体的大气校正仍需依赖现场同步采样测量来消除误差。李炎等先后提出了以 NOAA/AVHRR 的 Chl 和 Ch2 波段反射率差最大值条带为大气校正参考点的比例系数法和以海面–遥感器的光谱反射率斜率传递现象为基础的斜率法，在整个 II 类水体区域取得均匀分布的大气校正参考点，更适于进行考虑 II 类水体大气校正的近海悬浮泥沙遥感监测。对于 NOAA 卫星，尽管其扫描间隔较短，但其 1.1 公里的分辨率对河口海岸带来说仍显得有些粗糙，并且上述研究一般都需要地面的实测数据，而许多区域往往缺乏实测资料，使得这些方法很难有效得以应用。L. A. K. Menes 等（1994）用实验室测得不同悬浮固体浓度水体的光谱反射特征，利用 TM 多波段影像光谱混合分析法得到线性光谱混合模型，用以计算亚马孙河湿地水体的悬浮固体浓度。光谱混合分析法同样被用于福建闽江口悬浮物质浓度的研究中，该方法可以充分利用多波段的数据，不需要大量的实验数据，适用于缺乏实测数据的区域，具有较好的实用性。

3）油污染遥感监测

遥感监测石油污染不仅能够发现污染源、确定污染的区域范围和估算石油的含量，而且通过连续监测，能够得到溢油的扩散方向和速度，预测将会影响的区域。

遥感技术应用于海洋石油污染监测开始于 1969 年，美国利用机载多波段可见光扫描仪对加利福尼亚州巴巴拉附近的采油区井喷造成的海上石油污染区域进行海面石油污染监测，取得了较好的效果。航空遥感系统由于其机动灵活以及遥感器的可选择性等优点，主要被用于溢油的应急处理。近年来应用卫星遥感对海洋石油污染的监测受到了许多国家的重视。李栖筠等（1994）利用陆地卫星精度和 NOAA 卫星时相的互补优势，通过对图像的特殊处理，将石油污染区和周围海水区区别开来。M. Gade 等（1999）通过 ERS-2 卫星的图像数据对地中海部分海域分析之后发现，海面油类污染受不同季节风速的影响很大。载有合成孔径雷达的卫星由于其工作波段属于微波，并且采用主动式工作方式，因此具有全天候、全天时的优点。在 2002 年"威望"轮溢油事故中，欧洲空间局利用其 ERS-2 和 Envisat-1 两颗卫星对西班牙加利西省附近海域进行连续的溢油监测，克服了天气条件的影响，为溢油应急反应决策提供了重要的技术支持。

4）热污染遥感监测

由于人类活动向水体排放的"废热"引起环境水体的增温效应而产生的污染称之为水体热污染。水体热污染可直接影响到水生生物的多样性，导致局部生态系统的破坏，从而影响人类的生产、生活。遥感监测水体热污染是一种有效的宏观监测手段，目前主要的探测方法有热红外遥感和微波遥感。以美国泰罗斯 N 系列卫星高分辨率辐射计（AVHRR）为代表的传感器，可以精确地绘制出海面分辨率为 1 公里、温度精度优于 1℃ 的海面温度图。A. Chedin 等（2000）根据多角度大气路径的不同，利用目标吸收热红外辐射的差异来消除大气效应的影响，以此来反演海面温度。利用热红外遥感对唐山陡河水库水质及其生态环境的实验研究结果也表明，近红外可有效地监测库区水体的热污染状况。吴传庆等（2006）利用多时相 TM 数据热红外波段的影响，对广州大亚湾核电站温排水水域进行水温反演，有效地对核电站温排水强度、扩散范围和环境影响进行了评价。王坚（2005）根据卫星遥感的原理及影像解译方法，通过对热红外和微波遥感等水体热污染监测方法的研究，提供了实用的水体热污染遥感监测分析方法。

## （三）自然生态环境监测

### 1. 研究进展

在生态环境遥感监测方面，美国、澳大利亚等国家和联合国等国际组织利用多源遥感信息，在土地利用/土地覆盖分类、生态环境质量动态监测和评价、大尺度生态系统状况评估、生物物理参数信息提取（如植被指数 NDVI、叶面积指数 LAI、蒸散量 ET、初级生产力 NPP、地表反照率 Albedo、陆地表面温度 LST 等）等方面已经取得了突出成绩。生态环境遥感监测通常用空间分辨率较高的陆地卫星和传感器如美国的 Landsat/TM 系列、法国 SPOT/HRV 系列、印度 IRS-1 系列以及高光谱卫星如美国的 EO-1/ALI 等。20 世纪 90 年代以来，美国环保局（EPA）联合有关部门开展了多尺度土地覆盖项目，建立了以 Landsat TM/ETM + 为信息源的国家级一、二级分类的土地覆盖数据库，并实现五年左右为周期的动态更新。美国科学界还组织大批科学家对美国农田、森林、草地、淡水、海洋与海岸带、城区等 6 类生态系统进行了全面评估，并于 2003 年正式发布了第一份美国《国家生态系统状况报告》，内容包括系统规模、物理与化学状况、生物组成、人类利用等方面，并绘制成空间分布图或随时间变化的趋势图。该报告为引导政府和公众对生态系统的认识发挥了巨大作用，标志着美国对生态系统状况的评估已进入规范化阶段。澳大利亚环境部制订了国家环境状况的核心指标，于 1996～2006 年发布了三份综合评估报告，实现了国家生态状况评估的规范化。此外，联合国于 2001 年 6 月启动了千年生态系统评估项目（MA），其主评估报告在 2005 年发布，该项研究以生态系统与人类福祉为核心，首次在全球尺度上系统全面地揭示了各类生态系统的现状和变化趋势、未来变化的情景和应采取的对策，对国际社会和许多国家产生了重要影响。我国生态环境遥感监测技术起步相对较晚，但在土地利用/土地覆盖分类、生态环境质量动态监测和评价、大尺度生态系统状况评估、生物物理参数信息提取等方面基本跟上了国际发展的步伐。首次系统地、全面地采用遥感技术进行的生态环境监测与评估工作始于 1999～2002 年开展的中国西部地区和中东部地区生态环境现状调查。它采用美国的 Landsat/TM 系列、法国 SPOT/HRV 系列、中巴资源卫星 CBERS 系列等多源遥感数据进行土地生态分类、水土流失监测，以景观生态学的方法进行生态系统健康评估，并在一些典型的生态区/流域开展了区域生态评估与脆弱性分析，取得了较好的成效。我国生态环境遥感监测所采用卫星数据主要包括美国的 Landsat/TM 系列、法国 SPOT/HRV 系列以及国产的中巴资源卫星系列（CBERS）、环境一号卫星（HJ-1）等。

**2. 自然生态环境遥感监测的内容**

目前多源、多尺度的遥感数据为生态环境遥感监测提供了充足而翔实的数据源，遥感处理软件和计算方法及模型也日益成熟，各种生态环境遥感监测实验和实际工作在全国范围内已全面展开。当前生态环境监测中应用较多的指标属于土地利用/土地覆盖范畴，其他很多指标可由该指标派生或分化得到。自然生态遥感监测还包括根据研制的专题数据，利用算法与模型进行定量反演，主要包括表土温度、植被生物物理参数（叶面积指数、植被覆盖度、冠层温度等）、净初级生产力、净生态系统生产力、表土含水量或湿度、表土粗糙度、景观格局、生物多样性等定量信息或产品。

**3. 自然生态环境遥感监测的技术**

主要是利用遥感影像获取的地面数据信息，经过遥感解译，得到自然生态环境的基本情况。遥感技术在自然生态环境中主要是用来进行调查，得出调查区的整体生态状况。

**4. 自然生态环境遥感监测的成果**

我国在生态应用方面进行了多方面的工作。如较早进行的津渤环境遥感试验中，曾对天津市区土壤中某些重金属的污染状况做了监测、分析；此后不少城市利用遥感技术开展了城市热岛效应与生态环境研究，如天津市、酒泉市、昆明市等都进行了多级多时相的城市遥感监测研究。此外，我国在湿地监测、森林调查、草原监测、流域治理等各个方面都采用了先进的卫星遥感技术，完成的重大课题有资源环境动态遥感与模型分析试验研究、再生资源遥感研究、国家资源环境遥感宏观调查与动态监测研究等。环境保护卫星遥感需求分析监测是环境管理的重要手段之一，连续监测、定时监测和严格的管理相结合，才能准确地反映环境质量状况，才能有针对性地加强监督管理。

### （四）其他监测

**1. 固体废弃物的遥感监测**

利用遥感技术对固体废弃物进行监测管理，即根据有关的遥感图像解译标志，定期利用高分辨率遥感图像为信息源进行固体废弃物堆积的监测，从空间分辨率上要求比较高，达到 3 ~ 10 米的水平。从光谱特性中区分出城市固体废物的主要参量有固体废物的含水量、固体废物的有机质含量及表面粗糙度等。利用这些参量与光谱的关系，通过选用合理的阈值，可以有效去除与城市固体废物无关的像元，以突出城市固体废物。统计中的监督分类和非监督分类法也适用于固体废物的分类处理。对图像进行非监督分类，参考假彩色合成图像，去除与城市固体废物无关的类别，再将剩余图像进行样区选取和训练统计；进一步进行监督分类，调整可信度，同时加入空间地理信息，得到最终分类结果。目前固体废弃物遥感监测的内容有工业、生活垃圾的堆放状况，堆放点的分布，堆放点的面积、数量等，优化垃圾处理处置场。

**2. 重大开发项目、重大工程的监测**

许多重大开发项目、重大工程不仅工程时间长，而且波及面广，工程建设的后续影响难以预料，所以需对工程效果进行长期跟踪监测，如三峡工程、南水北调工程、青藏铁路工程、上海浦东开发区等引起的环境问题及工程建成后的环境状况令世人注目。此外，利用遥感技术进行动态、连续、准确的监视与评价可辅助重大工程的规划、开展和决策，如 2008 年的北京奥运会完美落幕，遥感技术作出重要的贡献。申奥之前，利用遥感技术测定北京的气象和环境数据，保障奥运会召开的时间；筹办阶段，利用遥感技术帮助北京进行地形规划，监控场馆建设进度及质量，制定完整的安全保卫电子信息系统；奥运会举行期间，遥感技术时刻为奥运场馆的安保、交通提供便利。在奥运召开前期，中国科学院面向北京奥运大气环境保障需求，主持"北京及周边地区奥运大气环境监测和预警联合行动计划"项目，为北京市政府的大气环境保障决策提供了有力的支撑。此外在奥运会期间，中国科学院遥感应用研究所提供了青岛浒苔分布卫星遥感监测图、分析报告和奥帆赛区浒苔面积及周边海域浒苔分布、重量估算，确定浒苔灾害发源地点和时间，提供了奥帆赛区浒苔面积、密集度航空遥感高精度定量监测结果，为决策部门提供准确的数据支持和决策依据。

### 3. 环境灾害应急监测

采用遥感监测系统，可对环境污染事故遥感跟踪调查，实时、快速跟踪和监测突发性环境污染事件的发生、发展，预报事故发生点、污染面积、扩散速度及方向，估算污染造成的损失并提出相应的对策，把造成的损失降低到最低限度。随着高空间分辨率卫星的成功发射，如美国空间影像公司成功发射的 IKONOS 高分辨率卫星，其全色影像分辨率为 1 米，美国的 QuickBird 卫星空间分辨率高达 0.61 米。利用遥感技术可以从这些高分辨率遥感影像中自动提取地物的形状、位置和属性等信息，能够轻易分辨出防震减灾工作中需要的基本要素，如建筑物、构筑物、道路和桥梁，从而节省大量的人力和财力。如中国科学院遥感应用研究所于 2003 年完成的"淮河水灾航空遥感监测"项目，其监测数据和分析结果为国家决策层提供了全面、详细的洪灾灾情信息。2008 年，"5.12"汶川大地震发生后，航空雷达遥感、光学遥感成为大面积快速获取灾情信息的有效手段，灾区无人机遥感监测、堰塞湖遥感监测、生态环境遥感监测以及损失评估监测等有效开展，为汶川抗震救灾和灾后重建发挥着重要的作用。

### 4. 城市热岛效应监测

TM 热红外图像是用卫星遥感方法研究城市热岛现象的最有价值的资料。TM 热红外资料可为城市热环境质量评价和热源调查提供准确、丰富的信息，可作为常规监测方法的补充，具有较好的应用价值和推广前景。随着地物温度的升高，其热辐射功率也随之增大，TM6 数据的灰度值也相应增高。因此，以 TM6 这一特点为基础，通过 IHS 彩色变换等处理，可以快速而全面展示城市热量空间分布状况，为研究城市热岛效应提供了一种新的方法。

# 第七章 张家口环境信息化应用案例

## 第一节 尾矿库环境突发事件应急演练

### 一、应急演练背景

为增强应对突发环境污染事故的应急响应及处置能力，张家口市环保局于 2010 年以东坪金矿尾矿库废水泄漏为背景举行了一次规模较大的环境应急演练。这次环境事件应急演练是在环保部、国务院应急办、华北督查中心、河北省环保厅的具体帮助下进行的。演练遵照国家、省、市环保相关应急演练的规范，体现了《尾矿库环境应急管理工作指南》、尾矿库动态数据库的适用性。通过此次模拟演练，验证《尾矿库环境应急管理工作指南》研究成果和张家口市尾矿库环境应急管理"五有三防"体系建设成果；展示了张家口市环保局信息化建设所取得的成果及其在环境应急处置工作中的实用性；检查张家口市应对突发环境事件所需应急队伍、物质、装备和技术等方面的准备情况；检验市、县、企业三方面应对突发环境污染事件的联动协调性，进一步提高张家口市环境应急能力和水平。

### 二、应急演练中所应用的环境信息化技术

这次演练采用"实景模拟+桌面推演"的形式演练污染事故发生后企业、县政府、市环保局三方协同作战进行事故处置的全过程。企业泄漏点封堵现场、马杖子和高家营筑坝现场及环境监控指挥中心采用了卫星、光纤、3G 等通信手段，实现了监控信息的实时传输。此次演练展示了张家口市环境信息化建设的多项技术成果，包括地表水自动监控系统、污染源自动监控系统和视频监控系统 3 个自动化监测监控系统，地理信息系统、三维地理信息系统、尾矿库动态管理系统、环境应急决策支持系统 4 个管理应用系统，以及市环境监控指挥中心、区县环境监控指挥分中心、移动指挥中心 3 个应急联动指挥系统。

### 三、专家点评

国务院应急办专家陈金祥主任对此次演练进行了点评，指出此次演练很成

功，环保部的应急管理工作已经达到了很高的专业水平。此次演练主要体现了四个方面：

（1）演练主题突出，目标明确。此次演练主题非常突出，目标明确，主要是市、县及企业三级之间协调联动，全面检验了在面对实际情况下如何统一布置、接警、启动、应急响应到实施组织措施及最后相应终止的后续事情，达到了事先预测的目标。总体上说，整个应急响应的快速反应能力得到了一次很好的检验。

（2）演练设计节奏紧凑，程序到位。演练整体的步骤是紧密结合三级防控的流程来展开的，桌面推演加实战两种方式很好地把应急的状况、程序、机制都展现出来，演练总体的设计效果很好。

（3）环保系统的应急处置体现了科学性。整个环保系统的应急处置体现了科学性，这种科学性展现在两个方面：第一个方面是充分运用了现代化的信息技术手段。此次演练和以往的作战处置方式不一样，更多的是立体化的处置，包括卫星、移动监测和人工的处置都紧密地结合起来，主要不是靠人力，而是靠现代化的分析监测手段，科学性有了很大的保证。第二个方面是充分采纳了专家组的意见，这在当前的应急处置中是一个很大的进步。

（4）演练的联动机制发挥得很顺畅。此次演练环节很多，厂区一级主要是内部处置，更多地体现在流域这一级。流域这一级从市、县、政府、环保部门到筑坝现场整个协调配合，联动方式很顺畅，效果不错。同时，此次演练是局限于环境上的演练，其他部门涉及的少一点，但安监部门、水务部门的联动也得到了一定的体现，也展示了环境方面特别是尾矿库的废水泄漏事件这种综合部门协调性的特点。

总体说来，这次尾矿库废水泄漏事件的应急演练达到了预期的目标，这种桌面推演加实战演练的方式在技术条件具备的情况下是值得推广的。

## 第二节　中瑞饮用水源地事故预警和应急处置管理信息系统研究

### 一、中瑞项目概况

为学习和借鉴瑞典在水体保护特别是饮用水源水体保护方面的思路和方法，研究并改进我国饮用水源地管理的制度和方法，包括饮用水源保护的基本制度、水源评价方法以及水源事故预警和应急机制与方法等，中瑞两国合作开展实施饮用水源保护管理制度与方法研究项目。就项目的开展实施，环保部与瑞典国家环保局于 2007 年 11 月 26 日在北京共同签署了中瑞新一期（2007～2010）机构合作计划实施协议。

根据环保部污染控制司提供的项目指导原则，环保部对外合作中心与瑞典国家环保局组织中瑞专家共同制定了饮用水源地环境管理合作项目建议书，该建议书于 2008 年 3 月得到瑞典国家环保局的批准。根据该文件所包含的内容，水源地事故预警和应急机制研究项目为其中一子项目。

为了落实该子项目，即水源地环境事故预警和应急机制研究与试点，根据项目实施计划，2008 年 11 月至 2010 年 6 月期间，中方需在张家口市开展工作。考虑到此项工作的专业技术性和地方协调的复杂性，张家口市环境保护局受环保部对外合作中心委托，承担该项目实施工作。

该项目重在研究并改进我国饮用水源地管理的制度和方法。由于我国饮用水源地水环境质量标准尚需完善，饮用水源地事故预警与应急机制尚不完备，在预警与应急体系建立中存在"用管分离、评估不足、信息分散及公众性差"等问题。该项目计划经过中国饮用水源地事故预警和应急机制法律法规政策背景研究、中国饮用水源地事故预警和应急机制建立的技术规程研究、中国饮用水源地事故预警和应急处理的管理信息系统研究、北京官厅水库上游区域事故预警和应急机制建立的技术规程及试点，完成中国饮用水源地建立事故预警和应急机制的技术规程研究报告、北京官厅水库上游张家口区域事故预警和应急处置试点总结报告，从而指导我国饮用水环境保护规范化管理工作。中瑞饮用水源地事故预警和应急处置管理信息系统研究是其中研究内容之一。

## 二、系统研究中应用的环境信息化技术

中瑞饮用水源地预警和应急处置管理信息系统研究采用了张家口市现有多项环境信息化建设成果，包括环境数据中心、环境自动监控系统、环境地理信息系统、环境应急决策支持系统、环境应急网络体系建设等技术。

## 三、研究成果

中瑞饮用水源地预警和应急处置管理信息系统研究成果为"中瑞饮用水源地预警和应急处置管理信息系统"软件，软件的总体设计及结构内容如下。

### （一）管理信息系统的总体框架

中国饮用水源地事故预警和应急处置管理信息系统建设的总体思路是分前端、中端、终端三部分建设，三者互为联系、有机统一、协同联动。

**1. 前端**

前端为监测监控端，是饮用水源地事故预警的来源，包括地表水监测、地下

水监测、饮用水源地监测、污染源监测、12369 举报、企业值机、巡查巡逻、网络举报等。

**2. 中端**

中端为各级环境应急指挥中心，包括指挥中心显示系统、指挥调度系统等硬件建设和环境管理信息系统、应急决策支持系统、GPS 车辆调度系统、远程环境监控数据采集分析系统等软件建设。

**3. 终端**

终端包括参与应急处置的环保部门、政府相关职能部门、企业以及应急监测、指挥、物资保障车辆等。

## （二）数据库建设

饮用水源地事故预警和应急处置管理信息系统建设，需建立与此相关的基础数据库和专题数据库。

**1. 水资源库**

1）饮用水源地

（1）饮用水源地社会经济状况、水资源利用状况、土地利用状况；

（2）水源地属性、水质、水量状况，影响饮用水源水质的原因（取水口、井群数量、位置）；

（3）饮用水源地保护区划分、规划情况；

（4）监管能力建设情况、环境管理制度执行情况；

（5）备用水源情况。

2）地表水

（1）所处水系情况。

（2）主要河流及其水文特征：①河流长度、流域面积、河道特征、流域特征；②地表径流特征、多年平均流量、最大洪峰流量、最小洪峰流量；③冰封期水文特征。

（3）水库、内陆湖泊的分布及水文特征：①水库、湖泊位置、面积、平均水深、水域功能；②地表径流特征。

3）地下水

（1）地下水类型、分布特征；

（2）地下水储量、开发及补给情况；

（3）区域水位变化情况。

**2. 污染源基本信息库**

（1）企业基本信息；

（2）生产工艺；

（3）原料、辅料、中间品、产品、废水污染物种类及数量；

（4）废水处理工艺及设施及运行；

（5）废水排放口位置、排放去向；

（6）应急预案建立情况，应急设施、设备情况；

（7）污染物排放标准；

（8）污染源自动监控设备型号及数量；

（9）风险源、识别、分类与分级监控与预警方式。

### 3. 流域断面监测数据库

（1）断面分布、经纬度、断面类型、监测项目、监测频次、监测方法等；

（2）手工监测数据；

（3）自动监测数据。

### 4. 地下水常规监测数据库

1）断面分布、经纬度、断面类型、监测项目、监测频次、监测方法等；

2）手工监测数据；

3）自动监测数据。

### 5. 污染源动态数据库

1）断面分布、经纬度、断面类型、监测项目、监测频次、监测方法等；

2）手工监测数据；

3）自动监测数据。

### 6. 流域地形、地貌、地质数据库

1）地形、地貌

（1）地区海拔高度、地形特征（即高低起伏状况）；

（2）地貌类型（山地、平原、沟谷、丘陵、海岸）；

（3）崩塌、滑塌、泥石流、冻土等有危害的地貌现象。

2）地质

（1）区域地层概况；

（2）地壳构造的基本形式（岩层、断层、断裂、坍塌及地面沉陷）；

（3）区域已探明或已开采的矿产资源情况。

### 7. 区域发展规划

（1）区域总体规划；

（2）布局规划；

（3）环境功能区划。

### 8. 人口分布

人口数量、密度、分布情况及分布特点。

**9. 植被及面源**

（1）土地利用现状；

（2）植被类型及面积；

（3）农药、化肥、除草剂使用量。

**10. 交通运输**

辖区内公路、铁路、水路、桥梁的建设情况，河流两岸及水源保护区域内公路、铁路、水路、桥梁的建设情况。

**11. 法律法规及标准**

水环境及涉水行业的相关法律法规、规范性文件、规程、技术导则、排放标准、产业政策、治理技术。

**（三）监控及预警系统建设**

**1. 监控及预警平台建设**

监控及预警平台是环境监控中心手工监测与自动监控数据接收管理及报警管理的平台，主要包括综合管理、数据查询、数据分析汇总、报警管理、其他管理、实用工具、系统管理等模块。

1）综合管理

包括基本信息管理和群组管理。

（1）基本信息管理：监测点位名称和数量、数据采集终端编号和数量、通道总数、监测数据总数等；

（2）群组管理：按照省、市、县（区）、行业、流域、用户分组；

（3）按照监测水质类型分组。

2）数据查询

数据类型包括手工监测数据、在线监测数据；数据来源有手工监测数据录入系统、自动监测监控系统（包括污染源、地表水、地下水等）；数据查询方式包括实时数据查询和历史数据查询。

（1）实时数据查询：单个企业多项指标实时数据查询、多个企业单项指标查询、多个企业多项指标查询；

（2）历史数据查询：单个企业每日、每月、每季、每年或任一时间段数据查询，多个企业某一时间数据查询。

3）数据分析汇总

包括图表分析和报表输出。

（1）图表分析：图表种类分折线图、柱图、饼图等；时间段分日、周、月、季、年或任一时间段等；显示方式分列表显示、图形显示。

（2）报表输出：从监测因子上分单项因子报表、多项因子综合报表；从时间上分日报表、周报表、月报表、季报表、年报表。

4）报警管理

包括报警限设置、报警方式、报警记录。

（1）报警限设置：根据不同监测项目分别设置，不同季节、不同行业、不同区域污染物的排放规律不同设置限可不同，一般由当地自行确定报警最低浓度值，超出此值系统自动报警；

（2）报警方式：短信报警、鸣笛报警、平台闪烁报警等；

（3）报警记录：报警信息自动记录以备查看，并可根据授权删除。

5）其他管理

包括终端管理、用户信息管理、权限管理、指令查询等。

（1）终端管理：数据采集终端编号、安装单位、监测点、数据中心 ID、通道数、上传模式、IP 地址等；

（2）用户信息管理：登录名称、用户类型、登录密码、姓名、电话、信箱等；

（3）权限管理：根据不同功能给予不同授权，如系统管理员、维护人员、查看人员、查看并可编辑人员等；

（4）指令查询：设置数据上传时间间隔、发送数据上传时间等，应设置有数据终端名称、指令名称、发送时间、接收时间等。

6）实用工具

包括检查数据采集、数据汇总计算、数据有效规则、数据人工维护等。

7）系统管理

包括系统日志、通信日志、登录日志等。

**2. 手工监测数据录入系统**

根据数据库分类管理的要求，将化验室所有正式出具的数据自动录入数据库的软件系统。该系统以在线预警平台为数据接收平台，超出报警限的数据平台自动实施报警。该系统可以扩散到从监测数据原始记录、数据审核、结果报告的各个环节的自动存档，生成电子数据档案，以备日后核查及使用。

**3. 自动监测监控系统**

该系统包括地表水自动监测系统、地下水自动监测系统、污染源自动监测系统。在线预警平台作为以上自动监测系统的数据接收平台。自动监测数据通过无线或有线传输手段实时传到环境监控中心，实现对污染源排污状况及地表水、地下水以及水源地水质的实时监控和预警。

1）地表水自动监测系统

在所辖流域入境断面、出境断面、各县区控制断面处建立水质自动监测站，常规自动监测项目应包括高锰酸盐指数、氨氮、溶解氧、氧化还原电位、电导率、pH、水温、总磷、总氮，同时针对流域污染物特点设定其他特征监测项目。

2）地下水自动监测系统

在地下水入水厂前和进入供水系统前分别设置自动监测站。监测项目根据地下水环境质量标准要求及当地水环境特点设置，一般包括高锰酸盐指数、浊度、氧化还原电位、电导率、pH、水温、硝酸盐氮、亚硝酸盐氮、粪大肠菌群、细菌总数，有必要时增加铁、锰等金属项目。

3）饮用水源地水质自动监测系统

根据饮用水源地面积及水域特点设置自动监测点位。监测项目应包括高锰酸盐指数、氨氮、溶解氧、氧化还原电位、电导率、pH、水温、总磷、总氮、粪大肠菌群，同时针对流域污染物特点设定其他特征监测项目。

4）污染源自动监控系统

在企业污染源排放口、污水处理厂进出口根据污染物排放特点，针对性地安装自动监测设备。如化肥厂安装氨氮在线监测仪、电镀厂安装六价铬在线监测仪、金矿安装氰化物在线监测仪，对重点监控企业安装有总量控制要求项目的在线监测仪。

**4. 在线视频监控系统**

在企业排污口、企业污染治理设施处安装摄像头，在市级或县级环境监控中心安装视频监控软件，两者通过光纤连接，使监控中心随时能看到排污口所排污染物的直观现状情况，提供人到现场的视觉效果，实现环境监控中心对企业排污行为及污染治理设备运行情况的监控，作为一种直观、可视的监控方法。

该系统功能要求：终端基本信息管理、视频切换、异常自动录像等。

**5. 动力反控系统**

在企业污染治理设备、在线监测设备处安装电流感应设备，通过检测取水泵、闭水器、加药泵等运行的电流信号反馈设备是否正常运行。在市级或县级环境监控中心安装动力反控软件平台，通过有线或无线传输将信号传到环境监控中心，当监控设备出现停运或其他问题时系统自动报警，实时反馈给指挥中心，方便及时判断和查找检测设备发生故障的原因，通过远程反控指令进行控制管理，或向运行维护人员发出指令，实现对污染治理设备及污染源自动监控设备运行的实时监控。

**6. 12369 污染举报系统**

12369 热线电话应具备人工接听和自动接听两种方式，有自动录音、自动编号电脑记录功能，并与指挥平台联网实现自动报警功能。如果接线员处于接听状态，系统将开启自动接听，将投诉内容进行录音或电脑记录，可在闲时重听、处理。在投诉过程中及处理结束后，通过语音、网上查询、投诉处理结果打印等方式，将投诉处理状态或结果反馈给投诉人。同时，系统还可对12369接听、处理的所有信息进行有效管理，对系统运行情况统计分析的功能。

**7. 网络举报系统**

该系统是各级环保部门门户网站的组成部分，投诉人可将投诉的内容通过网络传递的方式向环保部门进行投诉，系统根据投诉的不同内容进行分发处理，处理结果再通过网络反馈给投诉方。涉及饮用水环境安全的投诉，根据情节程度启动预警系统。系统应具有信息查询、记录、基本分析处理、反馈等功能。

## （四）环境决策支持平台建设

决策支持平台是为应急处置提供快速技术支持的软件平台，包括环境地理信息系统和环境决策支持系统。

**1. 环境地理信息系统**

环境地理信息系统是以大比例尺地图为基础，同时将数据库数据信息资源与地理位置结合显示的系统。它具备两种功能：一是地理位置显示功能，二是对应位置环境信息快速查寻功能。

1）地图功能

基本功能（放大、缩小、漫游、复位）、图层控制、距离测量、面积测量、查找企业、显示影像等。

2）信息显示

将数据库中具备空间属性的数据信息隐藏在相应位置，点击位置即可自动显示。

3）专项地图

为便于指挥工作，按照所管理的水质类型及行业分别制作专项地图，包括地表水、水源地、污染源专项图。对污染源根据行业不同分行业制作专项图。

（1）地表水专项图：包括河流、常规监测点位、自动监测点位、排污口分布、每个断面所控制区域的重点排水企业等；

（2）水源地专项图：包括水源地位置、监测点位、一级保护区范围、二级保护区范围、保护区范围内的企业、单位等；

（3）污染源专项图：根据行业类型分别制作，包括企业名称、污染物排放量等。

**2. 环境决策支持系统**

该系统为环境事故应急处置提供决策信息资源，指导现场应急处置。系统应包括应急决策知识库、监控预警、现场处置、事件评价四部分内容。

1）应急决策知识库

包括危化品特性库、应急预案库、应急组织及通信库、应急资源储备库、危险源库、预测模式库等。

（1）危化品特性库：按照危化品分类，存入其理化常数、对环境的影响、现场应急监测方法、应急处置方法、防护措施、急救措施等相关知识，以备应急调用。同时系统具备分类查询、模糊查询、别名查询、名称查询、精确查询等查询手段。

（2）应急预案库：包括各级政府环境应急预案、企业环境应急预案，同时具备预案查询、预案维护功能。

（3）应急组织及通信库：包括应急组织机构名称、应急人员及专家的名称、性别、年龄、地址、联系方式等。

（4）应急物质储备库：防护设施、监测设备、应急工具、处置物资等的存放地、存储数量、联系方式等。

（5）危险源库：对各级政府所在范围内的危险源进行全面详细的登记，记录其单位名称、危险源类型、数量、责任人联系方式等。

（6）预测模式库：存入各种类型的扩散预测模式，并附用各模式的适用条件及参数要求等。

（7）典型案例库：收入国家及国际范围内典型环境污染事故处置案例，以备查用。经系统生成的案例自动进入数据库。

2）监控预警

包括接警、人员组织、短信通知、资源分配、生成预案等。

（1）接警：报警方式、报警人、报警时间、事件级别、详细事件描述等；

（2）人员组织：总指挥、前线指挥、中心指挥、监测组、专家组、应急处置组、新闻报道组等；

（3）短信通知：发信人、接收人、内容、发送记录等；

（4）资源分配：选定的专家、防护物资、监测设备、处置物资等的名称、数量、联系方式、到达时间等；

（5）生成预案：将决策支持信息系统中查找提供的所有内容自动生成一个文本材料，提交相关处置领导及人员，指导现场处置。

3）现场处置

应包括现场处置支持、现场处置管理、事故报告。

（1）现场处置支持：包括危化品识别、类似案例提取、事故扩散预测、拦截方案生成、监测点位布置等；

（2）现场处置管理：包括信息在线交流、监测数据、现场视频、现场图片等的收集保存；

（3）事故报告：生成监测报告、处置报告等。

4）事件评价

包括事件统计、事件评价、事件归档、事件查询等。

## （五）应急处置网络体系建设

应急处置工作往往不是由一个部门能够完成的，需要由政府、上下级环保部门、企业、同级相关职能部门协调联动，组成一个应急处置网络体系。只有有一个较完善的应急处置网络体系，才能保证在应急状态下的快速反应及协调联动。

### 1. 应急指挥中心

环境事故应急指挥中心一般设在各级环境保护主管部门，国家、省、市、县均应设置环境监控指挥中心，四级环境监控指挥中心互联互通，一般根据污染事件的级别启动不同级别范围内的指挥中心。较大的流域也应设置流域环境监控指挥中心。

1）环境应急指挥中心建设要求

（1）房间要求：市级环境指挥中心应由三部分组成，一是值机室，二是指挥室，三是会商室，总面积应不低于 150 平方米。省级环境监控中心可适当增加面积，区县级环境监控中心根据当地实际可适当减小面积。

（2）硬件设备要求：值机室要求值机用的电脑等办公设备，指挥室应有大的显示屏，会商室应有会商办公环境及小的显示屏。环境指挥中心要有安全稳定的网络环境基础。为保证应急时的互连互通，硬件设备应从省级统一配发到区县。

（3）软件配置要求：指挥中心应配置环境地理信息系统、环境决策支持系统，同时值机室的在线报警平台、在线视频系统、动力反控系统、12369 举报系统等也需接入环境指挥中心。

2）环境应急指挥中心功能

环境应急指挥中心是环保部门在整合和利用现有硬软件资源的基础上，采用现代信息技术等先进技术，集监控、通信、指挥和调度于一体，形成高度智能化的环境应急监控与指挥调度的场所，是环境保护部门平战结合、预防为主的应急指挥平台。环境应急指挥中心的建设，可全面提升国家环境应急管理水平，实现环境安全从被动应付型向主动保障型、从传统经验型向现代高科技型的战略转变，从而提高政府保障环境安全和处置突发环境污染事件的能力，最大程度地预防和减少突发环境事件及其造成的损害，保障公众的生命财产安全，维护国家安全和社会稳定，促进经济社会全面、协调、可持续发展。

（1）平时 24 小时值机，监控水环境质量及污染源的排污状况，每天形成报告，通过网络向环保部门相关科室发送。

（2）应急状态下，接警，发送报警信息，组织相关队伍，提供相关处置知识及最佳处置方案，指挥调度现场处置。

**2. 应急网络组成**

环境应急网络应包括国家、省、市、县环境监控指挥中心网络；各级环境监控中心与所管辖区域内重点企业的在线监测网络、在线视频网络、动力反控网络、应急移动车辆网络；各级环保部门与社会的 12369 网络、各级环保部门与同级政府职能部门的网络等。

**3. 网络传输技术**

国家、省、市、县环境监控指挥中心以光纤组成专用网络；各级环境监控中心与所管辖区域内重点企业的在线监测以 GPRS 无线传输组网；环境监控中心与在线视频点以光纤传输；环境监控中心与动力反控设备以 GPRS 无线传输组网；环境监控中心与移动车辆以卫星或 3G 方式组网；各级环保部门与社会 12369 走公网、各级环保部门与同级政府职能部门走同级政府专网。

通过对中瑞饮用水源地预警和应急处置管理信息系统的研究，借鉴瑞典先进的管理理念和技术方法，研究探索适合我国国情的饮用水源地事故预警和应急机制，提升监控预警处置能力，为我国制定相关的饮用水源地管理技术支持，力求通过张家口试点后，在全国范围内推广示范。

# 第三节　永定河流域环境应急防控会商中心项目

## 一、项目概况

为贯彻中央关于区域协调发展的战略部署和国家对编制《京津冀都市圈区域规划》工作的要求和指导意见，北京市环保局、张家口市环保局和山西省与内蒙古相关市环保局，联手加强区域污染防治和生态保护，建立切实可行的区域环境保护合作机制和应急反应机制，提高区域环境防预能力，特别是永定河流域水环境应急防预能力，构建优势互补、资源共享的互利共赢格局，促进区域环境资源信息共享，实现区域环境与经济社会全面、协调和可持续发展，共同促进区域环境质量的改善，共同保护北京的饮水安全。项目建设包括五部分内容：一是流域网络监控会商建设工程；二是流域级污染防控系统建设；三是八号桥自动站扩建工程；四是环保历程陈列室；五是附属工程。

## 二、建设内容及规模

项目建设包括五部分内容，一是流域网络监控会商建设工程；二是流域级污染防控系统建设；三是八号桥自动站扩建工程；四是环保历程陈列室；五是附属工程。

### （一）流域网络监控会商建设工程

流域网络监控以数据服务器系统、数据存储系统、网络系统、软件系统等软硬件为主要支撑，以京张跨区域水环境信息共享系统为平台，以保护好北京饮用水源地为目的。主要工程包括流域网络监控设备及土建工程。流域网络会商工程建筑面积 600 平方米，楼高 3 层，采用框架结构。

### （二）流域级污染防控系统建设

近年来，张家口市在环保部和河北省环保厅的指导下，针对尾矿库环境应急管理摸索出可以借鉴的经验，具体归纳为"五有三防一库"，并建立了三级防控典型示范工程。项目建设区域位于永定河流域区域级防控末端，在污染防控体系中属于最后防线，一旦防控失败将直接造成官厅水库的污染。流域级污染防控系统建设内容包括永定河两岸护堤修复与加固、拦截坝基础建设和活性炭网箱过滤系统应急物资储备。

### （三）八号桥自动站扩建工程

拟建八号桥国家自动站改扩建工程占地 500 平方米，建筑面积 800 平方米，楼高 3 层，采用框架结构。

### （四）环保历程陈列室

1972 年 6 月 5 日，在瑞典首都斯德哥尔摩召开了第一次人类环境会议，中国派代表团参加此次会议。1973 年，中国出现了大连湾污染和北京鱼污染事件。特别是北京鱼污染事件，经查是由官厅水库受污染造成的。由于这两次事件，中国高层领导开始关注污染问题，中国环保理念从此诞生，并以官厅水库为载体，环境保护开始付诸实践。环保历程陈列室将以图片和实物等形式对中国环境保护的发展历程进行陈列展示，为环境保护教育提供素材，建筑面积 800 平方米，采用框架结构。

### （五）附属工程

附属工程包括附属公用工程、给排水工程、供热制冷工程、供电配电工程。

附属公用工程建筑面积 700 平方米，包括办公服务用房和锅炉房等，采用框架结构。配套 S11 型电力变压器 1 台，变电容量 150 千瓦。同时为各系统配套配电设备，为各系统提供电力保障。给水系统利用原有系统。运营产生的废水，利用新建管网泵送到区域西南侧 300 米处的长城葡萄酒庄园污水处理站处理后用于葡萄种植。冬季供热利用新建的锅炉房提供，选用 1 台 0.35 兆瓦热水锅炉供热。夏季配置分体式空调机进行制冷。设计室内温度冬季为 18℃，夏季为 26℃。

## 三、会商中心流域网络监控系统建设

永定河流域环境应急防控会商中心项目的核心内容是一个由网络通信设备、数据库和软件共同构成的以空间数据、业务数据、流域水环境信息为基础的信息系统，它以光纤、卫星网络为依托，采用集中式的数据库管理方式，提供相关类别数据的存储与共享，同时建立环境地理信息平台，实现应急调度指挥功能。

### （一）网络及指挥调度系统建设

#### 1. 网络建设

通过实施国家环境统计能力建设项目，完成张家口市 21 个县区的专网 2M 光纤建设，并和会商中心链接，实现省、市、县三级环保视频会议系统，建成集视频会议、视频调度、视频指挥为一体的环境管理视频通信平台。

会商中心楼顶架设卫星通信（泰星）固定站，与卫星指挥应急车、市局监控指挥中心联网，可实现立体的应急指挥调度系统。

#### 2. 应急指挥大厅建设

应急指挥大厅设置 3 块 100 寸丹麦 DNP 新广角拼，选用三洋 PLC-XM1000C 投影和 CREATOR 快捷 VGA1604 视频矩阵组成 16 个视频输入端的显示系统。

#### 3. 流域环境应急指挥平台

建立流域环境应急指挥平台，当出现突发环境应急事件时，利用系统软件对事故进行分析判定，制定抢险救灾方案，下达调度与指令。该平台是一个辅助处置环境污染事故的软件平台。系统以 GIS 为支撑，以专题地图库、危险品库、企业数据库、专家库、化学品特性库、应急预案库等大量信息资源为基础，通过应急监测、扩散模拟、应急指挥、应急处置、事故评估等模块在指挥中心对现场事故处置工作提供技术支持并对现场进行指挥调度，可大大节约资料查寻及现场调查的时间，最大程度地减少事故造成的损失。通过会商中心的调度能派遣一支真正适应野外极端环境下的应急监测、通信指挥、抢险救灾和后勤保障的车队现场进行应急处置，并与国家及省监控指挥中心、重点区县分中心一起实现应急联动。

### （二）数据库建设

在流域环境应急防控会商中心建立环境数据中心，整理环境信息数据元，实施环境信息资源规划，形成环境信息资源目录，建成统一的环境信息资源共享体系，推动信息资源共享，通过数据交换系统实现各种应用系统、异构数据库、不同网络系统之间的信息交换。

**1. 环境业务数据库**

环境业务数据库包括监测数据库、统计数据库等一系列与跨区域水环境保护业务密切相关的数据库。

**2. 空间数据库**

空间数据库基于 ESRI 的 ArcSDE 建库用于存储空间数据。空间数据库的设计充分考虑空间数据的数据格式以及地图比例尺、地图投影、地理坐标系统等地图特殊因素，还考虑整个数据库冗余度、一致性和完整性等问题，数据库中空间数据采用分层和分幅存储、管理。

**3. 图像数据库**

该库专门用于存储图片、录音以及录像等特殊数据。数据以二进制对象的形式存储在数据库中，充分利用关系型数据库能高效存取大型二进制对象的优点，充分考虑数据的检索速度、存取速度以及冗余度，提高数据库的整体性能。

**4. 元数据库**

该库用于存储和管理数据中心各个属性数据库的元数据。数据字典是数据管理的一个重要组成部分，是数据管理人员可以使用的工具或设施。数据库是通过数据字典/目录系统来管理库中的数据的。数据字典可帮助进行区域水环境规划、管理和控制整个数据库的数据资源。

**5. 系统支撑数据库**

该库用于存储系统运行的所有必要信息，系统的运行依赖该数据库。它采用 ER 模型建库，使系统具有良好的可扩充性。

## 四、会商中心建设成果

永定河流域会商中心的建立，将构建永定河水系水环境综合管理监控预警体系，使水环境管理从单一的水质管理向流域综合管理转变，从单纯的化学污染控制向水生态系统保护转变，从目标总量管理向容量总量管理转变，从应急管理向主动风险管理转变，提升永定河流域水环境管理和水生态系统保护水平。

为确保首都水环境安全，2012 年 2 月 11 日张家口市环保局邀请北京市官厅水库管理处、北京市延庆县环保局、山西省大同市环保局、内蒙古自治区锡林郭勒盟环保局和乌兰察布市环保局负责人，就如何加强永定河流域水环境保护进行座谈会商，共同建立了联防联控"六项工作机制"。六个地区的环保局，为进一步做好"十二五"以至今后更长一个时期永定河上游京西北地区环境保护工作，提出如下倡议：

一是建立领导互访机制。六部门领导每年互访不少于一次，进一步加强环境保护方面的信息沟通与合作，互相学习和借鉴环境保护工作的成功经验及做法，深入研究、探讨、创新环保合作的新机制。

二是建立环保联席会议机制。每半年召开一次由六部门领导和跨界相临县环保局局长参加的联席会议，互通情况，交流经验，及时研究和解决边界区域水环境保护合作中遇到的难点和热点问题。

三是建立水环境保护规划合作机制。在区域水环境保护规划、环境功能区划的制定、修改等方面，加强沟通、衔接和协调，最大限度保护区域水环境安全。

四是建立流域联防联控合作机制。建立永定河、桑干河、洋河等重点河流跨界断面上、下游联防联治的水环境管理工作机制，协调解决跨地区、跨流域重大环境问题；积极开展联合执法，共同应对环境突发事件。

五是建立环境监测合作机制。加强流域、区域内环境监测工作的合作，及时、准确掌握流域、区域水环境质量极其动态变化趋势，为流域、区域水污染联防联控及污染事件应急处置工作提供科学的决策依据。

六是建立信息技术交流与项目合作机制。定期沟通环保工作信息，推进污染防治技术，共同开展流域生态环境保护项目合作。

最后，六部门就此次的合作交流会发言，对张家口市环保局提出的《永定河流域京西北地区环境保护合作倡议书》一致赞同，并表示携手共创京西北区域环保工作的新局面。

# 第四节 环境三维全景地理信息系统

## 一、系统概述

张家口环境三维全景地理信息系统基于 ESRI+FLEX+VIEWER 框架，是通过 FLEX 构建的全景影像和遥感影像数据动态管理的一套综合应用系统。该系统主要由全景影像数据库和遥感影像数据库与发布子系统以及各类环境在线数据库构成，可实现基于地理信息系统的 GIS 空间分析与全景影像展示功能，实现在线数据信息综合查询与统计等功能，为环境应急提供辅助决策支持。

全景影像技术是通过专业相机捕捉整个场景的图像信息，使用软件进行图片拼合，并用专门的播放器进行播放，即将平面照及计算机图变为 360 度全景景观，把二维的平面图模拟成真实的三维空间，并给观赏者提供各种操纵图像的功能，可以放大、缩小、各个方向移动观看场景，以达到模拟和再现场景的真实环境的效果。360 度全景和以往的建模、图片等表现形式相比，其优势主要体现在以下几方面：①真实感强，基于对真实图片的制作生成，相比其他建模生成对象更真实可信。②比平面图片能表达更多的图像信息，并可以任意控制，交互性能好。③经过对图像的透视处理模拟真实三维实景，沉浸感强烈，给观赏者带来身临其境的感觉。④生成方便，制作周期短，制作成本低。⑤文件小，传输方便，适合网络使用，发布格式多样，适合各种形式的应用。

## 二、建设目标

在环境信息化建设中，环境地理信息系统是环境保护中的一项重要技术，在环境管理和环境决策中发挥着越来越大的作用，三维全景地理信息系统将 360 度全景影像与遥感影像相结合，集成各类环境在线自动监控数据为环境管理提供服务。

主要功能如下：

(1) 全景影像数据管理功能；

(2) 遥感数据发布功能；

(3) 数据查询统计功能；

(4) 在线自动监控数据发布功能；

(5) 用户管理功能。

## 三、开发环境

### 1. 软件环境

如表 7-1 所示。

表 7-1　软件环境

| 内容 | 说明 |
| --- | --- |
| 服务器操作系统 | Windows 2003 Server Enterprise Edition SP2 |
| 服务器环境 | 服务器端需安装 Microsoft. NET Framework 3.5 |
| 客户端操作系统 | Windows XP/2003 |
| 数据库平台 | Microsoft SQL Server 2005 |
| 系统模型设计工具 | Visio 2003 企业版 |
| 开发语言工具 | Microsoft Visual Studio 2008 （C#）<br>Arcgis for flex API<br>Flex Builder3 |

| 内容 | 说明 |
|---|---|
| 遥感数据处理工具 | ITT ENVI4.7 |
| 全景影像生成工具 | PTGuiProv8.02<br>Pano2VR.2.0.2 |

**2. 硬件环境**

该系统采用三层结构，包括数据服务器、应用服务器和客户端三层。软件的设计应考虑满足如下硬件的要求，并保证在如下的硬件环境中系统运行有较好的性能和速度。

数据服务器：浪潮 NF5280M2；处理器：Xeon E5620 * 2，内存：16G

应用服务器：浪潮 NF5280M2；处理器：Xeon E5620 * 2，内存：16G

遥感影像发布服务器：浪潮 NF5280M2；处理器：Xeon E5620 * 2，内存：16G

磁盘阵列：H3C Neocean 1×1540；硬盘：10T

客户端：为保证该系统运行的流畅性，使用 Windows 2000 以上操作系统的客户机应当是配有以太网卡、P4/500 以上的微处理器、1G 以上内存的 IBM PC 及其兼容机；使用 Windows 2000/2003/XP 操作系统的客户机应当是配有 100M 以上以太网卡、P4/600 以上的微处理器、1G 以上内存的 IBM PC 及其兼容机。

**3. 网络环境**

基于交换技术的快速以太网、主干带宽 1000MB/S，超五类双绞线到桌面带宽 100MB/S 以上。客户机用 100Mbps 自适应以太网卡。

# 四、系统结构及模块设计

该软件是在 Flash Player 加载和运行 flash 文件的基础上，通过浏览器启动 Flex Viewer 应用程序。The Flex Viewer Container 从 Web Server 加载 XML 配置文件和皮肤 flash 文件应用于整个应用程序。基于配置文件，容器从地图服务器加载 Map Services，比如 ArcGIS Online 或 ArcGIS 9.3 Servers，容器同时也构建并且在控制条上显示菜单和来自配置文件的标记信息。Container Widget Manager 根据在配置文件中指定的 URLs 加载 Widget Flash Files。用户操作 Widgets 运行各种业务逻辑。

该系统的优点是：使设计人员摆脱地图管理、地图导航、应用配置、组件间的通信、数据管理等繁重复杂的编程工作，专注于核心业务功能开发。只需要在 Flex Viewer 应用程序的配置文件中增加配置项，就可以将功能以 Widget 的形式快速部署到已有的 Flex Viewer 应用中。容器由一系列高黏性、低耦合组件组成。容器会把关注的任务交给相应的组件去完成。这种设计方法不但简化了代码维护和定制，而且缩小了模块编写过程中产生的阻力。

## （一）总体架构

张家口市环境三维全景地理信息系统项目是一个由硬件、数据库和软件共同构成的以空间数据、全景影像和业务数据为基础的环境地理信息系统，它是以环保局局域网为依托、充分利用现有环境在线自动监测数据库建立的一个跨平台综合性的环境地理信息系统。

系统总体结构架构如图7-1所示。

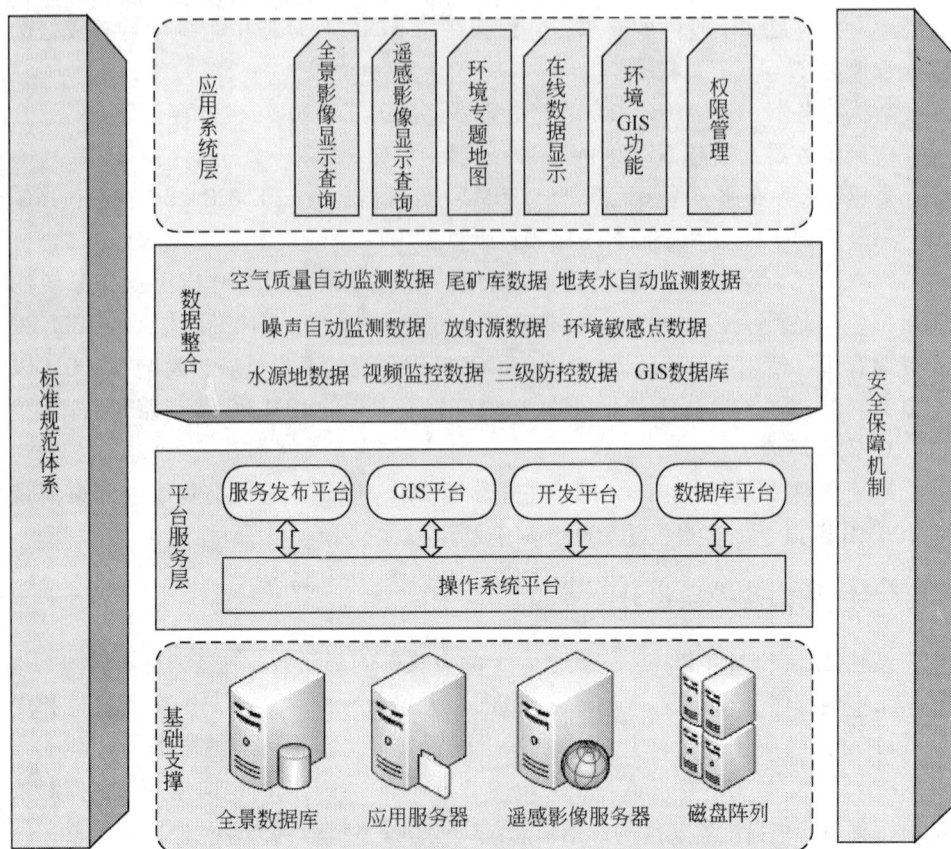

图7-1 张家口市环境三维全景地理信息系统总体结构框架

## （二）功能框架

三维全景地理信息系统的主要功能列表包括全景数据的管理、遥感图像相关信息的查询、相关环境信息的统计分析、GIS功能、数据发布等。

具体功能如表 7-2 所示。

表 7-2　功能框架表

| 模块名称 | 功能说明 |
|---|---|
| 全景影像模块 | 实现全景影像的管理 |
| 遥感影像模块 | 遥感信息的管理 |
| 环境数据发布模块 | 整合在线数据库并进行发布 |
| 系统管理 | 系统用户权限控制 |
| 地图操作模块 | 对地图相关操作 GIS 功能 |

软件设计架构图如图 7-2 所示。

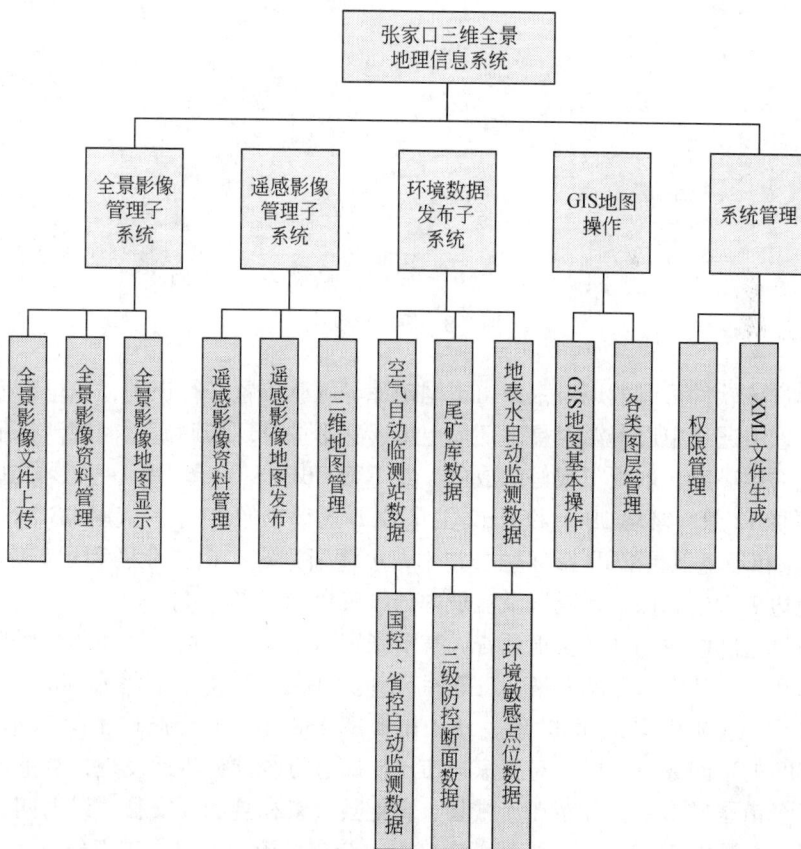

图 7-2　软件架构图

## 五、应用成果

"张家口环境三维全景地理信息系统"于 2011 年 6 月 2 日根据《计算机软件保

护条例》和《计算机软件著作登记办法》的规定，经中国版权保护中心审核，由国家版权局颁发了计算机软件著作权登记证书（证书号：软著登字第0297568号；登记号：2011SR033894；著作权人：张家口市环境信息中心）。系统界面见图7-3。

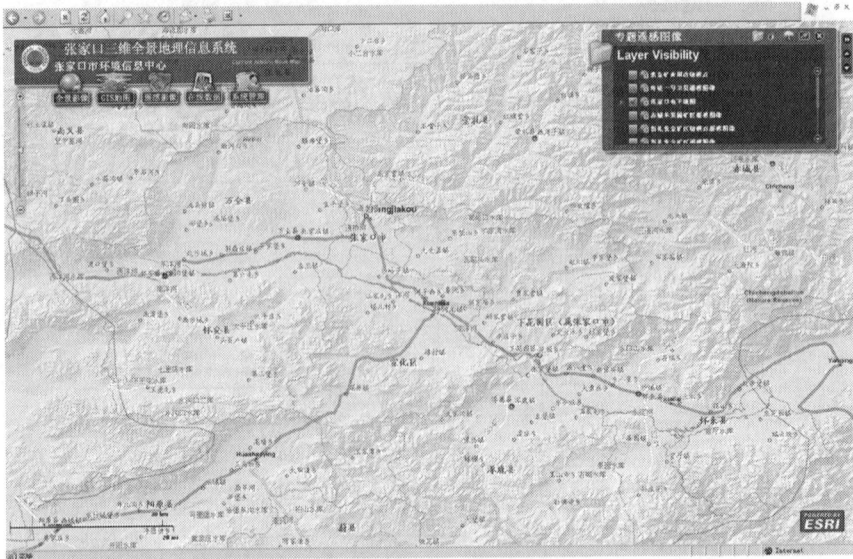

图7-3 系统界面图

通过该软件可有效地对张家口市尾矿库等敏感位置进行识别，在尾矿库环境应急管理中通过中巴资源卫星、环境卫星遥感影像及现场调研，彻底清查了张家口境内的尾矿库，取得了很好的成效，共下载CBERS-02星HR遥感影像104景、CCD影像12景，环境HJ-1和HJ-2卫星CCD遥感影像20景。应用CBERS-02星HR影像和环境卫星CCD影像融合技术，可清晰判定矿山作业区和尾矿库位置，监测周边矿区生态保护情况以及流域内的敏感目标（图7-4）。

通过遥感影像和现场实地调查，查清张家口市共有各种金属和非金属矿山尾矿库520座，其中二等库1座、三等库5座、四等库74座、五等库440座，其中包括涉重金属矿山尾矿库30座、铁矿尾矿库488座、非金属矿山尾矿库2座。利用GIS的空间分析手段，对张家口市尾矿库进行统计分析后发现，从地域分布来看，全市尾矿库主要分布在赤城县、宣化县、崇礼县和怀安县，以上四县尾矿库数量占总数的76.2%；从流域分布来看，全市各流域均有尾矿库分布，但主要以洋河流域为主，共333座，占总数的64%；桑干河流域和白河流域较少，分别为70座和94座，各占总数的18.1%和13.5%；内陆水系最少，共23座，占总数的4.4%。

重大尾矿库周围环境全景360度影像如图7-5所示。

图 7-4　CBERS-02 星 HR 相机和环境卫星 HJ-1 CCD 相机融合影像（紫色斑块为采矿区）

图 7-5　视频监控示意图

# 第八章　地方环境信息化发展展望

进入新世纪以来，在全球信息化浪潮的推动下，许多经济发达国家开始高度重视本国的信息化建设，并纷纷出台各自的信息化发展战略规划，逐渐向信息化社会转型。经过十几年的发展，美国、德国等国家在全面推动信息化建设领域中取得了显著成效，他们的信息化水平处于世界领先地位，信息化发展速度令人瞩目。他们通过制定信息化发展战略、明确战略目标等一系列前瞻性手段和完善信息化法律法规体系、建立顺畅的管理体制和领导协调机制等保障性措施，已基本实现信息化社会转型。

环境信息化作为信息化的一个重要组成部分，其建设应与国家总体信息化发展水平相匹配，发达国家环境信息化建设起步较早，发展较为迅速，已在某些环境保护领域取得较为成功的应用。

美国环保总署建立了污染物排放清单，按年度从各州、部落、行业接收相关环境数据，通过对污染源排放数据的全面掌握及深入分析，应用于气体扩散模型、区域发展战略、规章制定、空气毒性风险评估、时间排放趋势跟踪和决策分析。

环境预警系统是当前国际区域环境安全管理研究和应用的热点，区域水环境安全管理比较典型的研究实践有德国开发的多瑙河流域水污染预警系统及莱茵河流域水污染预警系统等。水环境安全预警系统的建设对于区域内的水污染控制发挥了重要作用。

我国的环境信息化工作起步于20世纪80年代中期，20多年来，环境信息化工作同环保事业一道，走过了一条不断探索发展的道路。进入新世纪以来，互联网、移动通信和物联网技术的快速发展为环境信息化应用提供了有利的外部条件，随着各级环保部门对环境信息化工作重要性认识的逐步提高，建设资金投入的逐年增加，建设进程明显加快。近年来随着一系列重大项目的实施，使得环境信息化建设取得了飞跃式发展，为推进环境保护历史性转变，实现"数字环保"奠定了良好基础。

特别是近几年，随着国家推动新兴产业战略性发展，大力开展物联网、云计算的示范应用，为环境保护工作注入了新的活力。利用物联网等现代信息技术对污染严重的生态环境进行详查和动态监测，对森林资源、草地资源、生物多样性、水土流失、农业面源污染和工业及生活污染等及时做出监测和预警是未来环境信息化发展的必然方向。

物联网等环境信息化技术作为环境保护的新兴领域，对于强化数字环境管理，转变环境管理模式，探索中国特色环保新道路、确保污染减排工作取得实效都具有十分重要的意义。

综上所述，国内环境管理将向技术智能化、监测网络化、系统集成化、控制一体化、办公自动化的方向发展，基于物联网和云计算的智能环保是未来发展的必然趋势。

# 参 考 文 献

陈楚群，施平 . 1996. 应用 TM 数据估算沿岸水表层叶绿素浓度模型研究 . 环境遥感，11（3）：
  66-69.
陈海洋，滕彦国，王金生 . 2011. 环境应急指挥平台研究 . 环境科学与技术，07：181-185，200.
陈蕾，谢继征，彭涛 . 2010. 市级环境监测站环境应急监测工作探讨 . 北方环境，04：99-101.
程媛媛，杨嘉谟 . 2010. 武汉市环境监控系统的设计 . 武汉：武汉工程大学学报，01：77-80.
从旭东，赵如箱，王淑美 . 2003. 卫星遥感在溢油监视中的应用 . 交通环保，24（S1）：23-25.
付朝阳，金勤献 . 2007. 环境应急管理信息系统的总体框架与构成研究 . 中国环境监测，23
  （5）：82-86.
龚莉娟 . 1999. 土壤中石油类的测定方法 . 中国环境监测，15（2）：24-25.
国家环保总局《水和废水监测分析方法》编委会 . 2002. 水和废水监测分析方法 . 北京：中国
  环境科学出版社 .
黄华 . 2010. 浅析江苏省环境信息化建设现状 . 科技信息，35：495，512.
季本超，王媛 . 2008. 基于 WEBGIS 的哈尔滨市大气环境质量监测系统设计 . 环境科学与管理，
  12：138-140.
蒋红彬，梁凤 . 2008. 广西地方环境保护的现状与立法完善 . 社会科学家，04：123-126.
靳辉 . 2011. 辽宁省地方环境保护立法现状及对策研究 . 环境保护与循环经济，09：69-73.
黎夏 . 1992. 悬浮物泥沙遥感定量的统一模式及其在珠江口中的应用 . 环境遥感，7（2）：
  106-113.
李京 . 1986. 水域悬浮固体含量的遥感定量研究 . 环境科学学报，5（2）：166-173.
李莉 . 2007. 基于 3S 技术的数字环保 . 安徽安徽农业科学，35（24）：7564-7566，7568.
李栖筠，陈维英，肖乾广，等 . 1994. 老铁山水道溢油事故卫星监测 . 环境遥感，9（4）：
  256-262.
李嵘 . 2005. 遥感技术在水环境监测中的应用研究 . 江西化工，12（4）：66-68.
李岫军，徐效波 . 2011. 基于 GIS 技术的环保信息系统设计 . 测绘与空间地理信息，01：138-
  141，145
李炎，李京 . 1999. 基于海面-遥感器光谱反射率斜率传递现象的悬浮泥沙遥感算法 . 科学通
  报，44（17）：1892-1897.
李宇斌 . 2001. 遥感技术在环境保护中的应用 . 辽宁城乡环境科技，21（3）：1-2.
李哲莹，崔丰元 . 2012. 浅谈环境监测中遥感技术的应用 . 科技资讯，06：141.
栗国强，张伟 . 2011. 环保信息化再现碧水蓝天 . 现代工业经济和信息化，11：34-35.
梁寒冬，陈卫兵，陈超 . 2006. 基于组件 GIS 的城市环保信息系统的研制与应用 . 遥感学报，

03：33-39

梁小丽．2011．浅谈尾矿库环境污染隐患及防治对策．环境科学导刊，03：73-75．

林春燕．2011．基层环保信息化建设探索与思考．中国新技术新产品，02：305-306．

刘定．2010．环境信息化标准的发展．环境监控与预警，01：31-35．

刘锦，段黄男．2009．饮用水源地预警与应急机制背景研究．内蒙古环境科学，S1：97-100．

刘晓艳，毛国成，戴春雷，等．2006．土壤中石油类有机污染物检测方法研究进展．中国环境监测，22（2）：75-80．

刘耀林．2005．环境信息系统．北京：科学出版社．202-270．

陆炜炜．2010．强化环境应急管理应对突发性环境事件．污染防治技术，05：44-45．

马俊峰，吴丽萍．2011．地理信息系统在污染源普查中的应用．北方环境，09：114-115．

马越，彭剑峰，宋永会．2012．饮用水源地突发事故环境风险分级方法研究．环境科学学报，05：190-197．

满瀛，王俊岭．2009．大凌河流域环境地理信息系统的开发研究．环境保护与循环经济，07：57-59．

毛剑英，张迅．2010．推进环境应急管理迈上新台阶——关于加强环境应急管理工作的意见解读．环境保护，02：22-25．

牛雪莹．2011．浅析环境信息化建设在环境保护工作中的重要性．科协论坛（下半月），02：126．

潘得炉，李焱．2003．海洋光学遥感技术的发展和前沿．中国工程科学，5（3）：39-43．

濮静娟，董卫东，关燕宁，等．1997．热红外遥感用于徒河水库生态环境研究．遥感学报，1（4）：290-297．

佘丰宁，李旭文，蔡启铭．1996．水体叶绿素含量的遥感定量模型．湖泊科学，8（3）：201-207．

施益强，陈崇成，陈玲．2002．遥感技术在环境科学与工程应用中的进展．科技导报，12：25-29．

疏小舟，汪骏发，沈鸿明，等．2000．航空成像光谱水质遥感研究．红外与毫米波学报，19（4）：273-276．

谭丽，夏骆辉．2010．环保信息化市场潜力巨大——四大难题亟待解决．世界电信，03：61-64．

汪小钦，王钦敏，邹群勇，等．2003．遥感在悬浮物质浓度提取中的应用——以福建闽江口为例．遥感学报，7（1）：54-57．

王坚．2005．卫星遥感技术用于水体热污染监测的方法研究．中国西部科技，5：50-51．

王立衍．2011．舒兰市环境保护管理信息化．中国管理信息化，13：112．

王桥，杨一鹏，黄家柱，等．2005．环境遥感．北京：科学出版社．

王桥，张宏，李旭文，等．2004．环境地理信息系统．北京：科学出版社．84-85．

王文．2010．加强环境监察与环境监测运行机制建设的几点意见．中国新技术新产品，18：143-144．

王文美，陈瑞，魏丽超．2010．地方环境保护标准现状问题分析与对策研究．环境科学导刊，

05：23-26.

王志远．2011．基于 GIS、GPS、RFID 的放射源监控系统．科技信息，07：58，67.

温丽丽，宋永会，俞博凡．2012．重化工业区环境风险源监控系统设计研究．中国环境监测，02：91-95.

温玲玉，陈明辉．2010．企业环保承诺、环保创新技术对环保绩效影响之研究．科技管理研究，S1：246-250，299.

吴传庆，王庆，王文杰，等．2006．利用 TM 影像监测和评价大亚湾温排水热污染．中国环境监测，22（3）：80-84.

奚旦立，孙裕光，刘秀英．1996．环境监测技术．北京：高等教育出版社．

谢飞，侯新，汪贵亿．2011．水环境质量监测与水质评价探析——以重庆市丰都县为例．水利建设与管理，12：80-82.

徐敏，宋铁栋．2011．十二五环境信息能力建设思路初探．环境保护，05：32-34.

徐庆．2012．上海市水环境应急监测设备查询系统开发研究．环境科学与管理，01：5-10.

许剑辉，张菲菲，解新路．2010．污染源普查信息查询系统．地理空间信息，03：68-69.

杨春艳，田小萌．2003．红外分光光度法测定石油类和动植物．云南环境科学，22（2）：58-60.

姚健东，姜志鹏，张燕．2011．基于 DSP 与无线通信技术的环境噪声监测系统的设计与应用．环境监控与预警，06：29-31.

尹球，巩彩兰，匡定波，等．2005．湖泊水质卫星遥感方法及其应用．红外与毫米波学报，19（4）：273-276.

游佐佳，杨立中．2009．污染源在线监测数据传输技术的讨论．环境工程，S1：445-447.

俞元春，陈静，朱剑禾．2003．红外光度法测定土壤中总萃取物、石油类、动植物油及其准确度之方法研究．中国环境监测，19（6）：6-8.

俞元春．2005．土壤石油类（红外法）标样制作方法的研究．中国环境监测，21（2）：27-28.

曾磊，杨太保，王艺霖．2011．兰州市环境保护自身能力建设问题与对策分析．环境科学与管理，05：146-150.

张同文．2012．包头市环境保护信息化建设模式的构想．科技创新导报，08：146，149.

藏建东，陈霖，熊鹰．2006．以先进的理念引领环保产业发展——宜兴市发展环保产业的做法及启示．中国环保产业，11：24-26.

周杰．2011．三明市环保信息化建设发展思路．化学工程与装备，07：225-227.

Dekker A G, Malthus T J, Wijnen M M, et al. 1992. The effect of spectral band width and positioning on the spectral signature analysis of inland water. Remote Sensing of Environment, 41：211-225.

Ekstrand S. 1992. Landsat TM based quantification of chlorophyll-a during algae blooms in coastal waters. International Journal of Remote Sensing, 13 (10)：1913-1926.

Flink P, Lindell T, Ostlund C. 2001. Statistical analysis of hyperspectral data from two Swedish lakes. The Science of the Total Environment, 268：155-169.

Gade M, Alpers W. 1999. Using ESR-2 SAR images for routine observation of marine pollution in European coastal waters. The Science of the Total Environment, 237-238：441-448.

Gordon H R. 1978. Remove of atmospheric effects from satellite imagery of the oceans. Applied Optics, 17 (10) 1631-1636.

Iwashita K, Kudoh K. 2004. Satellite analysis for water flow of lake in Banumal. Advances in Space Research, 33: 284-289.

Kallio K, Kuster T. 2001. Retrieval of water quality from airborne imaging spectrometry of various lake types in different seasons. The Science of the Total Environment, 268: 59-77.

Klemas V, Bartlett D, Philpot W, et al. 1974. Coastal and estuarine studies with ERTS-1 and Skylab. Remote Sensing of Environment, 3 (3): 153-174.

Koponen S, Pulliainen J. 2001. Analysis on the feasibility of multisource remote sensing observations for chl-a monitoring in Finnish lakes. The Science of the Total Environment, 268: 95-106.

Lathrop R G, Lillesand T M. 1986. The use of thematic mapper data to assess water quality in Green Bay and Central Lake Michigan. Photogrammetric Engineering & Remote Sensing, 52 (5): 89-92.

Li Yan, Wei Huang, Ming Fang. 1998. An algorithm for the retrieval of suspended sediment in coastal waters of China from AVHRR data. Continental Shelf Research, 18: 487-500.

Mertes L A K, Smith M O, Adams J B. 1993. Estimating suspended sediment concentration in surface waters of the Amazon River Wetlands from Landsat images. Remote Sensing of Environment, 43 (3): 281-301.

Mumday J C, Alfoldi T T. 1979. Landsat test of diffuse reflectance models for aquatic suspended solids measurement. Remote Sensing of Environment, 8: 169-183.

Stumpf R P, Pennock J R. 1989. Calibration of a general optical equation for remote sensing of suspended sediments in a moderately turgid estuary. Journal of Geophysical Research, 94 (C10): 14363-14371.

Su X Z, Yin Q, Kuang D B. 2000. Relationship between algal chlorophyll concentration and spectral reflectance of inland water. Journal of Remote Sensing, 4 (1): 41-45.

Williams A N, Grabau W E. 1973. Sediment concentration mapping in tidal estuaries. Third Earth Resources Technology Satellite-1 Symposium, NASA SP-351. 1: 1347-1386.

Yin Q, Su X Z, Xu Z A, et al. 2004. Analysis on the ultra-spectral characteristics of lake water environmental parameters. Journal of Infrared Millimeter Waves, 23 (6): 427-430.